JN204869

森を守るのは誰か

フィリピンの参加型森林政策と地域社会

椙本歩美

新泉社

まえがき

「パイナップルが盗られた」。

二〇〇四年、フィリピンの山のなかで声がひびいた。当時、大学三年生だった私は、国際交流を目的とするNGOのメンバーとして、ルソン島北部のラウニオン州で地元の若者たちと植林をしていた。これは日本とフィリピンの若者十数人が、フィリピンの農山村で一緒に植林やホームステイをして、異文化理解を深めるというボランティア活動だった。活動を始めて五、六年経ち、前のメンバーが植えた果樹が実をつけ始めた頃。皆が収穫を楽しみにしていた矢先のことだった。

話を聞くと、活動に参加していない同じ村落の住民が、無断で収穫してしまったらしい。活動の責任者は村落内のカトリック教会の神父で、植林していた山はこの教会の敷地だと聞いていた。しかしこの教会に属していない住民が、日本の学生との国際交流や教会の発展計画など知るよしもない。さらにこの森は従来から、所有や信仰に関係なく、住民なら誰でも自由に利用できる森だったという。そうなると本件は、単なる窃盗事件とは言えなくなる。「犯人」の立場になってみれば、「みんなの森で、生長したパイナップルの実を見つけて、いつもどおり収穫しただけ」だったのかもしれない。ところが、教会関係者は「盗られた」と表現し、憤っていた。

一方、私は「パイナップルが盗られた」という意味が最初わからなかった。そもそも、私たちが植えたものが盗られる、ということを想定していなかったのだ。

私は、大学の夏休みや春休みを利用して、三週間ほどフィリピンを訪れていた。現地の人びとと交流し、森に果樹や建材用樹木の苗を植えた。しかし私が交流した人は、ごく一部の住民と村落外の若者。それ以外の多くの住民と言葉を交わすことはなく、自分に関わりのない村落内の人間関係について、深く考えることはなかった。フィリピンはキリスト教徒が多いことは知っていたが、宗派も多く、村落内でも住民が異なる教会に属していることまでは知らなかった。

森の利用価値を高めるために、苗木を植えた。しかしながら、その森が普段、誰にどのように利用されているのか、住民と森との関係について深く知ろうとしてこなかった。パイナップルが盗られて初めて、多様な住民がいること、森と人の関係も多様であること、それを理解せずに植林をすれば住民間に新たな火種を生む可能性があることに気づいたのだ。現地の人びとと森について、私の理解はあまりに乏しかった。

この経験は、自分自身の安易な姿勢や行為への反省を促しただけでなく、その後、研究の道を志すきっかけになった。というのも、小さな国際交流ボランティアでさえ、外部の支援が地域に摩擦を生んでいるのならば、国家やＮＧＯなどのもっと規模の大きな援助事業では何が起きているのだろうか、という素朴な疑問がわいたからだ。

外部者による支援は、それが善意によるものであっても、新たな物資や価値観を用いた介入という側面を持つ。実施主体の大きさは、介入に伴う地域社会での摩擦の大きさと比例するのではないか。国家や援助機関による森林保全政策は、地域社会に何をもたらしているのか。それを明らかにし、既存のあり方を検討することも、社会の役に立ちうるのではないか。こうして専攻を政治学から農学に変えて大学院に進学し、フィリピンの森と人と援助の関係を研究することにした。本書は、この問いに取り組んだ博士論文を加筆修正したものである。

さて、大学院に進学すると、私の問題意識はすでに多くの研究者や実務者によって問われてきたことがわかった。問われ続けてきた背景として、そもそも森林が人間にとって実に多様な恵みをもたらすものであり、ゆえに無数の利害関係を生み出す特性を有していることがあげられる。人間の歴史のなかで、森林は地域を治める統治者の財源になってきた。統治者は法律や政策を施行して、自身の所有権を確保し、周辺住民を森林利用から遠ざけることもあった。他方で森林は、統治者の思惑にかかわらず、周辺に暮らす住民の生活を支えてきた。住民側も統治者に従うだけの存在ではなく、新しい政策や法制度が出来ても、統治者の目の届かぬ領域で独自の森林利用を続け、時には地域社会ごとにルールが形成されてきた。森林が生み出す利害関係という文脈をふまえれば、森林政策は統治者と住民の森林利用をめぐる権利の争いとして語ることもできる。

フィリピンでも森林は、統治者の財源として利用されてきた歴史がある。森林統治の始まりは、スペインやアメリカの植民統治期にさかのぼる。第二次世界大戦後、独立を果たしたフィリピン政府にとって、森林は主要な輸出資源となり、政府が企業や地方有力者に伐採権を与えることで政権支持を得る利権構造が構築された。この間、周辺住民の森林利用権は認められなかったばかりか、時には森林減少の元凶にされることもあった。

森林をめぐる国家と住民の関係に変化がみられたのは、マルコス独裁政権後に誕生したアキノ政権期からである。国内外からの要望を受けて進められた分権化は、森林政策にも及んだ。それまで排除されていた周辺住民に森林の利用権が与えられ、森林管理の実施主体とみなされるようになったのである。

森林政策のアジェンダが国家主体から住民参加へと転換したことで、両者の対立構図は解消されたのか。答えは否である。今度は、国家が国有林の利用権を住民に与える行為そのものが、住民たちの利用を制約することにつながるという批判が、さまざまな地域の事例研究からあがってきたのだ。住民参加や住民主体という言葉から、森林は住民のものというイメージがわきやすいため、かえって両者の対立構図はより見えにくくなったともいわれている。住民参加型森林政策の登場で、森林をめぐる国家と住民の関係は、新たな構図へと変化しながら、両者の権利をめぐる対立は変わらず議論され続けている。

住民参加型森林政策に関する先行研究の中心課題は、行政職員や住民が政策の意図するとおりに有効な政策実施ができるよう、問題抽出や提案を行うことであった。私自身も、フィリピンのコミュニティに基づく森林管理(Community-based Forest Management：CBFM)プログラムを大学院での研究対象に選んだ当初、政策目的の達成に障害となるだろう関係者間の利害対立構造を分析したいと考えていた。フィリピンは東南アジアのなかでも、参加型森林政策の制度化が進んでいる国の一つといわれている(井上 2000)。フィリピンの参加型森林政策は、目指すべきものであり、関係者間の対立は政策目的を達成するうえでの障壁として私の目に映っていた。

しかしながら、いくつかの実施現場に足を踏み入れると、この先入観は大きく崩れていった。CBFMの看板や書類は存在するものの、そもそも政策が意図するような住民による共同もくしは集合的な森林管理に出あうことはほとんどなかった。現場では、CBFMという言葉すら聞いたことのない住民も少なくない。住民が中心になって作成するはずの森林管理計画は、書類の上だけで存在していることもしばしばであった。行政や援助機関などの外部支援がない限り、住民による森林管理が行われないケースも散見された。

また、住民によって森林管理が行われる現場において、土地利用のあり方やルールは住民間で異なっていた。住民の行動を監督・指導するはずの現場にいる森林官たちさえもが政策規定に沿わない行動をとっている姿を目の当たりにした。現場で私が見聞きした体験は、まさに森林政策の不在を示しているかのようであり、CBFM事業地の数だけ現場のルールも変わっていくようだった。

CBFMという参加型森林政策のもとで、現場レベルの制度生成が多様な形で起きている。国家と住民の対立構造を前提にすることで、かえって現場独自の制度化という森林政策の実態を見逃すことになるのではないか。参加型森林政策のもとで、地域ごとに異なる制度はどのように立ち現れるのか。また現場での制度生成の仕組みや可能性を議論することは、国家と住民の対立構図として描かれてきた森林政策の諸課題に、新しい視点を与えてくれるのではないだろうか。これらの気づきから、本書では、参加型森林政策の現場で、森林管理をめぐる制度が生み出されるメカニズムを明らかにすることを通して、森林をめぐる国家と住民の対立という既存の構図に新たな視点を加えたいと考えている。

そして調査地に選んだのは、日本の援助機関がCBFM強化支援事業の対象とした村落およびCBFM事業地である。参加型森林政策を推進しているのは、国家だけではない。フィリピンの場合、むしろさまざまな国際機関の支援や協力を得て、国家が法整備や実施を進めてきた。参加型森林政策が地域社会に及ぼす影響、とくに現場での制度化について考察するうえで、政策を推し進めるフィリピン国家と国際援助機関の役割は重要である。私も四カ月間だけだが、調査地を対象とする日本の援助機関のCBFM強化支援事業にインターンさせてもらい、援助の現場を学ばせていただいた。本書では、援助実施中だけでなく実施後の地域社会の動向も扱っており、より長いスパンで国際援助の影響について考察している。

最後に、冒頭のパイナップルの話に戻りたい。このエピソードを大学院で話したところ、ある教員から、「その摩擦は、外部者であるあなたにとっては大きな衝撃だったかもしれないが、内部の住民にとっては大したことではなかったかもしれないよ」と言われた。農山村のように、生活と労働の場がより一体的な環境において、住民間の利害衝突は日常茶飯事であり、住民たちはそれらに日々対処しているということなのだろう。であるならば、国家の政策や国際援助など森林保全を掲げた外部の介入は、地域社会の日常的な利害関係により大きな影響を及ぼしうる。参加型森林政策という地域住民の参加による森林保全と生活改善のあり方を考えるうえで、森と住民をめぐる日常的な利害関係への理解や配慮は、とくに外部者に求められるのではないか。

参加型森林政策が誕生した経緯、それを推進する国家、支援する援助機関、監督する森林官、そして実際に現場で森林管理者となる地域住民。参加型森林政策には、森をめぐる関係者が非常に多い。結局、森を守るのは誰なのだろうか。

本書は、フィリピンの一農山村を舞台に、住民主体の森林管理政策とそれを支援する外部援助が、住民間の関係にどのような影響を与えているのか、また住民が外部の論理とは異なる形で、どのように森林政策や地域の利害関係に向き合っているのかを中心に書かれている。一つの村落についての話であるが、おそらく他地域においても、共通または対比できる論点を含んでいると思う。読者の皆様の思考や実践を深めるための一つの素材になれば幸いです。

目次

第2章 森をめぐる現場の制度を捉える視点 059

第3章 タルラック州M村の暮らし

第4章 森は誰のもの？——参加型森林政策と権利主体

169

第5章 どの森を守るのか？——参加型森林政策と権利空間

第6章 どうやって森を守るのか？——参加型森林政策と権利行使

終章 森を守るとはどういうことか 285

ブックデザイン……………藤田美咲
写真………著者撮影

序章

森林政策をめぐる「対立」を問い直す

「もしも住民から文句が出たら、権利を取り上げるだけだ」。

……現場森林官の話（本書第5章）

1 森は誰のもの？——国家vs住民の構図はなぜ生まれたか

「森は誰のものか」。

この問いは、森林と地域住民の関わりに関心を持つさまざまな専門家の間で、繰り返し議論されてきた。それは、森が人間に多くの恵みをもたらし、知恵や技術、信仰や芸術が生み出される場であること、また、人間にとって有用であるがゆえに争いや権力とも無縁ではなかったためである。

森と権力のつながり

森林に限らず、土地や水などの自然資源は、人類史上、統治者の支配の対象になってきた。特定の自然資源を支配すること自体が、統治者の権力構造のあり方にも影響を及ぼしてきたといわれている。例えばウィットフォーゲル（Wittfogel 1977＝1995）は、古代中国における政治体制の発達を、大規模灌漑による水資源支配との関係に注目して議論する。農業生産を拡大していくために必要な大規模治水・灌漑事業を実施できる統治者には、権力が集中し、政治体制の専制化が進んでいく。ウィットフォーゲルはこの仕組みを「水力社会」と呼び、東洋的専制政治の特徴とする（Wittfogel 1977＝1995）。ヨーロッパの天水農業が分権的な封建社会を助長していた時代、アジアでは大規模な灌漑システムが発達した。これにより中央集権的な専制政治がより強化されたという。

水の支配は農業用の灌漑だけにとどまらず、水道や貯水、運河などの水力事業や、建造物の建設などにも及んでいった。国家による水力機構と支配との結びつきが、東洋的専制の特徴になっているというのだ。

ウィットフォーゲルの議論は、中国の専制政治が強化されてきた背景を、水という自然資源の支配の側面から説明したものである。本書が対象とするフィリピンは、中国とは政治体制も国家の成り立ちも異なる。中国の中央集権的な政治体制と違い、フィリピンはパトロン・クライエントと呼ばれる二者間関係が社会関係の基盤にあるといわれている(Landé 1965)。したがって、フィリピン社会における国家の役割は、比較的限定されるといわれる。しかしながら、フィリピンの歴史を振り返ると、統治者が自然資源の支配を通して自らの権力体制を強化していく仕組みは、植民統治政府や独立後のマルコス独裁政権などにおいても見られたことである。森林支配を通して、統治者がどのように森林資源のみならず地域住民をも支配していったのかという視点は、フィリピンの森林政策を考えるうえでも欠かすことはできない。

森林と支配の結びつきを捉えるうえで、一六世紀以降ヨーロッパで始まった森林規制法の流れは、近世の領邦国家の拡大と、その後の森林管理および林学の拡大に寄与したといわれている。森林規制や農業改革など上からの施策は、名目上、環境悪化を改善するためのものであった。しかし実際には、国家や土地領主層の収入増加に動機づけられたものであった。統治者らは専門的知識を用いて、森林資源や土地の所有と利用をめぐる法制度化を、統治者側に有利な形で進めることにより、森林資源を支配してきた。法制度が整備されるにつれ、森林管理に関わる専門的知識は、学者や公職に就く専門家の専管事項となり、より独占的になった。森林が国家体制のもとで管理・利用されるようになったことで、住民が持つ慣習的な保有形態は認められなくなっていった。それが結果的に、資源の過剰利用の危険性を高めてしまったともいわれている。環境維持の仕事の重要な部分を、より上位の機関へと移すことで、施策が本当の問題を素通りして新しい問題をつくり出していくのだ(Radkau 2000＝2012)。

森と地域住民のつながり

他方で、現場から統治者または権力を見上げてみると、自然資源と支配との結びつきを論じたウィットフォーゲルの主張とは、異なる景色が広がる。そもそも近代以前の情報伝達の条件下において、国家や統治者の意図は、実際それほど効果的に働かなかったと考えられる。中央機関は現場の人間からあまりに遠く離れている。したがって数千年の間、周辺住民は伝統的な保有形態に基づいて森林を利用してきたのだ。

例えば東南アジアでは、第二次世界大戦の終わりまで、国家が実質的に管理していた森林は、道路アクセスのある地域に限られていた。植民地政府は、森林を国家のものであると宣言したが、実態は五億ヘクタールに及ぶ東南アジアの森林のごく一部を管理していたにすぎない。新たに独立した東南アジア諸国が新しく行政組織をつくり、土地法や森林法を適用することで森林を包括的に管轄し始めたのは、ここ七〇年あまりのことだといわれている(Poffenberger ed. 1990)。住民たちは自然資源をそれぞれの慣習に基づいて利用してきたのだ。

灌漑の例においても、現場レベルでの住民たちの資源管理の取り組みには、自己調整という要素が含まれていることがわかる。農民たちは自身の利害や村落内の社会関係に基づいて、灌漑水路の利用規制や清掃をしており、水利工事に関わる日常的な課題は、中央ではなく現場においてのみ効果的に対処できている。ウィットフォーゲルの指摘するように、灌漑システムが中央集権支配と結びついているとしても、実際に現場の慣習にどこまで影響を与えるのか、という点は別途考察すべき事柄なのである。灌漑水路の管理だけでなく、森林利用、果樹の手入れ、棚田の維持などは、国家が住民を組織化してきたのではなく、もともと村落や世帯の単位での仕事だった。

このように自然資源と人をめぐる歴史は、統治者による法律や政策に基づく自然支配と、地域住民たちによる現場の管理・利用という、対照的な二つのレベルのせめぎ合いであった。国家が住民の慣習的保有権に圧力をかけるようになった結果、近年の森林保全をめぐる住民の反発も、実際に争われた問題は森林それ自体ではなく、営林をめぐる諸権利を求める主張であった。例えば一九七〇年代に始まるインド北部のチプコ運動は、女性を中心とした非暴力による森林保護運動として有名であるが、この運動も実際には、伝統的な森林利用権を守ろうとする農民運動だったといわれている(Radkau 2000=2012)。共有地の荒廃に対する嘆きもまた、牧草地の生態系の維持ではなく、土地分割や農業改革を求めるものであった。森林資源など自然をめぐる国家と住民の対立は、植民地統治や中央集権化などのわかりやすい支配―被支配の関係にとどまらず、近年の自然資源の保全や保護をめぐる運動や議論においても見出すことができる。そして両者の対立構図の根底には、森林利用や土地所有など権利をめぐる争いや駆け引きが存在している。

2 住民が森を取り戻す?——参加型森林政策の誕生

近年、さまざまな国で住民参加型の森林政策が取り入れられてきたが、この転換によって森林をめぐる国家と住民の対立構図は変わったのだろうか。

参加型森林政策の特徴

そもそも、国家が森林管理の担い手として、地域住民の積極的な関与を考慮するようになった背景には、住民の森林保有権の保障が不十分だったことが森林減少を導いた、という認識が広まったことにある(Poffenberger ed. 1990)。また国家の側も、限られた予算と人員のなかで、住民らの協力を得ることなく森林を管理することが現実的に不可能であると認識するようになった。とくに途上国では、国際機関などが社会林業やコミュニティ林業など、住民参加を前提とした援助を推進したことにより、参加型森林政策が後押しされてきた(佐藤 2002)。

住民参加型が森林政策に加えた新たな変更点は、それまで違法だった地域住民の国有林内の資源利用を、国家が認めたことである(Bromley ed. 1992; Ostrom 1990; Wade 1988)。一般的に参加型森林政策は、住民に国有林地の土地の利用権や保有権を与えることで、森林保全と住民の生活向上の両立を目指している(Agrawal and Ribot 1999)。それまでの国家による森林管理の失敗をふまえ、国家が住民に権利を与えたことは評価されている。国家が森林利用に関わる法的な権利をすべて握っていた頃と比べれば、国家と住民の関係は対立から協働へ変化しうる可能性があるからだ。

こうして広がった参加型森林政策は、国家からNGOに至るさまざまな関係者が協力しあうこと、また権利を与えられた住民による共同管理であることから、より客観的で効率よく、民主的かつ公平な方法であるといわれている(Larson 2005; Larson and Ribot 2004)。例えば、インドではJoint Forest Managementが、ネパールではCommunity Forestryが実施され、各国の制度比較やその有効性、課題などが議論されてきた(井上編 2003)。これらの事例においても、以前の中央集権的な仕組みに比べると、住民は分権化された状況においてより効率的かつ効果的に現場の問題に対処できると考えられている。

しかしながら実際は、分権化に伴って森林政策に関わる関係者が拡大し、政策をめぐる利害関係はさらに複雑化していった側面もある。森林は木材、薪炭、水源、動物、信仰など多様な機能を持ち、当事者によって利用する目的も変わる。法的に国有林とされる森林でも、歴史的に住民が信仰の対象にしていたり、入植者が開墾し始めている場合もある。このような場合、土地利用権や支援事業など経済的な便益を住民に与えても、政策が意図するような「住民による共同管理」が実現しない地域は少なくない。むしろ住民に権利を与えることで、かえって森林をめぐる新たな対立や混乱につながる事例も多く報告されてきた(Enters and Anderson 1999; Blaikie 2006)。環境保全に関する政策では、環境を歴史的に担ってきた人間の営み(生活)を十分に考慮しなければならない(鳥越 1993)。いくら住民参加を掲げていても、国家が一方的に政策のあり方を決定し、画一的に地域に導入すれば、現場の多様な森林利用との新たなズレを生んでしまうからだ(Blaikie 2006; Li

2007; Tacconi 2007)。

政策と現場のズレ

途上国における参加型森林政策と現場のズレは、援助機関などによる参加型資源管理政策への支援が対象国・地域に導入されていく経緯が影響しているのだが、そのズレは見えにくい。ズレを見えにくくしているのは、援助プロジェクト自体があまりモニタリングされないため、国際援助機関や被援助国の高官たちの間で「成功」という結果報告が繰り返される傾向があるためともいわれている(Blaikie 2006)。

援助機関にとって、政策と現場のズレは、支援する政策の阻害要因とみなされることが多い。ズレを説明する一つ目の見方は、政策を実施する側の能力が不十分なために政策と現場とのズレが起き、政策や援助プロジェクトの実施を困難にするという指摘である。ここで実施する側とは、管轄する行政や住民のことである。例えば、政策実施の仕組みに課題がある、地方行政の能力が不足している、実施者が怠惰である、実施者の予算が不足している、受益者が非協力または無理解である、などである(佐藤 1997)。途上国の行政職員はさまざまな制約のなかにある。森林管理をはじめとする不確実性の伴う現場で必要な対応を取ることは難しく、組織の最末端になれば予算や人材の不足はますます大きくなり、また職員たちが新たな政策についての知識が不十分であることとあわせて、必要な行政サービスを提供することができない。

中央政府や援助機関は、政策規定と異なるような住民や行政職員の行為を、無知、腐敗、違反など政策に対する障壁として捉えることが多い(Miyakawa et al. 2005, 2006; Dahal and Capistrano 2006; Castillo et al. 2007)。このような見方から、住民や行政職員に対して、参加型森林政策の実施能力の向上を目的とした無数の国際援助プロジェクトが実施されてきた。無論、フィリピンのCBFMにおいても、援助機関や行政は、住民組織や環境天然資源省などのアクターの政策実施能力の向上や組織化を必要な支援と考え、実施してきた(Pulhin and Pesimo-Gata 2003)。このような見方においては、実施者が政策どおりに行動できないことが問題となるために、政策自体を問い直すことはあまりない。

二つ目は、政策自体を問う見方である。具体的には、国家が住民に権利を与えるという政策デザインそのものが、森林や地域住民をコントロールする作用を生むという批判である。国家が住民に森林の利用権を付与するということは、権利者の承認、手続き方法、場所の選定、権利行使の範囲など、権利のあり方を国家が決められることを意味している。権利を得た住民が実際に森林資源を利用するためには、国家が規定する手続きに基づいて許可を得なければならない。さらに、この政策は国有林地を対象に実施されるため、国家は森林の所有権を維持し続けることができる。このように住民参加の名のもとで国家が森林の権限を持ち続け、住民の権利が制約されている構造を、アグラワルは、参加型資源管理政策による新たな国家統治技術と指摘する(Agrawal 2005)。国家が住民に権利を付与するという事実によって、依然として国家は自然資源を統治し続けている構造が問われにくくなり、結果として分権化のもとで再集権化が進んでいく(Li 2002; Ribot et al. 2006)。「住民参加」が住民と森林を遠ざける作用があることに、注意を払う必要があるのだ。

国家が「コミュニティ」を用いる理由

一九七〇年代以降、世界各地で住民参加型の政策が提唱され始める。森林に限らず、あらゆる自然環境政策の分野で、管理主体としての「コミュニティ」形成の必要性が国家によって唱えられてきた。[1] これは自生的なコミュニティを形成または強化することで、環境問題を含めたさまざまな地域問題を解決しようとするものである。しかし先に述べたように、政策と現実の間にはさまざまな矛盾が生じる。政策によってコミュニティを意図的に形成することは、本来自生的な存在であるコミュニティとの論理的な齟齬をきたしてしまうからである（鳥越 1993）。国有林地内で農業や林業を世帯ごとに行ってきた地域では、国家が新たに形成したコミュニティが、既存のそれと一致するとは限らず、新たなコミュニティに権利を付与することが、それまでの慣習とのズレを生む場合がある。

例えば、周辺住民にとって国有林地内での活動は、森林管理よりも生活を支える農業が中心的な土地利用であることが多い。この場合、国家から権利を付与され、森林管理者という役割を期待されても、その役割や行為自体が生活の中心にはなりえない。この背景を考慮せず、一方的に森林管理の義務を住民に求めれば、森林管理が住民生活の負担となり、コミュニティ形成政策は国家による住民の利用と変わらなくなってしまう。[2] また実務的には、コミュニティを単位にすることで、住民個人ごとに細かく区画を分割して権利を付与するよりも、住民をまとめて区画管理させることができる。この方が、手続きや管理をするうえで容易になる(Hall et al. 2011)。このようにコミュニティの形成は、合意形成の中心と周辺を再設定するだけであり、それによって人や森林を国家がコントロールするという構図に変化は起きない。そうなると参加型森林政策は、国家による森林管理の失敗を地域住民に押し付け、国が定めるルールのもとで住民に管理を負担させていると言い換えることもできる。

このように森林をめぐる国家と住民の対立構図は、国家主導から住民参加へと政策アジェンダが移っても、存在し続けている。むしろ参加型を掲げることで、国家のコントロールすなわち森林統治の実態がより見えにくくなっているともいえよう。実務者や研究者がしばしば課題にあげる行政職員や住民の能力不足も、それを焦点化することによって他の問題を見えにくくしてしまう効果がある(3)。実施者の能力を向上させたとしても、住民の権利が制限されているという政策そのものが持つ政治性は変わらないからである。

3 本書の課題と構成

これまでみてきたように、自然資源管理をめぐる国家と住民の対立を背景とした政策と現場のズレは、参加型森林政策を議論するうえでも主要なテーマになってきた。なかでも政策の意図と現場の実態のズレ自体が問題と認識され、両者のズレがどうすれば解消、改善するのかが中心的な課題になってきた。しかしながら、政策と現場のズレを問題とする見方では、本書のまえがきで触れたような、それぞれの現場に固有のルールが政策と別に存在していることや、地域社会の状況に応じて政策実施や援助プロジェクトに対応している住民たちの多様な実践という、森林政策のもう一つの現実を捉えることができない。

森林政策において参加型を実現するためには、さまざまな手続きが必要となり、その制度自体が、国家による住民や森林の統治を可能にしているという指摘はもっともである。例えば、二重の権利者の存在（森林の所有権は国家にあり、利用権は住民にあること）、住民の利用区画の制限、住民への煩雑な管理計画や利用許可等手続きの要求などにより、住民の権利はいかようにも国家によって制約されうる。しかし援助機関が指摘するように、行政職員や地域住民などの実施側に、これらの手続きを行うための能力が不足しているのならば、そもそも先記のような煩雑な手続きは行われずに、森林が住民によって利用されることの方が多いのではないか。さらに住民の政策規定の不遵守は、現場の状況に合った政策運用の試みとしても捉えられるのではないだろうか。

先行研究では、政策と現場のズレの仕組み、ズレを修正するための改善策については多く議論されてきたが、政策規定とは異なる現場の森林管理を、地域の文脈に沿った形での制度生成として捉えた事例研究はあまりない。ズレが地域に新たな問題を生むこともあれば、逆に住民らが地域の実情にあわせてズレを再編成し持続的な資源管理を実現できる場合もある（宮内編 2013）。自然資源管理の現場でより重要なのは、ズレや対立が起きた後、それを回避または解消するための新たな方法を生み出す対応力であろう。国家vs住民のような二項対立の枠組みで議論を進めてしまえば、現場の制度生成という可能性を捉えきれない限界がある。

本書では、既存の森林政策研究であまり議論されてこなかった、政策の実施される現場で新たな制度が生み出されるメカニズムとその可能性について、フィールドワークをもとに論じたい。すなわち、フィリピンの参加型森林政策の実施現場において、地域ごとに変化する森林管理のあり方を、現場の制度生成として捉える視点である。フィリピンの参加型森林政策の現場において、住民の森林利用の権利が、実施者らによってどのように付与され、行使されていくのかをじっくり見てみよう。

調査したのは、フィリピンのCBFMのなかで森林保全に比較的成功しているタルラック州M村である。M村のCBFMは、かつて日本の援助事業の対象となった。課題が多く指摘されるフィリピンの参加型森林政策において、結果的に森林保全に至っているM村の事例を検討することで、現場で効果的な制度のあり方を考察することができる。誰が権利を得て、誰が権利を得ていないのか。権利の範囲はどこまでか。森林の管理・利用の権利をどうやって行使できるのか。これらの問いに迫ることで、現場における制度生成のメカニズムを捉えたい。

本書の構成は以下のとおりである。第1章では、フィリピンにおける森林政策史を振り返り、森林をめぐる国家と住民の関係をまとめる。森林史のなかで、近年の参加型森林政策が、住民の森林利用にどのような影響を与えるものであったのかも言及する。第2章では、本書の課題に取り組むための概念枠組みを提示する。森林政策と地域社会を論じるうえで、関連する概念を整理した後、形式知と暗黙知の交流という概念枠組みや調査地選定など、本書の独自性を提示する。

第3章から第6章は、フィリピンでのフィールドワークをもとにしたM村の事例研究である。まず第3章で、調査地M村の概要を紹介する。土地利用や生業構造など住民生活の基盤を明らかにしたのち、農業を軸とした村落内の社会階層および階層間の人間関係を詳述することで、住民の日常生活の成り立ちをより深く理解したい。

第4章からは、M村の参加型森林政策の事例研究に入る。これまでM村に導入された複数の参加型森林政策で、どのように権利主体が決定したのか、権利付与のプロセスを明らかにする。ここでは、参加型森林政策における権利主体が、権利書発行など政策規定にある形式知と、住民の慣習や規範という暗黙知が混ざり合いながら決定されてきたことを明らかにしている。第5章では、参加型森林政策で住民に権利が付与される場所が、どのように決定されるのかを分析する。具体的には、権利書に添付される地図の作成を事例に、権利空間の決定プロセスを明らかにしている。第6章では、森林管理や利用のルール、すなわちCBFMの権利行使に関わる制度生成を分析する。権利を付与された住民たちの実際の森林利用をみると、それぞれ異なる利用や管理をしていることがわかる。そしてM村のCBFM全体では、過剰な森林利用が抑制されてきたのだが、それに至った要因を考察している。

これまでの議論をまとめた終章では、本書の概念枠組みを用いて、M村のCBFMをめぐる森林利用権が、どのように形成され、行使されてきたのか、現場における制度生成という視点から明らかにしている。本書で紹介するM村では、政策と現場のズレによる利害の対立と調整が行われるなかで、政策規定とは異なる形でCBFM事業地が運用され、結果的にある程度の森林保全が達成されている。ただし、本事例における現場の制度生成を、単純に成功例としてはみなしていない。ＣＢＦＭの最終目的の一つである住民の生活改善や社会的格差の是正、また住民と国家との関係について、見過ごせない課題も残っている。本書は、今後の課題も含めて、現場の制度生成メカニズムの分析を行うことで、森林政策研究のさらなる広がりに資するための新たな視点を提示するものである。

第1章 フィリピンの森林政策と地域住民

「援助プロジェクトが来るとき、自分たちの土地がCBFMに入ることがわかった。
でも、自分たちは一度もそれに同意したことはない」。

……住民組織メンバーの話（本書第4章）

1 フィリピンの森林政策史

スペイン人がフィリピンを「発見」した一六世紀、国土の約九〇パーセントは森林に覆われていたといわれている。森林率はその後、二〇世紀初頭に七〇パーセント、一九五〇年に四九パーセント、一九六〇年に四五パーセント、一九七〇年に三四パーセント、一九八〇年に二七パーセント、そして二〇〇三年に二四パーセントと、一貫して減少してきた（Kummer 1992; Peluso 1992; DENR 2003）。今日、フィリピンに残存する天然林のほとんどは二次林で、フタバガキ科を主とする原生林は、国土の三パーセントにも満たないおよそ八〇万ヘクタールである。このように森林減少が続いてきたなかで、森林をめぐる利用や管理のあり方、また権利のあり方は、どのように変遷してきたのだろうか。本章では、フィリピンの森林政策史を振り返ることで、森林をめぐる国家と住民の関係をまとめたい。

森林統治の始まり

フィリピンにおいて森林は、植民地政府やフィリピン政府の重要な輸出資源として伐採され、地域住民の利用権は長い間認められてこなかった。初めて国家が森林を統治したのは、スペインによる植民地統治の時代であった。この当時、フィリピンの最高権力者は、軍事・行政・司法権のすべてを握った総督である。(1) 一五六五年、初代総督レガスピはセブに拠点を置くと、アウグスティヌス会士を通して、現地の首長らに洗礼をほどこすことで、スペイン国王の権限下に住民らを置いた(池端 1991)。スペイン植民地統治時代、全国土の六割を国有地に規定することで、国土についてもスペイン国王の権限下に置いたのである。

一八六三年、スペイン植民地政府は森林局を設立して、森林統治を宣言する。さらに山地住民を町に移住させて、人びとの統治も同時に行おうとした。一八九八年には、スペイン国王命令による森林法が公布され、高地での焼畑式耕作は罰則付きの禁止事項となった。さらに一九〇一年のカインギン法(Act No. 274)により、焼畑耕作民や森林居住者は違法居住者として罰せられることになった(Magno 2001)。このようにスペイン植民地政府は、宗教や法制度を活用して、フィリピンの土地、森林、人びとを統治していったのである。ただし、約三五〇年続いたスペイン支配は、実質的には住民のキリスト教化に成功した低地社会に限られていたといわれている。したがって、森林局の実態もほとんどなかったと考えられる。

むしろ、植民地政府による森林統治が実質的に始まったのは、続くアメリカ植民統治期からであった(葉山 2003)。アメリカ植民地政府は、科学的林業を導入して商業伐採を始め、植民地経営の財源を森林から捻出した(Tucker 2000)。アメリカ本国で科学的林業を導入した初代森林局長官のピンショーは、フィリピンにも同じ理念を導入して、森林から植民地経営の財源を捻出しようと考えた。まず一九〇三年の公有地法で、私有地以外の山林をすべて公有地としたうえで、アメリカの民間企業に木材伐採権を与えて林業経営をさせた。これにより、それまで実質的な支配が及ばなかった山地をも、アメリカ植民地政府は支配下に組み入れようとしたのである。

植民地政府は、アメリカの木材会社に一定期間、一定区域の森林を割り当てるコンセッション方式（所有権を公共主体が有したまま、運営権を民間事業者に設定する方式）による択伐天然更新法[2]を指示して、民間企業に森林経営を任せた。ところが訓練を受けた森林官の不足や企業の択伐法の不遵守もあって、現場では伐採規制がほとんど考慮されずに伐採されていったといわれている。つまり伐採現場では、科学的林業が徹底されたわけではなかった。他方で、伐採現場となる山地の焼畑農民たちは、森林破壊の犯人にされた。植民地政府が発布した法律のもとで、森林地の周辺住民たちは違法居住者とみなされ、排除の対象となったのである。

第二次世界大戦後、南洋材需要が世界的に高まったことで、独立を果したフィリピン政府にとって森林は主要な輸出資源となった。一九五〇年代から政府は木材伐採権を企業に与えて、大量の木材が伐採されていった。とくに一九六五年から一九八五年まで続くマルコス政権では、地方有力者に木材伐採権を与えることで、政権の基盤を強化したため、森林をめぐる利権構造が構築されていった。具体的には、政府は小規模な木材伐採権を多く発行したが、これにより伐採プロセスの規制は事実上困難になり、ますます伐採が進められていった。また伐採現場で働く移住者たちの薪燃料の需要も伐採を拡大したといわれている。

このように利権の対象となった伐採現場には、以前から住民が暮らしていた。フィリピン政府は、意図的に森林統計を操作して、メディアや海外の研究者たちに誤った認識を与えて、山地の焼畑民たちを森林破壊の元凶に仕立てていった。利権構造が構築されていく間、周辺住民の森林利用権は認められることはなかった。しばしば森林減少の要因にあげられる人口増加、とくに伐採現場となる山岳地帯でのそれは、実際には森林減少にさほど深刻な影響を与えておらず、むしろ構造的な問題がより重要だったという見方もある（Kummer 1992）。有力者たちが伐採の収益を掌握していったことが、独裁政権下における森林減少の根本的な要因といえる。

国家によって森林が囲い込まれていった一方、低地では私有権が認められた。これはスペインとアメリカの植民地統治の影響によって、低地の私有地に関して、土地を投機的に保有する傾向がみられたためといわれている（Serote 1991）。ただし低地の私有化は大地主を生み、後年、都市化に伴う地域開発をする際、土地を手放したくない地主の反対を生み、広域的な地域開発の妨げになったという側面もある[3]。

民主化・分権化と森林政策

一九七〇年代半ばから、フィリピンの森林を取り巻く国際情勢が変化し始める。この時期、木材生産量が減少してきたことで、木材伐採権が企業から政府に戻されていき、国家にとっての森林の位置づけも変わっていったのである。政権末期のマルコス大統領は、コミュニティ開発を戦略的に導入することで、自らの正統性を獲得するようになった（Contreras 2003a）。これにより、森林破壊者として排除されてきた住民も、植林の担い手としての位置づけへと変化した。

住民参加型への流れが確かなものになったのは、一九八六年にピープルパワーで誕生したアキノ政権以降である。アキノ政権は、国内からの要求に応える形で、分権化を旗印に掲げていった。脱マルコス化を図るアキノ政権にとって、分権化はマルコス前大統領の影響力を排除するための制度変更を行う機会になったのである。また、アキノ政権が分権化を進めた背景には、国際援助機関からの要求も影響していた。当時、世界銀行や米国国際開発庁(USAID)などの援助機関は、環境保全や住民参加を民主化支援のコンディショナリティ(援助に際し課す条件)にした。このように国際援助機関が、構造調整や民主化など地方分権化を重視する支援を中心に実施していたため、アキノ政権もそれに応える必要があったといわれている(片山 2001)。

こうしてフィリピンの森林政策の分権化は決定的となった(Vitug 1997; Guiang et al. 2008)。当時すでに、森林は主要な国家財源ではなかった。そのため政府は、森林の危機的状態を強調することで、環境援助という資金を国外から得ることにしたのである(永野他 2000)。一九九〇年代には、アジア開発銀行、世界銀行、ドイツ技術協力公社、海外経済協力基金、USAIDなどが住民参加型の森林プロジェクトを実施するようになった。これまでに、一〇億ドル近い援助資金が参加型森林政策の実施に充てられてきたとされる。国際援助機関からのプロジェクト予算に依存しながら、フィリピンの参加型森林政策は進展してきたのだ(Utting ed. 2000; Selfa and Edter-Wada 2008)。

国内の森林政策の分権化は、どのように実施されたのだろうか。一九九一年に制定された地方自治法(RA 7160)は、それまでの集権的な体制を解体しようという試みであり、森林政策の分権化を加速させたといわれている(Eaton 2001)。この法律によって、町役場には「CBFMと統合社会林業と五〇〇〇ヘクタール以内の共有林管理」を遂行する役割が移譲された。(4) また、州政府には「森林法、環境規制法、小規模採鉱法および、その他環境保護に関する法令の執行や地域の要請に基づく小規模水力発電」を行う役割が移譲された。しかしながら、地方自治体の役割は「環境天然資源省の監督・制御・調査」という限定的なものであった(DENR DAO 92-30)。さらに村落に関しては、農業補助サービスを行うことと規定されただけであった(リベラ 2008)。したがって森林政策の分権化は、森林行政の権限の一部が地方自治体に移譲した限定的なものであり、森林行政の主管は引き続き環境天然資源省が握り続けた、というのが実態といえる(Guiang et al. 2001)。

2 フィリピンの森を守るのは住民——参加型森林政策の始まり

CBFMの制度的特徴

森林政策の分権化とともに、フィリピンではこれまで多数の住民参加型森林政策が実施されてきた。例えば、一九七九年の共有林植林プログラムでは、全国すべての町に植林地を設立するため、一人あたり平均二ヘクタールほどの公有地で、住民はアグロフォレストリー(樹木を植栽し、樹間で家畜や農作物を飼育・栽培する混農林業)を用いた植林を担うことになった。一九八二年の統合社会林業プログラムでは、初めて住民に国有林の土地保有権を保障する管理契約証書が発行され、住民一人あたり最大七ヘクタール(のち三ヘクタールに縮小)の国有林利用が二五年間保障された[5]。豊かな森林の伐採から、減少傾向にある森林の再生へと、森林政策の主軸が変わるなか、国家の周辺住民に対する捉え方も変わっていく。国家は国有林の利用権を付与することで、住民を植林の担い手という位置づけに変えたのである。

フィリピンにおける参加型森林政策の制度化は、一九九五年にUSAIDの援助で始まったCBFMが国家戦略に位置づけられたことで完了したといわれている。それ以前に発布された参加型森林政策は、CBFMに統合されることになった。CBFMの目的は、①持続的な森林資源管理、②地域コミュニティの生活改善による社会的公正の実現である。CBFMでは、国家が地域コミュニティのメンバーで構成される住民組織(People's Organization：PO)に、国有林の管理利用権を二五年間認めている(更新可能)。それまでの参加型森林政策が、個人や世帯に権利を付与したのに対して、住民組織という集団に権利を付与したことが、CBFMの特徴の一つといえる。

CBFMの特徴と制度の目的を照らし合わせると、まず持続的な森林管理の実現については、個人の権利を束ねて集団に権利を付与することで、より広範囲な森林を効果的に管理することができるという考えに基づいていることがわかる(Guiang et al. 2001)。また社会的公正の実現については、それまで権利が認められなかった森林地域の住民に権利が与えられること、さらに集団への権利付与によって、集団内での公正な利益分配が可能になることが期待されている。

ところでCBFMにおいて認められる住民の権利のうち、先住民と低地からの移住者の社会では権利が区別され、それぞれ異なる土地利用権が発行されている。入植者社会の住民組織メンバーは、CBFM協定を根拠に規定の森林利用手続きを経ることで、造林事業や二次林内の林産物採取を合法的に行うことができる。他方で、先住民社会を対象とする「慣習的領地保有権証書(Certificate of Ancestral Domain Claim：CADC)」は、住民の慣習的な権利を追認するものである。本書が対象とするのは、低地からの移住者社会で組織化された住民組織の活動である。

CBFMの実施体制

現在、フィリピン全土のなかで国有林地に区分される土地は、丘陵地、高原、山地を含めて、面積の五三パーセントを占める（DENR 2003）。そのうち約四割の面積にあたる六〇〇万ヘクタールは、実質的にコミュニティによって管理されている。二〇一〇年時点で一八一五のＣＢＦＭ協定が発行され、フィリピン全土でのＣＢＦＭ面積は一六三万三八九一ヘクタールに及ぶ。住民組織に所属する住民は三二万二二四八世帯おり、ＣＢＦＭの対象となった国有林の管理を担っている（DENR 2010）。ただし、入植者社会の住民を対象とするＣＢＦＭの性質上、権利を得る住民たちが、国家が想定するような森林資源の管理や利用に関して十分な知識や経験を有しているとは限らない。

そのため住民組織メンバーは、環境天然資源省の承認を得た活動計画書に従って、森林を管理するよう規定されている。具体的には、「コミュニティ資源管理フレームワーク（Community Resource Management Framework：ＣＲＭＦ）」と呼ばれる長期資源利用計画書や「五カ年活動計画（Five-Year Work Plan：ＦＹＷＰ）」を住民組織は作成し、環境天然資源省から内容の承認を得て、その計画に沿って土地利用を行うことが求められる。また商業的な木材伐採には、別途、環境天然資源省から伐採許可を得る必要がある。

住民組織がＣＢＦＭを実施するため、省庁や地方自治体には、連携して地域の森林管理活動を補完するという役割が課された。地方自治法には、CBFMに関する地方自治体の責任は明記されていない。その後一九九八年に、環境天然資源省と内務自治省と地方自治体が地域の森林管理を連携して推進していくための合同通達(DENR-DILG Joint Memorandum Circular No. 98-01)が発布された。異なる行政組織が協力して、町レベルの「森林地利用計画(Forest Land Use Plan)」を作成することや、町や州レベルで参加型森林政策を推進するための連携協議会を開催することなどが、通達には明記されている。二〇〇三年には再び、連携強化とその制度化を目指す合同通達(DENR-DILG Joint Memorandum Circular No. 2003-01)が発布された。この合同通達のなかで、自治体の優先事項は、水源涵養林や森林公園などの境界線の確定であることなど、より具体的な役割分担が明記された。行政間の連携は、地域の森林管理を互いに補完しあって参加型森林政策を実施するという、地方行政が森林政策に携わる正統性を確保することにつながる。

このように、森林政策の分権化という枠組みのもとで、多様なアクターが協力して政策を実施する体制の構築が試みられてきた。森林政策の分権化を実現するために多様なアクターが連携する際、互いの情報や考えを交換しあうことになり、そのなかでさまざまな不確実性を低減するためのメカニズムを生み出すことができるといわれている(Wondolleck and Yaffee 2000)。CBFMにおける環境天然資源省や自治体等の連携は、中央集権的な森林政策のもとでは実現しえなかったことであろう。

環境天然資源省の将来構想では、国有林地全体の約三分の二にあたる九〇〇万ヘクタールをコミュニティの管理下に置くとされた(葉山 2010)。フィリピンで木材生産が盛んであった一九七〇年代半ば、森林局に長期伐採権を認可された木材会社によって、一〇〇〇万ヘクタール以上の国有林が管理されていたことをふまえれば、国家は森林管理の主体を企業から住民へ交代したといえる。フィリピンの森林政策史において、住民は森林開発を阻害する存在として、長らく国家によって排除の対象にされてきた。それをふまえれば、参加型森林政策の制度化によって、住民組織メンバーは合法的に国有林内の自然資源を利用できるようになり、周辺化されてきた住民たちの権利向上につながっていると評価されている(Utting ed. 2000; Guiang et al. 2001; Contreras 2003a)。CBFM事業地では森林面積の増加や農業技術の向上などがみられる場所もあり、森林減少の抑制に一定の効果をあげているといわれている(Pulhin et al. 2007)。

フィリピンの国有林地内で生活する人びとは、一九八〇年時点で一八〇〇万人と推測されている。一九七〇年代後半以降の参加型森林政策の導入は、国有林内の住民たちを森林減少の犯人や不法滞在者として強制立ち退きさせるのではなく、森林管理のパートナーへと位置づけ直した。住民組織の活動をさまざまに規定している国家は、たしかに一部の住民に権利を与えているが、同時に、住民すべてを権利付与の対象にはせず、その人数を制限することによって、住民が利用する資源量を制約、コントロールすることができるという側面も見逃すことはできない。次節では、フィリピンの参加型森林政策の課題についてまとめたい。

3　なぜうまくいかないのか――参加型森林政策の課題

フィリピンの森林政策史において、住民参加型の導入は一つのアジェンダ転換であった。しかし実際は、CBFM政策と現実との間に大きなズレがあると指摘されてきた。とくに分権化によって森林政策に関わるアクターが増えたことにより、利害関係も複雑化し、それぞれの現場で政策が意図したとおりには実施されていないという事例が多く報告されてきた（Dahal and Capistrano 2006; Pulhin et al. 2007; Balooni et al. 2008; Pulhin and Dressler 2009）。政策実施のための組織間の連携も、なかなか進んでいないのが実態である。そのため、さまざまな国際援助機関がCBFMのガバナンス強化に関する支援をしてきた[6]。森林政策の分権化を進めるためには、多様なアクター間の連携による課題解決、すなわち政策と現場のズレの解消が必要であると考えられたからだ。

本節では、フィリピンの参加型森林政策に関わる諸課題をまとめる。参加型への転換によって、森林をめぐる国家と住民の対立構図にどのような変化が生じたのか、または生じなかったのかについても考えていきたい。

課題1：官僚や政治家による介入

分権化には、関係者が多様化し、政策への働きかけが増えるという側面があり、それが当初のねらいとは逆の力学として作用してしまうことがある。しばしばみられるのが、利害関係者間の合意形成またはガバナンスに関する困難さである。フィリピンの参加型森林政策においても、ガバナンスの問題がしばしば指摘されてきた。

長官による伐採禁止令

フィリピンでは、環境天然資源省の長官や大統領によって、CBFM事業地内での資源利用を禁止する命令が突然発布されるという出来事がたびたび起こっている。例えば二〇〇四年、当時のディフェンソー長官は、ルソン島やレイテ島での台風被害を受けて、すべての木材伐採を突如禁止した。これによりCBFM事業地での伐採も禁止となった。さらに二〇〇五年には二三三カ所、二〇〇六年には八つのリージョンすべてで、CBFMの取り消しを一方的に発表している。[7]その後、禁伐令は解除されたが、二〇〇九年七月には環境保護を訴えるアチェンザ長官が、再び禁伐令を発布している。長官が突然に禁伐を発令する背景には、国内の政治権力の闘争だけでなく、CBFM事業地内の木材伐採に反対して禁伐令を長期間出すよう要請する環境NGOの影響があるといわれている(Pulhin and Dressler 2009)。このように大統領や長官などが突然発令する特別令によって、政策が骨抜きにされてしまうという問題が起きている。

度重なる長官らの命令によって、CBFMで保障されるはずであった住民の森林利用権は、なかなか実現しなかったのだ。分権化の方針が打ち出されても、政策を飛び越えて長官らが発する命令等によって、地域住民たちの資源利用の権限が弱められてしまっているという現実もある。[8]

地方自治体のサボタージュ

このようにフィリピンでは、環境天然資源省長官ら官僚が発する命令や宣言など、法律に基づかずに行政の裁量で決定、実行できる範囲が比較的広いものの、官僚支配の国家と断定するには限界がある。フィリピンの官僚制は、「統制された官僚制(Dominated Bureaucracy)」とも呼ばれるように、政治過程のなかで政策の執行だけに役割が限定されている特徴がある(Cariño 1989)。政策策定は大統領主導と議会主導の二つに大きく分けられていて、大統領に対して地方有力者の利益を代表する下院議員が対抗するという構図によって成り立ってきた(川中 1996)。したがって、地方有力者が政策に及ぼす影響は軽視できない。

例えば、統合社会林業プログラムの所管が環境天然資源省から地方自治体に移された際、州政府と町役場の職員を対象に二日間のセミナーが開かれ、最後には環境天然資源省と州政府の間で協定書が結ばれた。しかしその後、森林管理の政策的優先度が低い地域では、地方自治体が何の対策もとらないという状況もあった(Geollegue 2000)。その理由の一つに、そもそも地方自治体に森林行政サービスを提供できるだけの財政的、技術的、人材的な準備があるとは限らなかったことがあげられる(リベラ 2008)。より優先順位の高い業務がある場合、協定書を結んだからといって、地方自治体が森林行政サービスを実行するとは限らないのである。

地方有力者の妨害

また、森林政策の参加型への転換は、地方有力者らの反発を招くことになった。前述したように、分権化以前は中央政府や地方有力者たちが地域の森林資源をコントロールしていた。森林の利用から保全への転換や住民への権限付与は、一部の有力者にとって賛同できるものではなかった。地方有力者のなかには、環境天然資源省に圧力をかけて伐採コンセッションを継続させようとしたり、コミュニティ林業関連の事業を阻止する者も現れた(Vitug 1997)。

地方自治法の発布後、中央政府は地方有力者とのパトロン・クライエント関係を強化することで、地方の決定に影響力を残そうとしたといわれている(Eaton 2001)。ところが州知事や町長らは、パトロネージや政治マシーンなど個人的な利権構造を介して地域を支配しており、現在も地域の森林開発で強い力を持っている(Grainger and Malayang III 2006)。州政府や町役場がCBFMの支援を行うのは、住民組織リーダーが州知事や町長と同じ政党の場合に限られているという事例報告もある(Balooni et al. 2008)。地方自治体が森林行政を担う場合、地方有力者と中央政府との関係、また地方有力者と村長や住民組織リーダーとの関係という、官僚的な仕組みとは異なる方法で地方有力者は政策の実施に影響を及ぼしているのである。

政策の実施過程に目を向けると、官僚や地方有力者たちが分権化というレトリックを使って、森林や住民を統治し続けている側面が浮かび上がってくる。有力者らが政策の実施に影響力を行使していることにより、守られるはずであった住民の森林利用の権利が制約されていることにも注意する必要があろう。

課題2：住民の権利の制約

結局、CBFMによって、森林は国家のものから住民のものへと変わったのだろうか。参加型森林政策による住民への権利付与という行為によって、国家による森林や人びとの統治は弱まったかのように思われる。しかしながら、国家や企業による森林搾取の時代にみられた住民排除のような国家と住民の明確な対立とは異なり、より見えにくい形で参加型森林管理においても国家による森林統治や国家と住民の対立構図は存在し続けている。参加型森林政策による再集権化とも呼ばれる見えにくい統治構造を可能にしているものが、参加型森林政策の制度設計そのもののなかにある。

所有権ではなく利用権の付与

CBFMの制度が集権的であると指摘される理由として、まず、住民には国有林の所有権ではなく利用権を付与されることがあげられる。一九七五年の改正森林法により、傾斜角一八パーセント以上の土地は公有地に当たることが法的に規定された。したがって参加型森林政策の対象となる土地はすべて、公有地(国有林)となる。住民組織に入った住民は、CBFM事業地の利用権という特権は得られるものの、土地そのものの権利を得ることはできない(Gauld 2000)。法律に基づき、森林の所有権は国家が持ち続けるのである。国有林の定義そのものが、森林へのアクセスやルールをも規定することになる。このような土地区分のなかで行われる政策は、住民参加型であろうと企業契約型であろうと、森林の権限を国家が握っていることに変わりはないのだ(Contreras 2003a)。

住民組織に対する制約

環境天然資源省から発行される土地利用権によって、住民組織は国有林内の資源利用が認められるが、これは二五年間の期限付き契約である。(9) 新たな土地を開墾したり、造林地を増やしたりする行為は認められていないことから、森林利用できる空間は、国家が定める範囲に限定されているのがわかる。さらに国有林の土地利用権は、借金の担保にされたり、個人間で売買されたり、子どもや親戚などに細分化して譲られるなどの行為が起きている。現場の森林官は利用権の売買を黙認することもあり、住民の間で権利が移動していくのだ。また、国有林内の資源利用にも制限がある。個人の造林であっても、商業伐採をする場合は環境天然資源省に申請しなければならないのだ。この手続きには長期間かかることもあり、長官の禁伐令の発布によって最終的に許可が下りない場合もある。

煩雑な手続き

住民組織による森林管理は、環境天然資源省が承認する計画書に基づいて行われることになっている。作成が義務付けられているコミュニティ資源管理フレームワークや五カ年活動計画には、書類の様式化や数値化など科学的基準に基づく記載が想定されている。住民組織だけで、この煩雑な書類を作成することは難しい。また、販売を目的とした伐採に必要な資源利用許可(Resource Use Permits：ＲＵＰｓ)の申請に必要な書類も複雑で、住民によっては作成できない場合もある。そのため、環境天然資源省の地域事務所の森林官などが、住民に代わって書類を作成する場合がある(Contreras 2003b; Pulhin and Dressler 2009)。森林官のなかには、必要書類を用意する代わりに、住民に賄賂を要求するケースもあるという(Guiang et al. 2001)。管理計画も利用許可も、国家の定める科学的基準に沿った手続きを踏まなければならず、かえって住民たちの参加が制限されていくのだ(Contreras 2003b)。

フィリピンの伐採フロンティア社会[10]で調査を行った関良基は、ＣＢＦＭが国家の介入による周辺住民の資源アクセスの規制という側面を持つため、地域社会では資源をめぐる住民間の利害対立が生じていると懸念する。そして結果的に、弱い立場にある住民の生活が保障されていないと指摘している(関 2005)。

ＣＢＦＭのなかで、住民の貧困緩和やエンパワーメントなどの政策目標を掲げることで、国家は国民からの支持を取り付けることができ、継続して森林管理に介入する正統性を得ることができる(Contreras 2003a)。そのうえで、効果的な森林保全のためといって国家が住民の資源アクセスを規制することは、結局、住民を森林管理から締め出すことにもつながる(Pulhin and Dressler 2009; Pulhin et al. 2010)。このように住民の森林利用を規制し続けることで、環境天然資源省が権力を保持しているという側面は見えにくいものの、実質的には国家による森林統治の継続となるため、ＣＢＦＭによる森林行政の集権化とも非難されているのだ(Grainger and Malayang III 2006; Pulhin and Dressler 2009; Pulhin et al. 2010)。参加型森林政策で住民に森林利用権を与えることは、住民の権利向上という評価の裏で、国家による森林統治の継続という実態をより見えにくくし、森をめぐる国家と住民の対立構図も見えにくくしているのである。

国家VS住民の再来

最後に、参加型森林政策を実施する地域社会や住民について考えたい。そもそも分権化、住民参加型、環境保全などの概念や手法は、海外とくに先進国から持ち込まれるものであり、必ずしも対象地域の社会と親和的であるとは限らない。しかもフィリピンでは、分権化が政策に取り入れられた際、「コミュニティとは何か」という議論が不十分なまま、制度化が進んでいったといわれている(Contreras 2003a)。官僚が統治する単位としてコミュニティをつくっても、それは実際の地域社会の一部分を切り取ったものにすぎない(Gauld 2000)。現実のコミュニティへの配慮や検討がなされないまま始まった参加型森林政策は、多様な地域社会のなかでさまざまな課題を生み出している。

「コミュニティ」の実態

CBFMの住民組織の規模には、実は広がりがある。まず、CBFM事業地の面積については、平均一〇〇〇～三〇〇〇ヘクタールほどが一般的であるが、最大三万ヘクタールの場所から数十ヘクタールの場所まであり、規模には大きな差がある。参加する世帯数も、いくつかの住民組織が連合した計五万世帯というレベルから、数十世帯という小規模なものまで幅がある。規模が異なれば、森林管理や住民組織の運営に関わる問題も異なってくる。

さらに住民組織のあり方を左右しているのが、地域社会にもともと存在している住民の異質性の高さである。フィリピンは一部の先住民社会を除いて、さまざまな移住者たちによって構成される異質性の高い社会である。CBFMは伐採跡地に導入されることが多く、そこは多様な背景を持った人びとが入植して形成された、多様な文化が混在する地域である。地域社会にもともとある権力構造や貧富の差は、住民組織の運営にも影響している。例えば、村落内で力のある者がCBFMからより多く利益を得てしまう不平等な事例も報告されている(Dahal and Capistrano 2006)。さらに森林政策の分権化が、再集権化やエリート支配を強化することも指摘されている(Grainger and Malayang III 2006)。CBFMが導入される移住者社会の異質性の高さは、CBFMをめぐる不平等な利益分配が起きやすい条件にもなりうるだろう。

フィリピンでの共同資源管理は、実現困難なことなのだろうか。元来、フィリピンで伝統的に共同資源管理をしてきた地域において、住民への権利付与は国家によるものではない。住民と自然環境との長い関係に基づいた資源の分配という形で、住民の森林利用権は表出してくるものであった(Lynch and Talbott 1995)。その歴史が結果として、持続的な資源利用や平等な分配につながることもある。ルソン島北東部で伝統的に共同森林管理をしてきたイカラハン(Ikalahan)の人たちは、田畑を個人で利用する一方、森林や未利用地の利用権を個人に分配せず、共有林として効果的に森林管理する仕組みを維持してきた。イカラハンの社会において、土地の私有化や個人管理は資源の濫用や不平等なアクセスを導くものと考えられている(Cornista and Escueta 1990)。CBFM政策のように国家が住民に権利を付与するという仕組み自体が、地域社会の慣習とは矛盾しているのだ。制度設計自体が、そもそも地域に既存の社会関係や自然利用のあり方と矛盾しているともいえる。

地域に既存の制度の重要性をふまえると、CBFMが実施される低地キリスト教社会の多くが、もともと共同森林管理の慣習を持たない移住者社会であるという点も鍵になる。共同管理の伝統がある地域に比べて、移住者社会は共に支え合って生活するという意識や、共通の問題に取り組む機会が少ない(Santos and Pollisco-Botengan 2003)。このような移動性や異質性の高い社会で、住民が森林保全という役割や責任を共有するのは難しい(Dizon and Servitillo 2003)。村落内の人間関係に輪をかけて、行政、NGO、援助機関などさまざまな利害関係者が、共同管理の経験の乏しい地域社会へ支援に入ることになれば、それら外部アクターの関わり方も共同管理の成否に影響してくる(Grainger and Malayang III 2006)。共同管理を前提とした政策を移住者社会で実施する際には、このような地域の特性に注意を払う必要がある。

翻弄される住民たち

CBFMにおける住民組織メンバーの主なインセンティブは、国有林利用権の取得、森林資源の獲得、インフラ整備、農業支援にある。ところが環境天然資源省は、商業的な木材利用を許可しないことも多く、住民組織メンバーは森林からの収益を得ることができない状況が続いている。

植林や育林に必要な労働力、村落内外からの侵入者による違法伐採の取り締まり、山火事などへの対策や対処等を共同で行うには、それなりに管理コストがかかる。伐採からの収益が得られないままでは、活動資金の不足によって活動が停滞してしまうケースも散見される(Dolom and Dolom 2006)。活動資金が十分に得られない状況が続けば、住民が得た国有林利用権という特権よりも管理負担の方が大きくなってしまうからだ(Guiang et al. 2001)。これらは参加型森林政策が内包する集権性によって起きている、住民組織の活動に対する制約である。

このように、住民に森林利用権を与えることによって社会的弱者を救おうとしたＣＢＦＭが、かえって住民間の対立や格差を拡大、表面化する可能性があることがわかっている。フィリピンのミンダナオ島での参加型森林政策の現場調査をした葉山アツコは、参加型森林政策によって住民が国家の森林管理の下請けにされ、市場に翻弄される経済的弱者の状態のままに置かれていると批判する(葉山 2010)。国家主導で参加型森林政策を導入したがゆえに、地域社会の自治は形成されず、国家権力の維持によって森林保全や住民生活の向上が困難な現状もある。ＣＢＦＭを実施する住民にとって、経済的誘因だけでは不十分で、住民組織への帰属意識やＣＢＦＭ事業地への愛着なども住民間の協力を導く誘因として必要になるともいわれている(Guiang et al. 2001)。

分権化政策は、地域の文化や社会構造などに左右されるため、すべての地域で分権化が適しているとは限らない。しかし政策は、複雑な地域社会を画一的に扱うものであるため、現場との齟齬が生じてしまう。こうして住民組織は実質的に機能せず、共同管理に至らない地域も多く出てきており、ＣＢＦＭによる森林回復や住民の生活改善は限定的なものにとどまっていると批判されている。

フィリピンにおいて、参加型森林政策によって住民は一定の権利を得ることはできたが、政策が掲げた目的を達成するには多くの課題が指摘されていて、その要因の一つになっているのが、国家による森林統治の継続なのである。

第2章 森をめぐる現場の制度を捉える視点

「森と田んぼと家のどれが一番大切かって？　そんなの選べないよ」。

……M村住民の話（本章第4節）

1 制度とは何か

本章では、フィリピンにおける参加型森林政策の実施現場での制度生成を捉えるという本書の研究課題に取り組むための概念枠組みを提示する。まず、制度論における基本的な定義を整理して、制度や制度生成について理解を得た後、森林を含む自然資源管理論における制度研究の先行研究をまとめたうえで、本書の視座を提示したい。

制度をめぐる二つの定義

森林政策は、住民の森林利用に関わる行為を決めるための制度であるが、そもそも制度とは何だろうか。自然資源管理という個別の分野の議論に入る前に、その基本的な定義を確認しておきたい。制度を定義する際には、アクターの行動を制約するという捉え方と、アクターの行動を意味づけるものという二つの捉え方がある。両者の違いは、個人と制度のどちらを先験的なものとして捉えるか、という点にある。一般的には、前者を経済学的制度論、後者を社会学的制度論と呼ぶ（河野 2002）。

経済学的制度の代表的な定義として、ノース（North 1990＝1994）の研究がある。ノースは経済学に統合するような枠組みで制度を論じている。このなかで制度は、国家や組織の目的を実現するための合理性を持ったものであり、どのくらい効用を生んだかが論点になっている。ノースの定義では、人間の相互作用をゲームとみなし、ゲームの均衡として制度を位置づけている。

「制度とは社会におけるゲームのルールである。より形式的に定義するならば、人びとの相互作用を成り立たせるために人間によって作り出された制約である。したがって制度は、政治的、社会的、経済的、いずれにおいても、人びとが交流するうえでのインセンティブを構造化する」(North 1990: 3＝1994: 3参照)。

個人は効用の最適化を目指すもので、そのために適切な行動をとるよう促すのが制度ということになる。このように個人に制約を与えるものとして制度を捉える場合、選好を持つ自律した個人の存在が前提になる。個人の行為を制約するものとして、人が考案するフォーマルなルールと、慣習や行為などインフォーマルなものの両方が想定されているが、慣習などのインフォーマルな制約はあくまで成文ルールの基礎になり、それを補完するものと位置づけられている。

対して、社会学的に捉える場合、制度はゲームの均衡として決まるものではなく、社会文化としてすでに存在しており、個人や組織の行動に影響を与えるものとされる。社会学的に制度を捉える定義として、例えばスコット(Scott 1995＝1998)がある。

「制度とは、社会的行動に対して安定性と意味とを与える、認知的、規範的、および規制的な構造と活動から成り立っている。制度は、文化、構造、および慣例といった媒介(carriers)

によって伝達され、それらの力が及ぶ範囲で多層的に作用する」(Scott 1995: 33＝1998: 53–54参照)。

社会学的な定義において、個人の行動は、合理的選択によるものではなく、文化や慣習の枠のなかでなされるものである。この場合、制度は人が何の疑いもなくとる行動のような自明的なものであり、自覚していなくても先験的に制度は存在していることになる。したがって、ある社会文化が続く限り、制度も持続性を持つものとして位置づけられる。制度は、文化のなかに埋め込まれているものなのだ。このように、制度が個人よりも先験的であるか否かが、二つの制度の定義の違いといえる。

サール(Searle 1969＝1986, 1995)は、これら二つの捉え方の違いに着目し、前者を「規制的制度」、後者を「構成的制度」と分けることで議論を深めた。規制的制度とは、個人の行動を規制するような制度であり、制度に先立って存在する個人を想定している点で、先に説明した経済学的な捉え方に合致する。対して構成的制度は、行為を起こす個人よりも先に存在しているもの、すでにあるものであり、これは制度が個人を定義し、意味づける社会学的定義に合致している。

二つの制度のつながり

ただし現実において、制度を二分して捉えることには、注意を払う必要がある。例えば、制度を規制として捉える場合、個人は効用を求めて自律的に行動すると前提するが、人間は必ずしも経済的合理性だけに基づいて行動しているわけではない。その時々の利害関係や交渉に基づいて、人は複数ある制度のなかから特定の制度を選んでおり、制度を用いる人の立場によっても、制度の定義は変わっていく。また企業や組織の契約であれ、伝統や慣習であれ、その制度に関わる利害関係者をある範囲内に設定することは、分析のために恣意的に設けられた前提でしかない。

また、制度を規制的であるか構成的なのか線引きするためには、特定の利害関係者を念頭に置く必要があるが、これでは制度が特定の関係者内部に存在するものとなり、議論を狭めてしまうことになる。ゲームの均衡のようにみえる制度も、自明のようにみえる制度も、その背景には選択、適応、淘汰、自己複製というダイナミクスが働いている(河野 2002)。むしろ特定できない多数の関係者や外部者への制度の影響によって、制度は生成し、持続し、変化している可能性がある。したがって、制度が生み出されるプロセスを捉えようとするならば、制度を可変的で内生的なものとして捉える必要がある。そうしなければ制度がなぜ生まれてくるかという文脈をも見失う可能性があるのだ。[1]

右記のような制度の捉え方を超えて、複数制度の組み合わせとして制度の生成を議論する研究も蓄積されてきた。例えば、制度が歴史的に積み重なっていくとする歴史主義の視点では、複数制度のつながりを時間の連続性のなかで議論している(グライフ 2006)。これによると、過去の制度は個人と社会の属性であるため、新しい状況が普及したとしてもすぐに消え去るものではない。過去の制度は新しい制度の基礎を提供するもので、新しい制度へ通じるプロセスに影響を及ぼしていくという。過去から継承された制度の構成要素は、制度的遺産と呼ばれ、過去の制度は新しい制度を方向づけるという。人びとが直面しなければならない問題に一定の秩序をもたらし、問題を当事者らが対処できるぐらいの複雑さに収めていくなかで制度化は進むという。新たに文化的信念や組織を構築するには手間がかかる。そのため過去の制度を採用する形で、新たな制度は決定されていく。過去の制度は、新しい状況における一つのパラメータとなり、新しい制度が生まれる環境の一部を構成する。

この制度の連続性について、とくに外的な環境変化に着目したマイヤーらは、企業、学校、病院などを事例に、これらが組織の目的に合理的なルールを実施しているというより、対外的に正統性を獲得していくために、さまざまな規制や活動を有していると提起した(Meyer and Rowan 1977)。組織は合理的な構造を持っているというより、制度化されたルールを儀式的に用いて、それを継承しているにすぎない。組織は自己完結しているものではなく、環境の変化に適応していくなかで変わっていくものとして、制度生成を論じている。歴史主義は、制度の連続性や、制度の相互作用という捉え方を新たに提起したのである。

組織が外的な影響から自らを守るために、本来の目的とは異なる結果に至る過程で制度化が進むという前記の議論をふまえて、マートンは、プロセスとしての制度化を「予期せぬ帰結」として概念化した(Merton 1936)。これらの議論をふまえてセルズニックは、米国のTVA(Tennessee Valley Authority)計画[2]が、組織の自己保存のために、本来の目的とは異なる結果に至ってしまう過程を制度化として描いた(Selznick 1949)。TVA計画の一つの特徴は、総合開発を実現するために、草の根民主主義と呼ばれる意思決定への住民参加を導入したことであった。しかし、意思決定への市民参加を目指したために、結果としてこの計画は、地域の保守層の利益を擁護する装置へと変容

表2-1　政策と制度をめぐる概念整理

段階	政策形成	政策実践	政策実施
制度	フォーマル	インフォーマル	インタラクティブ
	主に経済学的視点 規制，合理性，制約， 効用，目的，機能	主に社会学的視点 構成，自明性， 文化の再生産	主に政治学的視点 選択，適応，淘汰
特性	操作 ＝現状を あるべき方向に導く	文脈 ＝経緯から 生み出される現状	内生 ＝状況に応じて 生み出される
	形式化，様式化，画一化， 組織化，明文化，近代化	規範，慣習，複雑性， 多様性，異質性，地域性， 固有性	可変性， 一定の空間時間で共有， 多層的相互作用

出所：西尾・村松（1994）をもとに筆者作成．

してしまった。TVA計画は、河川や自然資源の開発を中央集権的に行う既存のあり方を問うものであったが、それこそが政府の失敗を生んだ要因であったとセルズニックは指摘している（Selznick 1949）。このように制度の生成は、複数制度の組み合わせであり、それらの相互作用として議論される必要がある。

以上みてきたように、制度をめぐる諸定義には、その捉え方の違いを含めてさまざまな議論の広がりがある。捉え方の違いを段階的にまとめたものが**表2-1**である。主に経済学的視点では、規制や効用などを制度と捉え、あるべき方向に導くものとして位置づける。社会学的視点では、制度は文化の再生産とされ、これまでの経緯から生み出される現状として位置づける。政治学的視点での議論は、制度を、状況に応じて選択され生み出されるものと位置づける。それぞれ、政策形成、政策実践、政策実施の段階で中心的にみられる議論のあり方である。

本書で参加型森林政策における現場の制度生成を捉えようとするならば、経済学的、社会学的など限定的な定義ではなく、政治学的視点が必要になろう。すなわち、森林管理に関わる人びとが状況に適応するなかで、複数制度が相互に影響しあい、森林管理に関わる制度が変化していくという捉え方に基づき、制度生成を議論する必要があるだろう。ここでの制度は、インタラクティブ(双方向)で可変的なものである。本書で森林政策の現場における制度生成のメカニズムを分析するためには、その場の状況に応じて、特徴の異なる複数の制度が組み合わされ、取捨選択されていくという制度の内生性を捉えるための枠組みを構築する必要がある。次節では、本研究に必要な概念枠組みを思考するために、これまでの自然資源管理論において制度がどのように議論されてきたかを概観する。

2 自然資源管理における政策と制度をめぐる研究

従来、自然資源管理に関する研究において、政策と制度の関係はどのように議論されてきたのだろうか。ここでは表2-1をもとに、政策形成、政策実践、政策実施それぞれを中心的課題に置く研究領域をまとめたい。

まず、共同による自然資源管理を政策にするうえで、その論理的根拠を与えたコモンズ論がある。これは、共同資源管理の成立要件の追究が主な研究課題になってきたことから、政策形成の段階に寄与した研究領域といえる。次に、自然資源管理政策が導入される地域社会が、どのように既存の社会制度（地域の規範や慣習、また異質性や多様性など）のなかで政策を実践していくのかを問う地域研究である。コモンズ論と同じく、綿密なフィールドワークに基づく事例分析を行うが、地域の固有性や多様性をふまえて制度を論じるのに長けており、主に政策実践を扱う領域といえる。最後に、地域の外の構造的要因を分析して政策が持つ政治性を問うポリティカル・エコロジー論である。地域の外の構造が地域内の住民の行動にどのような影響を与えるのか、多層的相互作用のなかで政策実施の意味を明らかにしてきた。

それぞれの研究領域は本来、表2-1のように明確な形で三段階に分けることは難しく、段階をまたいで議論は深められてきた。しかしながら、問題設定、政策や制度の捉え方などをふまえれば、それぞれの研究の中心的課題とアプローチは異なるものであり、それを明示化するために本書では三段階の分類に沿って説明する。

共同資源管理の成立要件を追究するコモンズ論

フィリピンのCBFMは、持続的な森林管理と社会的公正という目的を実現するため、政策によって地域社会に共同資源管理制度を導入するものである。この目的の実現のため、住民の森林利用を規制する法制化が進められてきた。このようにCBFMは、現状をあるべき方向に導こうという制度特性を持ち、政策形成のあり方が議論の中心となってきた。このCBFMの論理的根拠を提供したのが、地域住民の自然資源管理を理論化した研究領域であるコモンズ論である。

　コモンズとは、「自然資源の共同管理制度、および共同管理の対象である資源そのもの」と定義される(井上 2001)。コモンズ研究の始まりは、ハーディンによる「コモンズの悲劇」(Hardin 1968)への反証として展開した。ハーディンは、誰にも所有されていない自然資源は過剰利用されるため、資源の枯渇を防ぐためには国有化や国家による規制、または私有化が必要になると主張した[3]。これに対して、人類学者や農村社会学者らを中心に、地域住民による持続的な資源利用が世界中に存在することが明らかにされるようになり、悲劇を問い直す動きが広がった。例えばメキシコやアメリカ東海岸の漁業では、漁業区画の設置や保全措置の存在によって、過剰な漁業活動が制御されてきた[4](e.g. Acheson 1987)。他にも、フィリピンのサンヘラと呼ばれる灌漑用水の共同管理や、後述する日本の入会林野など、漁業、農業、林業などあらゆる自然資源で持続的な共同管理の事例が報告されている。さまざまな実証研究により、ハーディンの議論は、明確な所有権が設定されていないオープンアクセス状態にある資源の悲劇であり、資源が特定の共同体によって保有されている共有資源の場合、外部者の排除と利用の制限による管理が可能であることが明らかになった[5](Berkes et al. 1989; Feeny et al. 1990)。

　その後も各地の事例をもとに、持続的な共同資源管理が成立する制度のあり方が議論されてきた。なかでも理論化を進めたのがオストローム(Ostrom 1990)である。彼女は、長期にわたって存続してきた共同資源管理の事例分析から、共有資源管理制度の設計原理の抽出に取り組み、持続的な資源の共同管理・利用の制度条件を検討した。ここで住民は、経済的合理主体として捉えられており、森林資源に生計を依存する住民は、生計基盤である森林資源を中長期的に利用するために、他の住民と協力して保全型資源利用のルールを形成し、遵守することが明らかになった(Ostrom 1990)。いずれの所有権制度でも、資源の共同管理の成功と失敗を見出すことができるため、効果的な資源管理には単独の制度よりも組み合わされた制度が望ましいといわれている(Feeny et al. 1990: 14)。

北米で展開されてきたコモンズ論の特徴について三俣学は、研究目的が主に他国で資源管理制度を適応させることに置かれ、議論されてきたと指摘する(三俣 2008)。三俣は、研究自体が世界銀行など巨大組織による資金援助のもとで進む途上国の資源管理政策と連動していて、その実施過程から浮上してくる新たな課題や知見を糧にして、北米におけるコモンズ研究は進展してきた背景があるという。本書が扱うフィリピンの参加型森林管理政策も、この構造のなかにあったといえる。それはCBFMを支援した米国援助機関USAIDが、その理論的根拠をフォード財団などのコモンズ研究に置いていたからである。北米でのコモンズ研究は、援助機関がフィリピンなどの途上国で森林政策の分権化を支援するという実務的な必要性のなかで発展していった。

自国の問題に取り組む日本のコモンズ研究

北米のコモンズ研究が主に学問的、政策的課題に取り組むものであったのに対して、日本のコモンズ研究は、多様なアプローチがあるものの、自国の政治経済問題や環境問題に取り組む姿勢がみられる。問題の当事者としての視点があるために、地域を支える社会制度や人間関係により着目し、それを喪失してきた近代化への内省がみられる点が特徴とされる。[6]

なかでも日本の入会林野研究の蓄積は大きく、北米のコモンズ研究にも大きな影響を与えてきた。[7] 入会林野とは、村落住民が慣習的に共同で管理・利用してきた山林原野で、住民たちは日常生活や農作業に必要な薪炭や草肥の採取、また放牧などを入会林で行ってきた。入会林には、住民の無償労働によって管理される区画があり、そこからの利益は地域全体の共益として使われてきた。村落には利用頻度、採取量、道具など、資源利用についての明確または暗黙のルールがあるため、ルールを守らなかった者は罰せられる。入会林を管理・利用する権利は入会権と呼ばれ、土地の上に存在する権利についての森林利用の慣習であるため、土地所有権とは異なる。[8] 入会権の存在する土地の所有形態については、個人、法人、市町村、社寺、部落、財産区など全国に多様な実態がある。

近年の日本においては、日常生活での森林資源の必要性が低下し、農山村の過疎化や高齢化、都市近郊への人口流入などによる地域の構成員や慣習の変化など、入会林野をめぐる状況が大きく変化している。慣習として機能してきた規制が弱まったり、離村しなくても入会権を放棄する世帯も現れたりしている。その一方で、維持管理に必要な人員を確保するために、離村しても入会権を残すような事例など、慣習では想定していなかったような状況もみられる（山下 2011）。このように日本のコモンズ研究では、慣習としての地域の共同資源管理を対象とし、地域に既存の社会規範と、社会状況の変化によるルールの変容について理解を深めてきた（室田・三俣 2004）。

コモンズ研究は詳細な現地調査から、地域にある共同資源管理制度のあり方を数多く明らかにしてきた。ただし北米でも日本でも、住民による持続的な共同資源管理の成立要件を明らかにすることを中心課題にしてきたため、集合行為が成立している事例を用いることが多く、資源保全に失敗している多くの事例についての検討は不十分である。また、国家など地域社会以外を外部要因に位置づけてきたため、地理的に離れた空間の相互関係、地域社会と国家や地方政府等の垂直的なつながりなど、異なる位相のダイナミックなつながりのなかで制度についての議論を深める必要がある(菅 2008)。

地域の共同資源管理を維持するためには、地域や資源の特性に応じて外からの介入を阻止する「閉じること」と、外とのネットワークを構築する「開くこと」の二つの戦略を使い分けることが重要になる(井上 2004a; 三俣他編 2008)。井上真は、北米のコモンズ研究が提示してきた持続的な共同資源管理の制度設計や条件が、基本的に「閉じること」を想定していたことに対して、外部者の関わりを前提とする資源管理の制度のあり方を協治と呼び、その生成条件となる原則を提起している(井上 2009)。地域の資源管理制度と外部との関係や、国家と住民との垂直的なつながりについても、コモンズ論はより議論を深める余地がある。

このようにコモンズ研究の中心的課題は、共同資源管理の成立要件を探ることにあり、制度設計や効用を高めるための諸条件についての理論化が進められてきた。地域の固有性にも配慮はしつつも、形式化への試みとしての制度研究という特徴がある。

地域の文脈から政策を問い直す地域研究

コモンズ研究が、地域にある共同資源管理制度の形式化に貢献したのに対して、共同資源管理政策という外から導入される制度が、地域社会でどのように実践されるのか、地域性や固有性に着目した事例研究も数多く蓄積されてきた。文化人類学や農村社会学などの専門領域によって、政策実践の捉え方に幅はあるが、自然資源管理政策を実践する地域の文脈を読み解こうとする研究で、地域の規範や慣習のなかで政策がどのように実践されるのか、という問題意識を持つものである（e.g. Agrawal and Gibson 1999; Leach et al. 1999）。制度は地域社会の構造や日常生活のなかに埋め込まれたものとして位置づけられ、自然資源をめぐる利害関係など地域社会の異質性が、自然資源管理政策に与える影響について議論されてきた。地域の文脈を読み解くことに主眼を置く政策研究ともいえよう。

地域社会のなかに埋め込まれたものとして政策を捉え直すと、現場では規範や慣習など地域の文脈に沿って政策規定そのものが修正されていく事例も報告されている（Batterbury and Bebbington 1999; Leach et al. 1999; Klooster 2000; Nygren 2005）。外部者の視点で住民の管理制度の成功や失敗を判断するのではなく、地域社会の構造をふまえることで、地域の文脈に沿った固有の制度化のあり方が模索される。フィリピンのＣＢＦＭでいえば、国家や援助機関が形成した共同資源管理政策を地域に導入する際、どうしたら住民が規定に沿って森林管理するかを問うのではなく、既存の規範や慣習のなかでどのように実践されているのかを問う姿勢である。

一部の先住民社会を除いて、森林地帯にある地域社会は、多様な文化や民族によって構成されている場合が多い。地域住民の異質性によって、一つの村落でも森と住民の関係には多様性がみられる。個人にとっての森林利用は、単に木材伐採だけにとどまらない。果実やキノコや薬など非木材林産物を採取する者、信仰の対象とする者、水源林として保護する者など、多様な森林資源があるなかで、個人が森とどのように結びついているかは、これまでの経緯から生み出される。そして、村落内でも経済力や政治力また社会的地位などの違いによって、個人の森林利用の仕方、利用権のあり方や権利についての考え方も変わっていく場合がある(Johnson and Forsyth 2002; Kumar 2002; Pérez-Cirera and Lovett 2006)。地域社会を個人の利益の単なる集合体として捉えることはできない。むしろ多様な住民がそれぞれの象徴やアイディアを表明する場ともいえる(Mosse 1997; Cleaver 2000; Johnson 2001)。このような状況において、政策によって地域に共同管理を導入しても、住民それぞれが集合行為の必要性やそのあり方に関して異なる認識や信条を持つことは容易に想定でき、かえって住民間の異質性が高まることが明らかになっている(Tole 2010)。

分権化が地域の資源管理にどのような影響を与えるのか、既存研究はその成否についてまだ見解の一致を得ていない。ただし、政策によって共同資源管理を普及させようとすることで、村落内の異質性がより浮き彫りになることがあり、既存の社会経済的な異質性が、森林管理を協力して行うことをより困難にするという負の影響については数多く指摘されてきた。

例えば、参加型資源管理政策によって、一部の有力な住民が利益を収奪するエリート・キャプチャー(Béné 2003; Gray 2002)、また、対立するグループによる他グループの支配(Winslow 2002; Dressler

2006; Nayak and Berkes 2008)などが起こることは、しばしば事例で報告されてきた。参加型政策によって、誰が利益を得ているのかを見てみると、本来は政策で救済されるべき弱者が不参加の場合もあり、参加の実態は地域の文脈が大きく影響する。地域社会内でより利用権が保障され、より裕福で、より力のある民族に属している住民は、優先的に権利を得やすい立場にある。また住民のなかでも、行政職員とのコネクションをより多く持っていて、頻繁に会いに行けるような人たちは、行政が組織化する権利者グループに参加していることが多い(Agrawal and Gupta 2005)。地域社会でより上位の階層にある者、そして上位者とコネクションを持つ者が、政策からより利益を得られる構造が再生産されていくのだ。

地域研究が明らかにした政策の排除性

参加型の自然資源管理政策は、国家が住民に権利を与えるなかで、一部住民の村落内における影響力を与えたり強めたりする政治過程と捉えることもできる(Johnson 2001)。このように、国家が住民に森林利用権を付与する自然資源管理の分権化政策は、地域社会内の既存の力関係や格差を補強する作用を機能させながら制度化していくため、民主的で平等な方法の実現に至らない場合がある。政策が自然資源を「地域資源」とひとくくりにして扱うことで、かえって地域社会の複雑性は見えにくくなる(Mosse 1997)。住民の日常の営みを理解しにくい外部者が介入することで、地域社会の階層性や権力関係が強調、補強されながら自然資源の管理や利用が進むという、政策への警鐘といえよう。

規範や社会構造など地域社会に既存の制度のなかで、政策が実践されていく過程をふまえると、国家による住民への権利付与は、社会的公正などの目的を必ずしも保証しない。森林政策の分権化において、政治、ジェンダー、民族などあらゆる面で異質性を抱えるコミュニティから一部住民を受益者として区分することは、地域社会に新たな対立を生み出し、その他住民を排除することにつながるためである（Nayak and Berkes 2008; Hall et al. 2011）。国家が用いる「コミュニティ」が意味するところは、地域社会のほんの一部分であることに注意しなければならない（Gauld 2000）。ある住民に権利を付与することによって他の住民の権利を奪うことにつながるため、村落内で土地利用権を分配する行為は、偶然の産物ではなく不平等な行為としても捉えられるのだ（Li 1996）。森林政策の分権化によって、村落内の森林資源をめぐる利害関係がより複雑化し、地域に新たな対立が生まれ、その結果としてより弱い立場にある一部住民が資源利用から排除されてしまうこともある。政策による権利の分配は、地域の文脈のなかで、特定の人たちと森とのつながりを保証する一方で、特定の人たちを森から遠ざける排除の作用を持つのである。

もちろん、地域社会の異質性が集合行為を導く事例も報告されてきた（e.g. Baland and Platteau 1999）。もともと異質性の高い地域では、自分たちの状況に適した方法で利害調整をすることで、対立を回避して持続的な資源管理を行う慣習を育んできた（Varughese and Ostrom 2001）。多様な住民たちは、自らが求める資源やサービスを得るために必要な制度をそれぞれ選び取っていく（Leach et al. 1999）。住民自身が権利や義務に基づいて資源利用のルールを決定しており、それが現場での制度化につながっているのだ（Gautam 2007）。この場合、地域社会の異質性は、資源管理の制度を形成するうえで重要な文脈的要因といえる。

本書が扱うフィリピンのCBFMにおいて、地域社会の異質性の高さは認められるものの、そこはもともと共同資源管理の慣習を有していないことが多い。そのような地域において、政策と地域の異質性の出あいは、どのような森林管理の制度化につながるのだろうか。分権化は地域固有の社会経済的な文脈に左右されやすく、政策実施のあり方やその結果は場所によって異なっていく(Naidu 2009)。したがって、地域社会における既存の社会階層や異質性のなかに政策が埋め込まれていく過程で、排除性という作用が強化されていくことに注意を払う必要があるのだ。

地域の外から政策の政治性を問うポリティカル・エコロジー論

参加型の資源管理政策が有する排除の作用について、地域社会の異質性をその要因として述べてきたが、果たしてこの作用は地域の文脈のなかだけで説明できるものなのだろうか。この疑問に対する一つのアプローチとして、環境問題や環境政策を介した外部世界、とくに国家や援助機関の政治性を問うポリティカル・エコロジー論がある。これは政策や法律または言説によって、国家が地域のあり方をコントロールしうる可能性を検討するものである。

地域社会の動態を詳細に分析する研究アプローチが、特定の地域の利害関係や社会構造を分析するのに長けているのに対して、ポリティカル・エコロジー論は、ある場所を取り囲んでいる歴史的、政治経済的要因に着目する。一九八〇年代、この分野の先駆者として議論を主導したのがブレーキーである(Blaikie 1985)。ブレーキーは、ネパールを中心とする世界各地の事例から、土壊劣化という一見ローカルな問題が、いかにその地域外におけるマクロな政治経済的要因に規定されているかを明らかにした。住民らが入植する以前の植民地時代、すでに条件の良い土地が囲い込まれており、その経緯が住民たちの行為にも影響していることがわかる。住民が一方的に破壊的な土地利用をしたのではなく、不利な条件の土地で生活せざるをえなかった背景にこそ、目を向ける必要があるのだ。このように地域社会から一度視点をずらして、外部世界のあり方を考えることで、環境問題を捉え直すことができる。(9)

フィールドワークに基づいて東南アジア諸国の森林減少の社会構造に迫ったペルーソは、フィリピンの森林減少の要因について、政府の汚職や政策の失敗に起因したものであると指摘した(Peluso 1992)。一九七〇年代までは、フィリピン政府が企業に与える伐採権の利権化が、森林減少や住民排除を促進した。さらに援助機関も住民の森林利用権の問題に加担したと、ペルーソは批判する。一九七九年から一九九〇年まで、援助機関はアジア地域の林業セクターへ総額一二億ドルもの貸付を行ってきたが、その多くは早生樹種の造林に投資され、地域住民の土地所有権の不在など森林減少の背景にある問題については静観してきた。その後、一九八〇年代から、援助機関は住民主体の森林管理というアプローチを促進し始めたが、事業の中心は施設や技術的な投資に置かれたため、結局、住民の森林利用の権利という根本的な課題が残されたままになった。元凶とされてきた農民の焼畑は、この構造的な問題を隠すために政府やマスコミによってつくられた問題であったともいえる。

ポリティカル・エコロジー論は、森林管理を取り巻く構造を俯瞰し、既存の問題設定そのものを問い直すことができる。石曽根ら(2010)によれば、ポリティカル・エコロジー論は環境問題の社会的起源を探求すべく、三つの特徴を有しているという。一つ目は、環境問題が発生する文脈への着目であり、国家の政策や国際的な意思決定が自然管理に及ぼす影響についての研究がある。二つ目は、自然アクセス権をめぐる競争への着目である。地域における資源獲得競争が、資源そのものに与える影響について研究されてきた。三つ目は、環境変化がもたらす政治的分化に着目するもので、社会的格差や政治的プロセスに与える影響についての分析がある。

ポリティカル・エコロジー論の強みは、環境問題の政治性を議論するための構造的な視点を与えてくれる点にある。他方、それゆえに、住民や国家など対象を一つのアクターとして議論しがちであり、農村社会学や人類学が得意とするような住民や国家の内部の異質性や多様性について十分に論じることはできないという課題がある。

森林政策に隠された政治性

外から多様な地域社会を統治していく仕組みは、どうすれば捉えられるのか。スコット(Scott 1998)は、複雑性や多様性という地域の捉えにくい側面を、普遍的な基準を用いて形式化することで、国家にとって読みやすい、すなわち統治しやすい対象へと変換していく過程に注目した。中央政府はローカルな文脈や異質性などを配慮せず、森林資源を単一なものとして扱うことがある。例えば森林政策で欠かせない、住民の権利を空間的に表す地図もまた、シンプリフィケーション(画一化・単純化)の一つである。地図によって空間を記号化することで、自然特性や住民の森林利用の歴史など個別の文脈を、国家の考慮すべき対象から外すことができるからだ。

本来、地域における権利空間とは、社会的関係のなかで経験的に形成されるもので、多様な文脈を形式化していく地図とは相容れない性質がある。しかし、国家が用いる科学的方法は、ローカルな事象を形式化、画一化して、国家にとって読みやすく扱いやすいものに変換する。スコットは、地域社会の複雑さを形式化して、人びとや自然資源を統治する仕組みをシンプリフィケーションとして概念化し、資源政策を国家統治の一構造として捉え直すための枠組みを提示したのである(Scott 1998)。

また、主体形成という側面から森林管理政策に潜む政治性を論じた研究として、アグラワル(Agrawal 2005)の環境性(Environmentality)概念は大きな示唆を与えてくれる。これは、北インドのクマオンの事例で、もともと国家の森林保護政策に反対してきた住民たちが、分権化政策に協力的になった経緯を分析したものである。この事例では、国家が統計などを用いて森林のあり方を定義づけ、それが住民の行動規範のなかにも浸透していった。資源管理の分権化は、地域住民の権利を向上するだけでなく、国家統治を強化する作用がある(Agrawal 2005)。環境政策を実施する国家にとって、資源管理の分権化は新たな行動規範を地域社会に導入する取り組みであり、それが住民の行動規範として浸透すれば、国家にとって住民はより統治しやすい対象へと変わる。

フィリピンの参加型森林政策においても、森林管理に関わる住民が政策規定に従って自ら主体形成することが先行研究で明らかになっている。例えば、久保英之はフィールドワークをもとに、参加型森林政策における住民の行動様式を、規律主体と価値主体の形成という枠組みから議論した(久保 2009)。ここで規律主体とは、国家による法的処罰という脅しを背景にルール遵守の監視が行われている状況において、監視の視線を意識することで自らの行動を統制する主体のことである。価値主体とは、当該行為を自らの価値として認識し、行動する主体である。東南アジア諸国の分権型森林管理を調査した久保は、政策のもとで住民による森林保全を実現するためには、住民組織の役員自身が価値主体を形成していくことが条件になると論じた。環境性に関する研究は、国家のつくった環境保全のあり方を住民が自ら選び取ってしまうという、より見えにくい権力の働きを明らかにすることができる。

本節の冒頭で述べたとおり、本来、三つのアプローチや段階は独立して存在するものではない。例えばポリティカル・エコロジー論は、地域の外の社会構造に焦点を置きつつ、地域社会に既存の制度(規範や慣習)への作用という制度の多層的相互作用を論じている。政策が住民の規範を変える力を持ちうるのは、国家が科学的方法を用いることで地域の複雑性を画一化し、統治しやすい対象へと変えてしまうためである。ここでは、自然資源管理政策が持つ形式化や画一化という制度特性と、地域社会の複雑で固有な制度という対照的な制度間の相互作用を論じている。

しかしながら、本書の研究課題である現場の制度生成を捉えるには、既存の研究アプローチでは限界がある。とくに国家と住民の関係を議論する際、両者は対照的な制度の特徴を有するものとして扱われることが多いものの、国家も住民もひとくくりにはできない。そのなかで、多様な個人の働きかけがあり、時にせめぎ合いながら、時に利用しあう関係もみられる。現場における森林管理制度の生成を捉えるために、政策形成、政策実践、政策実施それぞれ異なるアプローチをつなげ、特性の異なる制度が、多様な「国家」「住民」の存在を通してどのように相互作用しているのかを包括的に議論するための概念枠組みが必要になる。異なる特徴を持つ制度と多様なアクターが混在している現場を理解するために、本書が着目する諸概念について次節で説明したい。

3 現場の制度生成を捉えるために——本書が着目する概念

先行研究からの示唆

本書の課題である、フィリピンの参加型森林政策における現場の制度生成を考える際に、前記の三つのアプローチはどのような示唆を与えてくれるだろうか。

まず、ＣＢＦＭの理論的根拠を提供したコモンズ研究であるが、地域社会に慣習として存在する共同森林管理制度と、それをもとに国家政策として画一化また形式化された共同森林管理制度を形成することは、本来異質なものである。日本の入会権とＣＢＦＭによる住民の森林利用権を比較しても、地域の慣習に従って権利の内容が規定される入会権に対して、ＣＢＦＭはＣＢＦＭ協定のなかで権利のあり方が定められている。権利を与える主体を比べてみても、入会林では村落が世帯に権利を認めるのに対して、ＣＢＦＭは環境天然資源省が住民組織に権利を付与する点で異なる。村落共同体と入会権が密接に関係しているのに対して、ＣＢＦＭでは多くの場合、村落の自治組織と住民組織は関係を持たない。したがって入会権の伝統的な特徴であった離村失権の原則は、ＣＢＦＭにおいては必ずしも該当しない。住民組織メンバーが村落外に移住した場合でも、その権利は保持されたままのケースが見られ、権利関係はより複雑になる。

ＣＢＦＭの政策実践については、地域社会（コミュニティを組織化する対象社会）が抱える異質性や複雑性が、正負両方の結果を導くことが報告されてきた。地域社会の文脈が効果的な政策実践に結びつく例として、異質性の高いＣＢＦＭ事業地で、住民組織メンバーが互いに利害調整を始め、政策の実効性を高めるケースがある（Magno 2001）。このような現場における利害調整は、村落の慣習や日常的な住民関係のあり方に関連していると考えられる。したがって地域によっては、既存の制度が逆の帰結を生むという否定的な評価もあり、むしろその方が先行研究では多くみられている。現場での利害調整プロセスは、地域社会の社会的、経済的な異質性からの影響を受けやすく、フィリピンではしばしばそれが不平等な利益分配として終わってしまうためである（Dahal and Capistrano 2006）。

住民に目を向けると、ＣＢＦＭとの関わり方はさまざまである。住民組織に入っているか否か、住民組織に入っていても合意形成で中心的な役割を担っているか否か、属する民族グループは住民組織のなかで多数派か少数派か、森林資源へのアクセスや依存度、利用権を得た資源量など、住民の立場は多様性に富む。このような村落内の異質性は、森林保全や社会的平等を達成する際の障壁になることが多く（Castillo et al. 2007; Miyakawa et al. 2005, 2006）、地域社会の慣習が政策に効果的な影響を与えることは少ない。

このように、地域固有の社会的、経済的文脈ごとに、政策実践の帰結も異なってくる(Naidu 2009)。そこでバローニらは、森林保全を第一にするよりも、住民たちの生計を守るという点を第一にして、地域ごとに行政や援助機関などの地域介入の仕方を変えていくことで、CBFMは成功に近づくとした(Balooni et al. 2008)。森林保全よりも生活向上の方が住民にとって切実な課題であり、立場を超えて共有できる利益なのである。

CBFMをめぐる住民の利害対立は、既存の社会制度のみに起因するわけではない。対象地域だけでなく、地域社会を取り巻く構造的な問題への理解を進めてくれるのがポリティカル・エコロジー論であった。第1章でも触れたように、フィリピンのCBFMも住民の森林利用権を制約する側面を持っている。地域社会や住民の多様性や異質性を「住民組織」とひとくくりにし、住民組織メンバーは所定の規定に沿って森林利用の権利や許可を環境天然資源省から得なければならない。従前からの森林利用の実態にかかわらず、CBFMが定める共同森林管理の実現が求められる。これらはスコットの概念を援用すれば、複雑な実態を単一の枠組みのなかで読みやすく変換する統治の仕組みであり、CBFMを介したシンプリフィケーションといえる。

先行研究の三つのアプローチから、フィリピンのCBFMの実態を理解するうえで鍵になるのが、利益を得る住民と排除される住民は誰なのか、それがどのように生み出されているのかという地域の内外の制度や構造に着目することの重要性であることがわかった。それでも住民の日常的な政策の実施は見えにくい。すなわち、ズレがあるなかでも住民が森林政策と向き合い、利害関係と向き合いながら、地域それぞれの森林管理を行っている、その実態である。国家と住民（または政策と地域社会の制度）が出あう森林管理の現場で、本書の課題である、地域固有の現場のルールが生み出されるメカニズムを理解するためには、両者の異種混淆性を捉える枠組みが必要になる。そのために、本書が着目する二つの概念を以下の項で紹介したい。

概念1：形式知と暗黙知

制度とつながる知への着目

国家と住民（または政策と地域社会の制度）が出あい、混ざり合うなかで、どのように地域に固有の森林管理制度が生まれるのか。インタラクティブな制度のあり方を捉えるために、本書では、両者の異なる制度の背景にある「知」という概念に着目する。**表2-2**は、政策に関わる主体や制度の違いを知の概念に基づいて整理した。一般的に、国家と形式知、住民と暗黙知の結びつきが強いとされ、両者の差異や対立を生み出す要因と考えられてきた。形式知とは、客観的、論理的で言語によって他者と共有できる知識である。対して暗黙知は、主観的、身体的で言語化できない経験知である。両者の間で異なる知に着目することで、誰がどのように関わり、制度が生み出されていくのか、制度生成の多様性、複雑性、混淆性を捉えることができる。

住民と慣習と暗黙知

まず、森林の現場から話を始めたい。現場において地域環境に関わる人びとの判断基準は、科学的なデータではなく、日常的な生活感覚のなかにある。例えば、住民の森林依存度、森林を利

表2-2　制度をめぐる主体と知の概念整理

主体	国　家	住　民
知	形式知 （近接概念に科学知，専門知）	暗黙知 （近接概念に生活知，体験知）
要素	規制，合理性，効率，技術，目的	規範，慣習，経験，歴史
制度の特性	操作 ＝現状をあるべき方向に導く	文脈 ＝これまでの経緯から 生み出される現状
	形式化，様式化，画一化， 組織化，明文化，近代化	複雑性，多様性，異質性， 地域性，固有性

出所：西尾・村松（1994）をもとに筆者作成.

用できる権利、管理についての考え方は、住民が暮らす地域社会の状況に従って変わる（Kumar 2002; Tole 2010）。それぞれの住民の行動は、地域の規範や慣習からも影響を受けている（Leach et al. 1999）。森林管理に失敗する地域がある一方で、異質性が高くても住民間で利害調整を行い、対立を回避しながら資源を管理する事例もあるのは、既存の地域社会の経験の違いでもあるのだ（Varughese and Ostrom 2001）。このような住民たちの経験は、日常的知識（個人の体験知、生活常識、通俗道徳）に昇華され、蓄積される（鳥越編 1989）。画一的な政策とは対照的に、地域では状況に応じて住民自身が権利や義務を決定することで、資源管理の制度化が進んでいく（Gautam 2007）。政策の対象となるあらゆる地域では、住民たちが自らの経験に基づいて判断し行動してきたのだ。

住民による森林管理のように、個人の経験に裏打ちされた包括的な知こそ、ポランニーが暗黙知として提起したものに該当する（Polanyi 1966＝2003）。暗黙知は行動や経験や価値観など非明示的なものに根ざしており、定式化・体系化された方法のない体験の積み重ねによって修得される。そして非明示的な知は、近位項（細部の要素）と遠位項（全体像）の両方で構成されるという。個人は、この二項を統合して、包括的存在として物事を感知する。これが暗黙知の本質であるといわれている（西垣 2013）。このように暗黙知は、個人の経験として積み重なっていくため、個人や集団ごとに、具体的な内容は異なっている。

住民が森林を管理する際には、森林内の樹種や一本ごとの生育状態など細かい知識（近位項）とともに、地域社会での森林利用の慣習や周辺地を含む人びとの森林利用の経緯など全体的な知識（遠位項）の両方を暗黙知として用いている。個人の経験に裏打ちされた非明示的な暗黙知の存在が、地域に森林管理や利用の地域性や多様性、また固有性を生み出していくのだ。

国家と政策と形式知

次に、国家が政策形成で用いる科学的知識や技術、すなわち形式知の話に移りたい。科学には、対象をいくつかの要素に細分化し、要素ごと個別に分析を積み重ねるという特性がある。先述した日常的な生活感覚が、その時々の個別の状況をつなぎ、総合的に判断する知であるのとは対照的である。科学は、観察や実験など特定の方法から一つの解を導く知の領域で、形式や理論を形成していく。

科学技術や専門知識などの科学的な知が、国家の環境政策に取り入れられることで、環境保全という社会のあり方を方向づける作用が生まれた。国家は、形式的な知識によって政策目的や判断基準を明示できる。そして、それに反する行為を規制することもできるようになる。このように、人や自然を特定のあり方に形式化していく作用を持つのが形式知なのである。

松村(2007)が「生態学的ポリティクス」と呼ぶように、科学的管理を根拠に環境保全のあり方を一方向に導くことは、自然と人の多様な関係を操作する政治的な力といえる。また形式知と親和性の高い、効率や技術的優位性を正当化することによっても、政策は制度や技術の選択肢を狭めることができる。それは、多様な価値や方法を前提とする違ったあり方への想像力を遮断することにつながる(佐藤 2009)。地域環境の保全が、本来はつなぐ論理によって経験的に蓄積されてきたのに対して、科学は区切る論理に基づく一つの解を提示して個別の対応を社会に求めるのである(藤田 2008)。形式知の特性を取り込むことで、国家は複雑多様な事象を統治しやすい対象へ組み替える力を獲得できるのだ。異なる知の特性は、特定の主体と結びつくことによって、自然や人びとのあり方に作用してきたのである。

二つの知をめぐる対立

これまで二つの知の関係は、二項対立的に議論されることが多かった。例えば鳥越(1984)は、環境保全政策における日常的な知と科学的な知の対立を、次のように論じている。

「地域環境は主としてそこに住む人たちの「日常的な知」によって支えられている。この「日常的な知」とは「過去の知の累積」の結果のことである。また、日常的な知は科学的な知に対置される関係にある。……たしかに、科学的な知はたいへん有効なものである。しかし、人間が住む環境に科学的な知、それ一本槍で押し進められると（現在それが進行中である）、なにか違和感がでてくる。……科学は対象を特定の要素……に分解して、その要素（あるいは要素群）の観察によってしか答えられない。要素と対置する全体……にたいして分析する手段を、科学はもちあわせていない」（鳥越 1984: 327–328）。

国家や住民に限らず、主体はそれぞれに異なる知の判断基準を持っている。主体だけでなく時代によっても、自然資源の価値づけは変化する。それが多様な関係者による合意形成を難しくしている。本来、近代科学に基づく普遍的な政策は、経験に基づく多様な地域の論理と相容れない（足立 2001）。というのも、個人は自然資源に対して、同一人物のなかでも矛盾する複数の価値づけを行うこともあれば（丸山 2006）、価値や目的を組み合わせたり組み替えることもあるからだ（竹内・寺林 2010）。科学と社会の接点で何か問題が起こったときには、異なる社会集団の間に必ず知の判断基準をめぐる衝突が生まれる。[10] このように、形式知と暗黙知は二律背反なものとして捉えられてきた。

そして両者が衝突したときには、知の階級性ゆえに、形式知による暗黙知の無力化が起きると警鐘が鳴らされてきた。フィリピンの参加型森林政策において、政策が規定する森林管理制度が、住民の権利を制限してきたといわれる問題も、形式知による国家統治の維持によって住民の森林管理についての暗黙知が無力化されてきた問題と換言できる。一九七〇年代に始まる数多くの参加型森林政策はすべて、国家の基準に基づき住民の国有林管理を認めるものだった。参加型森林政策の前に、対象地を国有林に指定し、既存の村落行政組織とは別に住民組織をつくり、住民には所有権ではなく利用権を付与し、住民組織には科学的基準に則った管理計画を要求し、どれも煩雑な手続きを要することは、国家による画一化、形式化の例であろう。CBFMは、複雑で不確実性の高い地域社会を、国家にとって操作しやすい対象に変える統治手法という側面をもつ。CBFMに参加型森林管理政策を統合したことは、科学的管理を根拠にした国家の権限保持にほかならないのだ(Gauld 2000)。

ただし、二項対立図式のなかで、環境保全の議論を発展させてきた既存研究に対する批判も出てきている。形式知と暗黙知を対峙して捉えれば、問題構造を「国家」対「住民」に単純化することにつながってしまう。単純な対立構図に問題を集約してしまうことで、環境保全において鍵となる人と自然の関係性や関わりなどが切り捨てられてしまう(鬼頭・福永編 2009)。それらを理解するために、地域社会の仕組みを尊重し、他方で国家統治に抗う合意形成のあり方についても議論されてきた[11]。

フィリピンのCBFMの現場で、地域社会ごとに政策規定とは異なるルールが存在している現状は、形式知による暗黙知の無力化だけでは説明しきれない。対立、衝突、無力化だけでない二つの知の関係を検討する余地があろう。二つの知のあり方に着目して、政策現場で生み出される制度を検討することで、多様な主体の存在やその関係性がみえてくるだろう。

概念2：ストリート・レベルの官僚制

対立の最前線にいる森林官

ここまで、国家と住民を対立するものとして扱ってきたが、両者の間には物理的に大きな距離がある。ゆえに両者の狭間にいて、双方を行き来できるような存在がいる。それは森林政策を所管する省庁の最末端にいて、住民の森林利用を直接、監督・規制している森林官である。現場の森林官は、形式知の使い手であるが、住民たちの暗黙知に最も接する機会を持つ。本書では、現場の森林官の行為が、制度化にどのような影響を与えるのかに着目したい。

現場で働く森林官の役割とは、住民たちの森林利用に問題が認められた場合、直接注意したり取り締まることであり、歴史的に地域住民と対峙する存在であった。井上真は、森林官と地域住民の対立的な関係を、その視座の違いから説明する（井上 2004b）。森林官は、森林のことを第一に考え、地域住民を森林管理の制約要因とみなし、技術の改善（つまり近代的技術の導入）と人びとへの教育が問題解決に役立つと考える[(12)]。

対して、森林地域で先祖代々生活してきた人びとは、森林官や林業会社のことを、自分たちの森を奪う侵入者とみなす。住民は、自らの生活の維持・向上を第一に考え、言うことを聞いてくれない森林官に不信感を抱き、自分たちの森林利用がもっと認められるべきであると考える。地域住民にとっては、フォレスターズ・シンドローム（森林官症候群）[(13)]とも呼ばれる「樹木を愛し人を嫌う」森林官の志向こそが問題となる（井上 2004b）。

注意すべきは、二つの視座が対等には存在せず、政治的決定を行う行政官などが有するフォレスターの視座の方が、権力を有する場合が多いことである。参加型森林政策においても、国際機関や海外ドナーからのプロジェクト支援を得るための方便となれば、住民は安価な労働力として森林経営に動員されてしまうのだ(井上 2007)。

このような力関係は、時空を超えてあらゆる場所でみられる。一六世紀ヨーロッパで、まだ厳密な森林地図も広域的な森林評価も存在していない時代、領主に仕えた営林管理者たちは、自分たちが保護していると称した森林の多くを実際には把握していなかった。このなかで営林管理者は規則どおりに行動し、森と共に暮らす住民たちとしばしば対立することがあった(Radkau 2000=2012)。違反者を取り締まるべき営林管理者は、禁止事項が守られていることにはまったく関心を抱かなかったどころか、罰金によって生計を立てることもあったという。森林官はどこにおいても、住民から嫌われる職業であった[14]。

森林官と分権化

現代でも、国内に散在する森林とそれを利用する多様な地域住民を、限られた数の森林官だけでコントロールするには限界がある。森林官は住民に対して、政策や規制ルールの詳細を伝えていなかったり、住民たちの活動を監視することができない場合もある(Contreras 2003b)。地域レベルから中央政府レベルに至る多様なアクターたちの利害関係も、森林官の業務に左右する(Balooni et al. 2010)。さらに、途上国の行政は慢性的な予算・人員不足にあるため、現場では政策の意図どおりに実施されないことが推測される。地方行政も予算・情報・資源利用について十分な権限を持っておらず、現場に近い行政官ほど独自に決定できないことが多い(Ribot et al. 2006)。分権化によって、本来は国家の役割であった規制の強制力が弱まり、現場レベルの状況をより複雑で規制困難な状況にしているとも指摘されている(Guiang et al. 2008)。政策が変わったからといって、現場でそれがすぐ実行できるわけではない。

そうなると、参加型政策を通して国家がどこまで住民や森林をコントロールしきれているのかは、慎重に検討する必要がありそうだ。参加型森林政策における形式知による暗黙知の無力化という問題は、政策による規制が現場である程度は実行されていることが前提になるが、実際の現場では政策が規定したとおりに森林官などの行政職員や住民が行動するとは限らないからだ。

近年、政策とは異なる現場の森林官の裁量や判断が、政策実施に対してより効果的に働くという事例も報告されるようになった。例えば、百村帝彦によるラオスの事例(百村 2007)、藤田渡によるタイの国立公園の事例(藤田 2008)は、詳細かつ丁寧なフィールドワークに基づき、これまでと異なる森林官像を明らかにした。

百村は、ラオスの地方農林行政による「目こぼし」が、地域住民の森林管理に与える影響について検討した。調査地の地方農林行政では、しばしば政策の不実施が起きていた。それは地方農林行政の能力不足、機能しない仕組み、実施意思の欠如によるものであった。(15) 意思決定の欠如は、現場森林官の住民への目こぼしで、上位組織と異なる意思から政策実施を怠るものである。この行為は過渡的なものではなく、政策がいかようなものであっても現場の状況に応じて平素から存在している。そして住民の行う焼畑への目こぼしは、結果として保護地域の資源への圧力を緩和させる正の結果を生み出しているという(百村 2007)。森林行政の組織の最末端にいる森林官のなかには、国家政策と現場のリアリティの板挟みになりながら、地域住民にとっての森林がいかに重要か理解して行動する者もいるのだ。

藤田も、タイの国立公園を事例に、地方行政の現場の裁量によって、「不法に」居住する地域住民の森林利用が黙認されてきたことを明らかにした(藤田 2006, 2008)。法に明らかに反するような現場でも、現実は法律のとおりにはいかないという理由でほとんど公然と森林利用が行われてきた。国家政策は、区切る論理によって人や自然も整序していくため、地域住民の暮らしとズレが生じてしまう。しかしズレが大きいほど、現場の裁量も大きくなる。現場では、建前としての制度と現実の運用との柔軟な使い分けがされていたのである。それは自然を人間から隔離し、対峙するものとして囲い込んでしまうのではなく、そこに根ざした人の営みと一体のものとして、一つの地域として守るという志向である。二つの事例研究は、森林官や地方行政の役割に新たな光を当てている。

ストリート・レベルの官僚制

政策と住民の暮らしとのズレが大きいほど、現場の裁量も大きくなるという指摘は、国家の階層性や異質性への気づきにつながる。地域住民が多様であり異質性に富んだ存在であるのと同様に、国家(行政職員)の内部も多様であり、異質性に富むものなのだ。省庁の出先機関や地方自治体は、国家を担う官僚にも中央と周縁があることを示している。いかなる国家の行政機構も階層性を持っているが、上位組織の指令は下位の事務所まで届いているとは限らない。とくに森林行政では、中央府にいる役人が現場に赴く機会は非常に限られているため、中央の役人たちが現場の行政職員や住民たちの行動を監視・指導することは、現実的に不可能である。現場レベルの行政職員たちは、国家と住民の間にかけられたカーテンのように曖昧な存在といわれている(Blundo 2006)。

現場の行政職員たちの行動は、どのような要因によって規定されていくのだろうか。リプスキーは、現場の行政職員に特徴的な組織行動をストリート・レベルの官僚制(第一線の官僚制)として理論化した(Lipsky 1980＝1986)。これは、警察官、教師、ケースワーカーなど対象者と直に接しながら、日々の職務を遂行している行政職員を指す。現場の職員たちは、住民の日常的な福利に関するサービスをつくり出しているため、クライエントである住民よりも強い立場になるがゆえに、むしろクライエントの依存を強制させるクライエント支配がみられるという(田尾 1999: 31–32)。行政職員は、限られた時間と資源のなかで業務を遂行しなければならず、常に優先順位を決めて、限りある資源を振り分ける。役割や責任が増すにつれ、現場の職員たちは自らの仕事の決定に関して自由な裁量を持つことができるようになるという。このような環境にいる現場の職員は、広い裁量の余地と組織的権威からの自律性を持ち、必ずしも中央行政の指示どおりには行動していない。このように現場の第一線にいる行政職員が、住民の個別事情や自身を取り巻く状況に合わせて法適用の範囲を変えることを、リプスキーは法適用の裁量と呼ぶ(Lipsky 1980＝1986)。

現場の行政職員と住民は、いわば公共サービスの送り手と受け手、また行動を規制する者とされる者という関係にある。両者の力関係は状況によって変わるが、現場の行政職員たちはクライエントである対象住民に配慮して、個別具体的に政策を実施していく。規制対象となる住民の行為にもさまざまな目的があるため、行政職員が住民の行動を規制する場合、住民が法に反する行為を行った背景を的確に見極めて、それぞれに適した戦略、すなわち「人を見て法を説く」ことを求められる。違反行為をするつもりがなく、行政に大きな損害を与えていない住民に対しては、制度の周知や行為の制止をすればよいが、故意に違反した住民に対しては罰金や権利取り消しなどの制裁を与えることが有効となる。取り締まる行政職員は、状況に応じて強硬な対応と柔軟な対応を使い分けるのだ。

違反者の見逃しが組織の規定に違反していても、目の前に困っている住民がいれば、とにかくすぐ救わなければならないと行政職員が判断し、行動する状況もありえる。住民の幸福度を上げることにより、現場の行政職員の自尊心も高揚するという側面があることからも、第一線にいる行政職員と住民とは相互依存の関係にある。このような関係のなかで、状況に応じた判断には、科学的、客観的な知見よりも、倫理的な判断基準が優先されることがある。こうして第一線の行政職員たちは帰属組織から自律していき、規定とは異なる現場の状況に応じた判断が、政策の意図と異なる効果を生み出していくのである。

現場で働く森林官について考えてみると、まず彼らは、所属する組織の文化や価値観に影響を受けている。分権化後も、それまでの官僚体質、非効率性、汚職を抱えた中央集権的な体制にとどまっている姿が報告されている(Benjaminsen 1997; Johnson and Forsyth 2002)。組織文化やルールだけでなく、仕事先の住民や地域社会の固有な状況からも、森林官は影響を受けている(Kaufman [1960] 2006; Cubbage et al. 1993)。したがって森林官が、住民の文化や慣習に誤った先入観や偏見を持っている場合、それが政策実施や住民の利益に負の影響を与えることがある(Dove 1992)。行政の組織文化と住民との関係の両方が、森林官の行動に影響することで、政策の意図とは異なる実施に至るのである。

途上国の森林行政に対して国際援助を行う場合、現地の行政のあり方が政策やプロジェクト実施に大きく左右する。国際機関が援助プロジェクトを実施するためには、受け皿となる現地機関が常に必要になり、現地の行政組織がカウンターパートとしてその役割を担う。[16] 予算不足、人事政策、制度不備、人材不足・無能力など現地行政が抱える諸問題によって、プロジェクトが当初の意図どおりの効果をあげられないことも多いが、行政職員が置かれている社会・文化的な背景によっても、その動きは規定されている。宗教、植民地経験の有無、社会階層構造の有無、公務員の権威、国家の権威の浸透などの固有要因が、それに該当する(佐藤 1997)。国際援助においても、ストリート・レベルの官僚制が事業のあり方に影響を持っている。

フィリピンにおける現場の森林官

では、フィリピンの森林行政における現場の森林官の特徴とは何だろうか。フィリピンの森林政策を所管する環境天然資源省は、中央、リージョン、州、地域という四階層で構成されている。

中央レベルでCBFMを担当するのは、森林管理局である。実際のフィールド業務を担う組織は、リージョン、州、地域事務所と三階層に分かれており、中央の森林管理局とは別の組織系統にある。フィールド業務を担う各事務所は、環境天然資源省の幅広い業務内容全般を担っているため、中央の各部局から承諾や指示命令を受けたり、連携したりしている。このなかでストリート・レベルの官僚とは、実際に現場で地域住民への対応や森林の測量等を行っている地域事務所の森林官である。本書では、現場森林官と呼ぶことにする。

先行研究において、フィリピンの現場森林官は、植民統治政府や政権のもとにいて、時には住民から利益を得ようとする者として評価が低かった。マルコス政権期では、独裁政権によってつくられた森林利権の最下層にいる「無能者」とも評されている(Kummer 1992)。分権化によって参加型政策が導入された後も、不安的な森林政策に起因して、レントシーキング(自らに都合よく規制を変更させて超過利潤を得ること)を働く森林官の存在が報告されており(葉山 2010)、汚職や腐敗に手を染めるというフィリピンにおける現場森林官像は続いている。

このように、分権化したからといって住民たちの現場森林官に対する不信感は変わらず、政策実施者としての評価は低いままである。地方行政の汚職や腐敗を防ぐためにも、日本などでは数年間で職員の異動が行われるが、フィリピンでは事務所長など一部の高官を除いて、通常の職員たちは一つの組織にとどまり、組織間の異動はあまり見られない。

他方で、参加型森林政策のなかで現場森林官の役割は、地域住民の監督からオーガナイザーに変わった。住民の組織化や、住民間の利害調整の役割が期待されるようになり、現場森林官らが多くの住民と接する機会も増えている。現場森林官に期待される役割が変わるなかで、自らの業務を行うためには、地域住民との良好な関係が必要になるし、対立を解消するためにも、住民の暮らしや森林利用についてもより配慮が必要になる。実際、現場森林官が、地域住民からの理解を得やすいように態度を変えたり、地域住民と現場森林官の間での政策の意図を超えた範囲の調整や交渉を可能にしているとの報告もある(Pulhin and Pesimo-Gata 2003)。現場森林官が、住民の組織化や利害調整の役割を担うとき、地域の文脈に配慮した裁量を発揮する機会が増えるのではないか。参加型森林政策の現場における制度生成を分析するにあたり、行政組織の階層性から生じる現場森林官の裁量が、政策実施のあり方にどのような影響を受けるのか、知の議論とあわせて着目したい。

4 本書の枠組み

本書の課題は、フィリピンの参加型森林政策の現場で、政策の意図とは異なる制度が生成されるメカニズムを分析することである。現場の制度生成を捉えるために、本書では「形式知と暗黙知」と「ストリート・レベルの官僚制」の概念を用いる。

森林政策を国家と住民の対立の歴史として捉える先行研究を整理したなかで、二項対立的な枠組みは、主体や関係を単純化しすぎており、実際には地域ごとに多様な森林管理が行われている政策実施の実態を捉えきれない問題があることを指摘した。現場においてより重要なのは、対立や衝突が起きた後、それをどう乗り越えるのか、または沈静化するのかなのである。

「知の交流」

これまでの森林政策研究において、国家や住民という異なる主体で、形式知と暗黙知という異なる判断基準をめぐる対立や衝突が存在すること、それが政策や地域の制度に対して障壁になるという問題が指摘されてきた。しかし、知の衝突を事前に回避したり、衝突を解消していく現場の制度生成については、あまり考察されてこなかった。フィリピンの参加型森林政策の現場において、異なる主体の間で形式知と暗黙知はどのように表出し、選び出され、人びとの行為を規定していくのだろうか。本書では、政策実施の現場で、どのように知の衝突が回避または解消されているかを明らかにすることを通して、現場での制度生成メカニズムを捉え、参加型森林政策研究における国家と住民の対立という既存の構図を再検討したい。

そこで本書では、現場の関係者の間で形式知と暗黙知が出あい、対立を回避・解消するような知の選択が行われていく領域を「知の交流」とし、制度生成を捉えるための概念枠組みとする。ここでは、主体と知のつながりを、固定的または独占的なものとせず、流動的かつ混淆なものと位置づける。さまざまな主体が性質の異なる知を用い、それらが出あい、作用しあうなかで生まれる制度は、可変的で内生的なものになろう。現場での制度生成メカニズムを明らかにするために、対立だけではない二つの知の関係を理解する必要がある。

主体と知の混淆性を前提とするなかで、分析の対象にするのは、CBFMの権利者住民（住民組織メンバー）だけでなく、非権利者住民（住民組織メンバーではない住民）も含めた地域住民である。また、国家の多様性や階層性を議論するために、政策実施に直接関わる現場森林官（環境天然資源省地域事務所の職員）、また外部アクターであるが国家や政策のあり方に影響を及ぼす国際援助機関も対象とする。これら多様なアクター間における形式知と暗黙知の交流を分析する。

国家の枠で扱われることが多い現場森林官は、先に述べたとおり行政組織の最末端にいるため、政策に対して独自の裁量を持っているが、必ずしも国家の意図に沿って行動するわけではない。また、地域住民は森林利用権を得た者と得られなかった者に二分されるが、そのなかにも立場の違いがある。現場森林官と地域住民（政策や援助の受益者および非受益者）と援助機関が、森林をめぐって繰り広げる対立、協力、適応のなかで、それぞれの主体はどのような知を用い、それは作用し合い、地域に固有の制度が現場で生み出されていくのか明らかにしたい。

森と低地の一体性——調査地の選定

最後に、調査地の選定について説明したい。従来のフィールドワークをもとにした森林政策研究の多くは、森と人の関係を中心的に調査してきた。住民の森林利用の実態を調べるために、森林への依存度や関係が強い住民が調査の対象になることが多かった。しかし森林地帯の住民生活が、必ずしも森だけで成り立っているとは限らない。低地での農業や雇用労働、または出稼ぎが主な収入源であることも少なくないのだが、これまでの森林政策研究では、低地農業など森林以外の他生業と森林との関係についての議論は不十分であった。住民にとって森林が、いくつかの生業活動のうちの一つである場合、住民の複合的な生業全体のなかで森林を相対化して議論する必要がある。

これは筆者のフィールドワークでの実体験に基づく問題意識にも起因している。フィリピンで地域住民の生業構造を知るためのインタビューをしていた際、住民の暮らしが、森林資源だけでなく、低地農業や一時的な出稼ぎ、居住地内での家畜飼育や養殖など、多様な生業（また土地利用）を複合的に組み合わせて成り立っていることに気づいた。そこで、自らの暮らしのなかで森林をどう位置づけているのか、住民の意識を知りたいと思い、質問票になかった質問を急きょ続けてみた。

「森だけでなく田畑の耕作など、いろいろな仕事をしているんですね。森林と農地と居住地、どの土地があなたにとって一番大切ですか」。

それに対して相手は、こう答えた。

「森と田んぼと家のどれが一番大切かって？　そんなの選べないよ」。

その後、何人かに同じような質問をして、あきれた様子で同じ返答があった。住民にとって、非常にナンセンスな愚問であることは、表情や口調から明らかだった。微妙な空気感を生むこのやりとりは、この後も繰り返された。

住民の生業のあり方は多様だが、多くの住民の暮らしにとって、森林・低地・農地・居住地は一体的な存在として認識されている。そうなると、森と人との関係だけに焦点を当てることは、かえって住民や地域社会にとっての森林政策の位置づけから離れてしまう。

そこで、高地森林と低地農地が交わる立地にあるタルラック州M村を調査地に選んだ。第3章から第6章はフィールドワークによる事例分析である。M村の詳細については次章に譲るが、低地農業や居住地での生業活動や住民関係も含めて、より多面的、包括的に地域社会を捉えるなかで、森林政策の議論を展開していく。この点も概念枠組みに加えて、本書の独自性と考えている。

第3章 タルラック州M村の暮らし

「娯楽は都会人にとっては個々がたのしむことのように考えているけれども、
村にあっては自らが個々でないことを意識し、
村人として大ぜいと共にあることを意識するにあるのであって、
これあるが故にひとり異郷にあっても孤独も感じないで働き得たのである」。

（宮本常一『家郷の訓』）

1　高地森林と低地田畑が交わる村落空間

タルラック州の中心部と周縁部

ここからは、ルソン島のタルラック州マヤントック町M村における参加型森林政策の実態を明らかにすることを通して、本書の課題に迫っていきたい。まず本章では、M村の成り立ちを理解するために鍵となる、土地利用や社会関係について紹介したい(1)。

タルラック州は一八世紀後半まで、ほぼ手つかずの熱帯平地林や熱帯湿地林に覆われていた。しかしイギリスの産業革命の影響から、スペイン植民地政府は輸出向け農産物の開発に積極的に乗り出し、一九世紀のフィリピンで米、タバコ、サトウキビなどの商品作物ブームが起こる。これにより中部ルソン平野でも開墾が進み、林地は農地化していった。もともとこの地域には、スペイン王国の王領地があった。その土地が独占的に払い下げられたことにより、中部ルソンの中核地域ではアシエンダ(hacienda)と呼ばれる大農園が形成されていく。さらに一八世紀末から一九世紀初頭には、華僑系の農村高利貸しによる土地集積が進み、対照的に周辺部では分散的土地所有権と呼ばれる土地所有構造が発達した。その後の農地改革によって、アシエンダ地帯の周辺には、小規模農家による自作農地帯が広がっていった(McLennan 1982)。すでに多くのアシエンダは解体されているが、今日も中部ルソンの社会構造に影響を与えており、平野部では米やサトウキビの生産が変わらず盛んである。

開拓を進めたもう一つの要因が、北部ルソンのイロコス地方から中部ルソンに向けた、イロカノ人の移動だった。イロコス地方は、フィリピンがスペイン統治下に置かれた一六世紀の初頭から、国内でも非常に人口密度が高い地域であった。一七世紀から一八世紀にかけても人口は増え続け、二〇〇年間で四倍ほどになったといわれている(Keesing 1962)。人口増加に対する土地や資源の不足は明らかで、人びとは高まる人口圧に対処すべく、移住や貿易や農業生産力の向上に努めた。農地を求めて移住した先が、パンガシナン州やタルラック州であり、イロカノ人の入植によって低地が切りひらかれていった。

後述するように、イロコス地方ではサンヘラと呼ばれる共同灌漑システムが発達し、共同体文化が築かれてきた。イロカノ人は集落単位で移住したように、伝統的な共同体主義を持ちつつ、同時にヨーロッパ的な個人所有の概念を受け入れて、積極的に公有地を開拓して自営農地を獲得していった(McLennan 1982)。閉鎖的なムラ社会が形成されないとされる中部ルソン地域において、共同灌漑組合、共有林、共有農地などを有するイロカノ入植者が形成した村落は例外的といえる(関 1996)。このようにタルラック州は、中核地域でみられるようなサトウキビ栽培を主とするアシエンダ的土地所有構造と、周縁部にみられるイロカノ人の小規模自作農化による水稲栽培という二つの社会で構成されている。

本書が扱うM村は、タルラック州の周縁部に位置するイロカノ入植者の山間部の村落である(図3-1)。州都を抜けて平坦に広がるサトウキビ畑や水田を北西部に進むと、景観は一変して山々が現れる。この山は西に接するサンバレス州のサンバレス山脈へと続く。M村があるマヤントック町は、一九一七年にカミリン町から分離する形で誕生した。もともとはネグリト系のアエタが狩猟採集生活を送っていたこの地にイロカノ人が入植すると、先住民アエタは山岳地帯のさらに奥へと移動していった。マヤントック町の総面積三万一一四二ヘクタールのうち、約六五パーセントは国有林が占め、農地は約二一パーセントである。町の主産業は、農業(主に米生産)、畜産業、林業、砂や岩石の採掘である(Municipality of Mayantoc 2008)。

周縁部に位置するM村

調査地のM村は、ちょうど平野部から山間部に変化する地形に位置している。総面積一七七六ヘクタールのうち、七二〇ヘクタールが国有林で、住居や水田のある低地私有地は一〇五六ヘクタールである。国有林には、環境天然資源省が所管するCBFM事業地(七二ヘクタール)と産業林(四五〇ヘクタール)が含まれている。多くのCBFM事業地では、植生が回復しにくい状況にあるのに対して、M村のCBFM事業地の森林残存率は六割以上と比較的高い。M村の総面積は、マヤントック町の二四村落のなかで中程度の大きさであるが、人口は比較的小さな規模である。二〇〇九年の調査時、M村の総人口は七四一人(一八五世帯)だった。住民のほとんどが低地で米作りを行う農民で、一世帯四人(2)を除く全員が低地に居住している。

山、川、田畑が一体となっているM村の景観は、日本の里地里山と呼ばれる農村空間と似ている(写真3-1・3-2・図3-2)。低地の米作りや日常生活に欠かせない水は、国有林内に流れる二本の

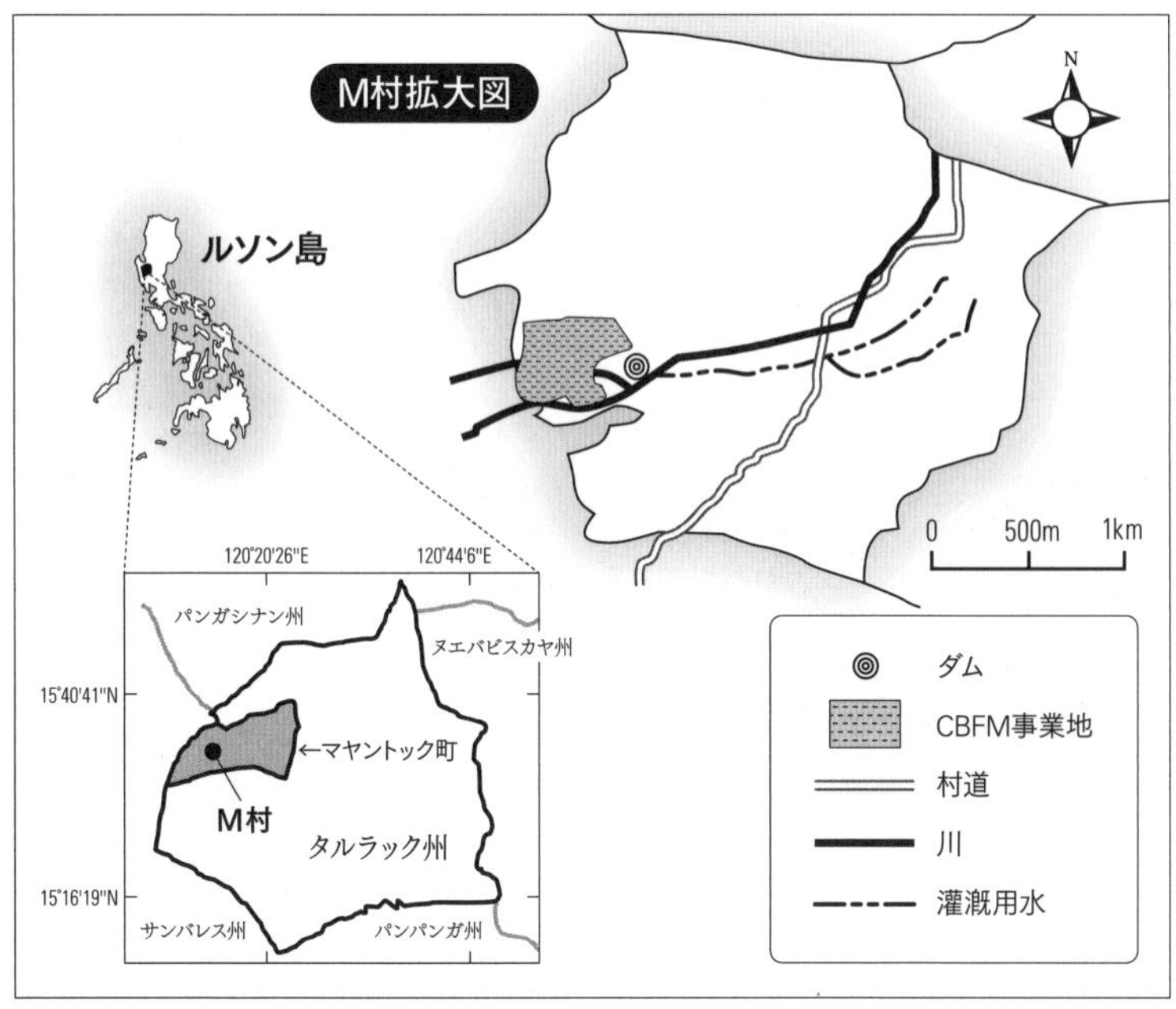

図3-1　調査地M村の位置とM村拡大図

出所：筆者作成.

川が水源となっている。川は山麓のダムで貯水された後、人びとが生活する低地へ流れていく。低地への流れは、生活用水として利用する川と灌漑用水の二手に分かれる。住民は道路や川沿いに家を建てて暮らしている。

灌漑用水の有無は、農地の生産性を大きく左右する。M村においても、灌漑用水を得られる灌漑田では二期作ができる。しかし水路から離れていたり、傾斜角の問題で水路を設置できないような田畑では、雨水に頼るしかない。このような天水田は乾季になると水不足になるため、二毛作または農作物の栽培をあきらめて、牛や水牛の放牧地に

写真3–1
M村の棚田景観.

写真3–2
M村の農作業風景.

する。村落唯一の水源である二本の川がダムにそそぐ地点にCBFM事業地がある（写真3–3）。M村のCBFM事業地は水源林としても重要なのだ。低地の田畑と高地の国有林の間にも、ところどころ私有林が形成されていて、所有者の住民は薪炭や果樹を採取している。

フィリピンの他地域の農山村の多くが多民族で構成されるのに対して、M村はほぼイロカノ人のみで構成されている。故郷のイロコス地方でも古くから水稲稲作が盛んで、サンヘラと呼ばれる伝統的水利組合を持つことで知られている。サンヘラは、同じ村落の住民が共同で灌漑用水を管理・利用する伝統的な水利組合で、組合員は土地の分配や責任および義務について公平性を重んじる特徴がある。農地の区画は均等に分配され、灌漑管理

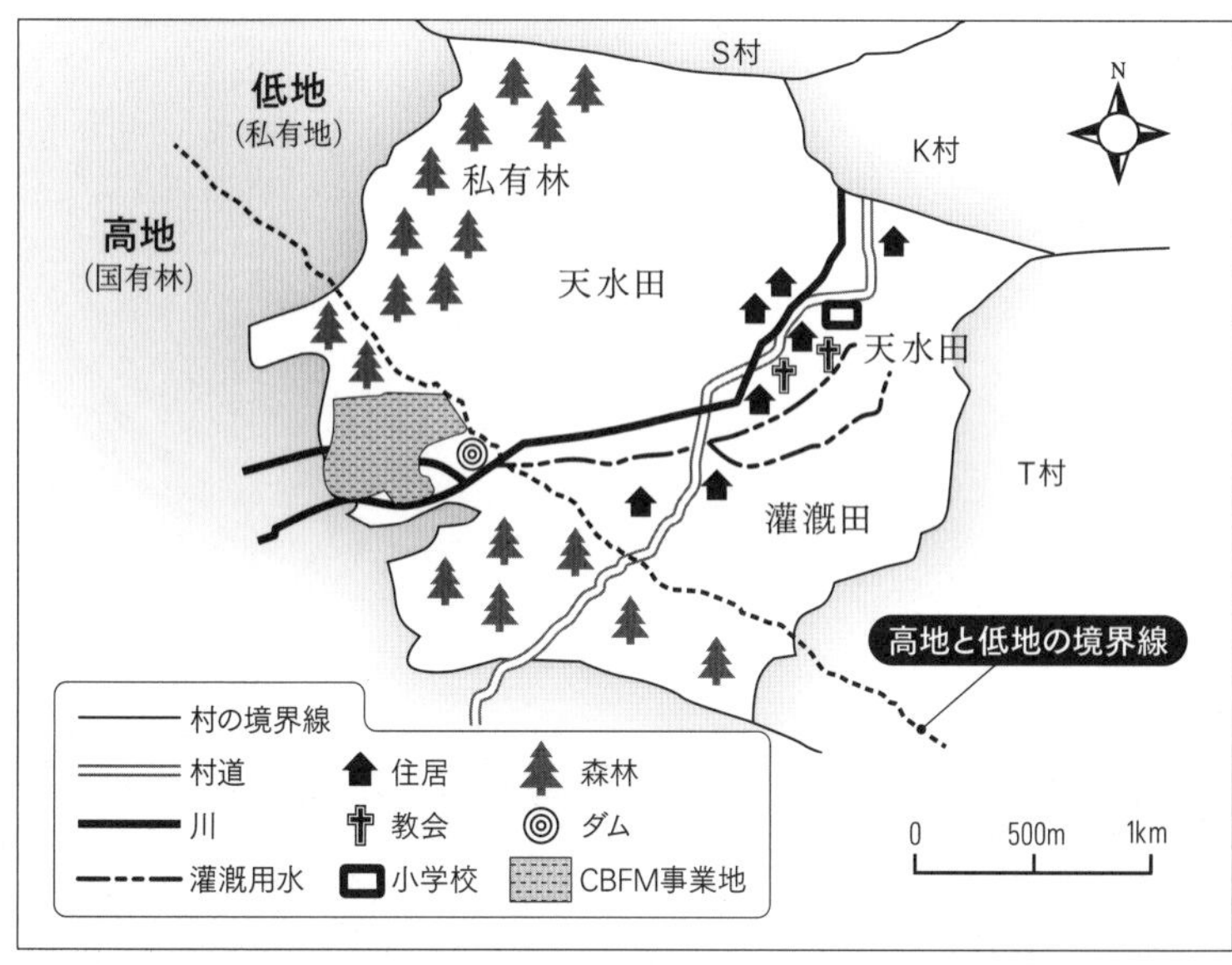

図3-2　M村土地利用図

出所：*Municipal Comprehensive Land Use Plan 2001–2010* と環境天然資源省カミリン地域事務所の内部資料をもとに筆者作成.

写真3-3　CBFM事業地と山麓のダム.

にかかる費用の支払いや労働も組合員には公平に課せられる。さらに組合員の共有地である農地や林地、水路での漁業から得られる収益は、共同作業の食事代に充てられるなど、組合全体のものとなる。組合員にとってサンヘラは、限られた土地や資源を共有することで成長と公平を同時に達成する手段といえる[3] (Siy 1982)。このようにイロコス地方では、水の共同管理を通してタイトな社会構造が維持されてきた。M村でも住民たちが組合を組織して、灌漑用水を共同で管理しているが、現在の共同管理は出身地のイロコス地方でみられる伝統的な組織ではなく、行政の指導により組織化・運営されるものである。

M村の開拓史

M村はイロコス地方からの入植者によって形成された。最初はイロカノ人の三家族が入植したと伝えられているが、それ以前、この地域には先住民アエタが狩猟採集生活を送っていた。入植者らは、少額の現金、斧、タバコなどと引き換えに、先住民から土地を入手していったという。その後、自営農家創出政策であるホームステッド法[4]によって、入植者は正式に低地を所有した。入植者の増加とともに、先住民アエタはより深い山岳地域へと移動していったという。筆者の調査時、M村に暮らす先住民アエタは、イロカノ人住民と結婚した女性一人だけであった。

M村の開墾がますます拡大したのは、第二次世界大戦後のことである。日本兵の攻撃から避難していた住民たちが戦後に帰村したことで人口が増加し、それに伴って住民は低地の開墾を進めていったという。低地の開墾と同時に、住民は高地森林で焼畑を行い、陸稲、豆類、パパイヤ、アボカドの栽培を進めた。焼畑を行う高地森林を、住民はコムナル (komunal) と呼び、共有林として利用してきた[5]。この共有林には明確なルールが存在しなかったようで、住民なら誰でも木材や薪炭の採取、焼畑をすることができた。ただし共有林で焼畑をする際は、二、三年ごとに場所を変えて耕作するという暗黙のルールがあった。伝統的な焼畑農法で、森林減少や土壌劣化を防いだと考えられる。このようにM村の開拓は、低地で農地の個人所有が進み、一方で高地は法的な所有が未確定のまま共有林として利用されてきた。ヨーロッパ的個人主義と伝統的共同体主義の統合という、イロカノ入植者の開拓村の特徴がみられる。

開村から一九六〇年代まで、高地森林はオープンアクセスの共有林であった。住民たちは低地農業を生活の軸に置きながら、共有林で森林を利用し、焼畑農業をすることで暮らしを成り立たせてきた。ところが一九六〇年代に、一部住民が牛の放牧を始めたことにより、共有林は草地へと変わっていった。共有林の管理・利用についての明確なルールや違反者への罰則を作っていなかったため、この時期、過放牧や焼畑によって森林減少が進んだといわれている。いわゆるコモンズの悲劇がM村でも起きたのだ。

さらに一九七〇年代には、住民と森林の関係を大きく変える出来事が起きる。当時の天然資源省(現在の環境天然資源省)は、国家が発行した土地利用権を持たない住民の森林利用を、違法行為として厳しく制限するようになった。取り締まりに先立って、一九六九年に改正森林法が施行され、傾斜角一八パーセント以上の土地はすべて国有林に規定された。これによりM村の共有林は、自動的に国有林に含まれることになった。そして住民の森林利用は、禁止すべき行為へと変わったのである。国家の取り締まりが強化されたことで、M村では多くの住民が森林内での焼畑農業をやめて、生活の基盤を低地の稲作に集中していくようになった。今日、M村の主な生業が低地の水稲栽培になっている背景には、この森林政策の転換も影響している。

食卓からみえる多様な土地利用

M村の暮らしを知るには、日々の食事を見るのが一番である。写真3-4は、筆者が宿泊させてもらった家でよく出された夕食である。主食は家主の農地で作った米で、主菜のカエルのスープに茹でたアンパラヤ(ゴーヤ)の実が副菜として並ぶ。アンパラヤの実は、日本で食べられるものより小ぶりで柔らかく、苦みも少ない。バゴーン(魚醤)にカラマンシー(柑橘類)の果汁を少し絞って作ったソースにつけて食べる。カエルのスープは、玉ねぎやトマト、アンパラヤの葉とともに煮たもので、これらの香味野菜がカエルの臭みを緩和してくれて、美味しい。玉ねぎやトマトは市場や行商人から購入することが多かったが、アンパラヤは自宅の庭で栽培しているものを使ったり、隣人からもらったりすることが多かった。

そもそもカエルのスープは、食用のカエルが手に入ったときしか食卓に上らない。筆者の好物だと知った家主が、カエル売りが来ると必ず購入して調理してくれたのだ。M村のカエル売りは老若男女を問わない(写真3-5)。しかし、よく目にしたのが子どもたち、とくに小学校に入る前の年齢の子だった。子どもたちは手製の釣り竿で、近くの水田

写真3-4　M村の食卓．手前の右がアンパラヤ，左がカエルのスープ．

や水路でカエルを釣る。雨の日の夜は、よく釣れるということで、懐中電灯を片手に友人と連れ立って田んぼに釣りに行く姿が見られた。持参したバケツや網の袋がカエルでいっぱいになると、家々を回って売る。子どもにとって、よいお小遣いになるそうだ。

このように食材は、住民自身の田畑や庭で栽培するもの、隣人からのお裾分け、住民間での売り買いのほか、行商人や市場などから購入して調達している。調理にはガスを使用する住民もいるが、多くは薪炭で調理しており、自身の私有林やCBFM事業地から薪炭を採取したり、行商人や近隣住民から購入する場合もある。食事が示しているように、住民の暮らしは、山地の森林、低地の居住地や水田など、さまざまな土地を複合的に利用して成り立っていることがわかる。

写真3-5 カエルの売買.

居住地の土地利用

次に、それぞれの土地利用を見てみよう。**表3-1**は、住民の森林地、居住地、低地水田の利用状況をまとめたものである。居住地では、ほぼすべての世帯が農作物や果樹や建材用の樹木を育てている(**写真3-6**)。居住地での栽培は主に自家消費が目的で、年間を通して行われているが、

表3-1　M村の土地利用

段階	森林地	居住地	低地農地
農産物	米，豆類，根菜類，野菜，バナナ	豆類，根菜類，野菜，バナナ	米，豆類，根菜類，野菜，バナナ
林産物	薪炭，製材，竹，果実，コゴン，家具，農具	薪炭，製材，果実，竹，コゴン	薪炭，製材，果実，綿，食用樹，竹，飼草
狩猟	野豚，野鳥，トカゲ	なし	なし
家畜	牛，ヤギ	鶏，アヒル，七面鳥，ハト	ヤギ，牛，豚，水牛
魚介養殖	ティラピア	なし	ティラピア，貝類

出所：現地調査（2009〜2010年）に基づき筆者作成．

雨季が始まる六月から八月に野菜の種まきが始まり、九月から一二月に収穫することが多い。乾季である一月から三月にかけては、水不足により居住地内での野菜栽培は少なくなるが、代わって果物を収穫する時期となる。住民が栽培する果樹や野菜の種類を数えてみると、数種類から二〇種類まで各家で差がある。多くの家で栽培されているものは、野菜では豆類、生姜、ナス、果物ではパパイヤ、パイナップル、アボカド、そして葉を食べる食用樹種のマロンガイである。どれも自給用に作られているが、親しい隣人や友人にあげたり、少量ずつ余剰分を村落内で売る住民もいる。

例えば**写真3-7**の女性宅は、敷地面積が比較的広く、庭には一二種類ほどの野菜が栽培されていた。手製の支柱を立ててシタウ（十六ささげ）を栽培するなど、よく手入れされた畑の至る所に工夫がみられる。一家族が消費する量よりも多く収穫できた分は、仲の良い隣人に分けたり、村落内で売ったりして副収入を得ている。野菜の種類によるが、一束で七ペソ（約一五円）程度が相場である。住民は、どの家の庭にどの野菜があるのか、ある程度把握しているので、必要な野菜を自らもらいに行ったり、買いに行ったりすることもある。

家の敷地面積が狭い場合でも、工夫して少量多品種を庭に栽培する住民もいる。**写真3-8**は一〇代の若い夫婦である。筆者が訪れたとき、親の家の隣に小さな家を建てて住み、一人目の子どもが生まれたばかりだった。夫婦は高校に通う年頃だったが、夫は日雇いの農業労働を中心に仕事に勤しみ、妻は子育てに励み、ともに高校には通っていなかった。二人の家の小さな庭には、葉物野菜、根菜、果樹、薪炭用の樹木など、少量ずつ多様な野菜や樹木が栽培されていた。二人

写真3-6　M村の居住地. 庭にマンゴーの木が植えてある.

写真3-7　大きな庭で野菜をつくる女性.

写真3-8　小さな庭で野菜をつくる10代の夫婦と子.

が庭を案内する様子は照れくさそうであったが、次に何を植えたいと語る姿からは前向きな印象を受けた。

このように居住地での野菜や果樹の栽培は、家ごとにその種類や面積に差があるが、それは敷地面積の大きさだけでなく、現金収入の有無、低地田畑の所有の有無も関係していると考えられる。家族に海外出稼ぎ者を持つ裕福な家ほど、庭での野菜栽培の面積も種類も少なかった。現金収入があるので、必要な食材は購入できるためであろう。またCBFMの住民組織メンバーのうち、居住地の敷地面積が広くない場合に、国有林内で開墾して野菜や陸稲を育てている傾向がある。居住地での農産物の栽培は、日常的な食料供給として重要であるが、それに加えて住民同士で収穫物をあげたり、売買することを通して人間関係を醸成する側面も有している。

居住地は農産物だけでなく、鶏などの家畜を飼育する場でもある。M村では、家族・親族の帰省時や訪問客をもてなす料理として、居住地で放し飼いにしている鶏を使ったスープが提供されることが多い。市場で買えるブロイラーと比べて、肉の風味が濃く、しっかりした食感も優る。肉を骨ごと細かくぶつ切りにして、野菜とともに煮込んだスープは、さらっとしているが非常に旨みがあるため、M村のご馳走として人気がある。都市部で暮らす娘や孫が帰省するとなれば、母親たちは自身の鶏をさばいてこのスープを準備する。そして隣人は、このスープの匂いで大切な来客があることを知るのだ。

低地農地の土地利用

低地農地では、主に現金収入を得るための稲作が行われている。M村の低地水田は、ダムから灌漑用水を引いている灌漑田(合計一〇六ヘクタール)[6]と、灌漑設備が届かず雨水を利用している天水田の二つに分けられる。双方の田では、米の収量と栽培に大きな違いがある。六月から一一月に水稲栽培が行われるが、農業用水が十分確保できる灌漑田では、一一月から二月にかけて二回目の水稲栽培が行われ、米の二期作が可能となる。[7]他方、天水田では乾季になると稲作に必要な水が確保できない。そのため一一月から二月になると、豆や野菜などを栽培する二毛作が行われている。灌漑田の一部(とくに下流部)でも、乾季になると水が不足するため、米ではなく豆類を植える二毛作が行われる場合もある(写真3-9)。天水田において、より水が得にくい立地条件にある場所では、二毛作もできない。乾季になるとそれらの天水田には、牛、水牛、ヤギなどが放牧される。田畑に堆積する家畜の糞は、堆肥として稲作に活用できる

写真3-9　二毛作の準備.

写真3-10　水田と境界線を表すマンゴーの木(写真中央).

写真3–11　灌漑田と右奥に見えるCBFM事業地.

ので、田畑での放牧は理にかなっている。灌漑田にも天水田にも、田畑の四隅には果樹や薪炭用の樹種が植えられていることが多く、境界線の目印になっているとともに、住民が果実や薪炭を採取する場所にもなっている（**写真3–10**）。

灌漑田での田植えの様子を写した**写真3–11**で、右奥に見える山がCBFM事業地である。この山麓にダムがあり、写真の灌漑田まで用水路が通っている。ダムは以前、コムナルダム（Komunal Dam）と呼ばれており、石を積み上げただけの住民共有の貯水池であった。一九九五年、日本の援助事業によってダムにコンクリート壁が建設され、地元の建設業者の社名を使った名称に改名された。灌漑用水路の整備によって、M村の灌漑田のうち五〇ヘクタールで二期作が可能になった。コムナルダムの時代、M村のほとんどの住民がサマハンナヨン（Samahan Nayong）と呼ばれる灌漑組合に参加して、川から水を得るとともに、協力して貯水池の清掃を行っていた。しかしダム建設によってこの組合は解散し、代わってダムの水が届く灌漑田約一〇六ヘクタールの所有者が新たにできた灌漑組合の組合員となった。

現在も灌漑田の所有者は、灌漑用水の管理を目的とする農民灌漑組合（Farmer's Irrigation Association

Inc.)に所属している。調査時、農民灌漑組合員は約九〇人であった。組合の主な活動は、雨季にダムを開門する日時を決定することと、開門前に組合員の有志で水路を掃除することである。年に数回の共同作業を除けば、定期的な会議など組合員が集まる機会はなく、住民主体というよりは行政指導による活動が行われているともいえる。農民灌漑組合員や町役場農業課職員にとって、CBFM事業地周辺の森林は水源林である。灌漑田への水供給を懸念して、彼らはCBFM事業地周辺での森林資源や土地の利用を一切禁止するよう主張している。

写真3-12　養殖池でエサを播く少年.

低地の農地のなかに魚の養殖池を作っている住民もいる(写真3-12)。ここではティラピアという白身の淡水魚が養殖されることが多い。ティラピアは市場でもよく売られ、フィリピン人に親しまれている養殖魚である。くせのない味で、焼いたり、油で揚げたり、煮魚やスープにしたりといろいろな料理で使えるため人気がある。M村で養殖されているティラピアは自家消費が中心であるが、所有者は現金収入が必要になったとき、近隣住民に販売することもあり、貴重な副収入源となっている。養殖池の周りには、マンゴーなどの果樹が植えられていることが多いため、田んぼのなかでもひと目で場所がわかる。

さらに水田そのものも、自然の養殖池のような役割を果たしている。**写真3-13**は、酒のお供としても人気があるタニシの煮つけである。タニシは水田のなかにたくさんいるので、住民は農作業の合間に採取して調理する。ビニール袋にタニシを入れていけば、あっという間にいっぱいになってしまう。タニシ自体に旨みがあるので、ショウガと塩でさっぱりと味付けされることが多い。食べるときは、先端部分を軽く砕いて穴を開けてから、反対側を口につけて吸い込めば、身と汁が一気に口のなかに入ってくる。とはいえタニシ自体が小さいため、それだけでお腹いっぱいになるようなおかずにはならない。他にもボックトと呼ばれる小魚は、唐揚げにして、お酒のつまみや夕食のおかずになるため、住民は好んで水田で漁をする（**写真3-14**）。

このように低地農地は、米を作るための水田、野菜や豆を栽培する畑、魚の養殖池、水牛やヤ

写真3-13　水田で捕れたタニシのショウガ煮.

写真3-14　水田で捕れた小魚のフライを作る準備.

ギや牛を放牧する場所など、さまざまに利用されている。水田は米を栽培するだけの場所ではなく、タニシやカエルや小魚など、食卓を潤す蛋白源を供給する場所でもある。住民の暮らしは、低地農地が生み出すさまざまな資源によって支えられている。

写真3-15　M村の森林地（CBFM事業地）の様子.

森林地の土地利用

最後に、森林地の利用である。M村の住民が利用する森林地には、国有林内のCBFM事業地、国有林内で国家がリースしている産業造林や放牧地、さらに低地での植林地、緩傾斜地の私有林がある（写真3–15）。

森林地の主な利用目的は、薪炭や建材の採取である。雨季が始まる六月から七月は田植えの農繁期にあたり、続く九月から一一月は米の収穫で忙しいため、森林に入って作業する余裕はあまりない。したがって森林管理に時間を割くことができるのは、低地での農作業が比較的少なくなる三月から五月に限定される。そのため、住民の森林地での作業時間は、低地農地でのそれに比べると非常に短い。もし、低地の作業が忙しすぎて五月に下草刈りができないと、樹木の生育に必要な雨が降る六月の植林作業が難しくなり、その年の植林活動はあきらめざるをえなくなる。もっとも、一部住民は森林地を開墾して野菜や陸稲を栽培したり、家畜を放牧したりしており、森林地の利用目的や頻度、さらには森林への依存度は住民間で差がある。

国有林の商業的利用は、CBFMなどの事業地を除いて法的には認められていない。さらにCBFM事業地でも、森林の商業利用には環境天然資源省での手続きが必要である。ただし、CBFM事業地で自家消費用として木材を利用する場合は、取り締まりの対象になっていないため、一部住民は日常的に自家消費用と称して薪炭を採取している。

写真3-16　森林地から薪を住居に運ぶ住民.

写真3-17　竹でバスケットを編む住民.

私有林の利用は、主に自家消費用の薪炭採取が多い（写真3-16）。私有林での建築用材や家具用材の採取や果樹栽培は一部住民に限られているが、なかには竹で作ったザルや籠、自作の木製農具などを村落内で販売する住民もいる（写真3-17）。また私有林は森林利用だけでなく、牛やヤギを放牧する場としても利用されている。そのため、私有林に放した家畜が国有林に入り込み、新芽や若木を食して枯死させてしまうことがある。さらに家畜は、低地の農地でも食害が起きている。住民間で大きな問題とはなっていないものの、放牧による森林や農業への被害は、潜在的な懸案事項として住民の会話に上ることがある。

かつて行われていた国有林内での狩猟は、野生動物の減少により、近年あまり見られなくなった。筆者の調査でも、M村の国有林内で野生動物を見かけることは、あまりなかった。住民が肉や魚を食べる場合、市場やサリサリストア（雑貨店）、あるいは行商人から購入するのが一般的である（写真3–18）。しかし、M村は高地と低地の境界部分に位置している。奥に続く山岳地帯の村落では、野生動物の狩猟が行われている。山岳地域の住民が月に数回、野生の豚、鳥、トカゲの肉をM村に売りに来ることがある（写真3–19）。希少性だけでなく、味が良く栄養価が高いとM村の住民たちに評判であるため、購入はいつも早い者勝ちとなる。とはいえ、市場で買えるブロイラーや養

写真3–18　生鮮食品から保存食まで品揃え豊富な行商.

写真3–19　狩猟した肉をM村に売りに来る山岳地域の住民.

豚の肉に比べると高額なため、購入できる住民は限られている。多くの家庭では頻繁には食せない少し贅沢な食べ物である。売り手もそれをわかっているため、売りに行く家もだいたい決まっている。

　さらにM村の多くの住民は、高地森林を林産物の供給源としてではなく、低地水田のための水の供給源と認識している。CBFMに関わる住民が一部であるのに対して、高地森林からの水には全員が依存しているからである。それに関連する習慣として、M村にはアタンと呼ばれる自然崇拝の信仰がある。日本の自然崇拝と同様に、山、森、水などの自然を信仰の対象にしていて、雨季が始まる前になるとダムのほとりにタバコやパンなど嗜好品を供えて雨を祈る。また農作業の合間に水田でミリエンダ（軽食）をとる際、まずは自然の神様にお供えしてから食べる住民もいる（写真3–20）。住民のほとんどがキリスト教徒で、複数の宗派に分かれて信仰しているため、M村には複数の教会があるのだが、伝統的な自然崇拝も同時に継承されている。

写真3–20　食べる前に自然の神様に供える．

　高地の森林と低地の農地や住居は異なる利用がなされていて、住民はそれらを複合的に利用して暮らしを成り立たせている。そして地域の伝統的な信仰は、高地森林と低地田畑が交わる村落空間を住民が一体的に捉えていることを示す営みでもある。

住民の多様な現金収入源

多様な土地利用を組み合わせて暮らしが成り立っているように、住民の生活に欠かせない現金収入源も多岐にわたる。収入源には、多くの住民の主収入源である農産物（主に米）、そして多くが関わる農作業の賃労働、その他に林産物、家畜の売り上げ、家畜や土地のケアテーカー（管理人）、農作業に必要な機材の貸し出し、サリサリストア、パン屋、理髪店、トライシクル（バイクにカートを付けた乗り物）の運転手などの商業・サービス業がある（**写真3－21**）。また、国内外の出稼ぎ家族や親族からの送金や、学校教諭や町役場職員など公務員の職を得ている住民は、より多くの現金収入を得られるため、M村のなかでも経済的に豊かな層になる。しかし、たいていの住民は、先にあげたさまざまな収入を組み合わせて複数の生業を営んでいる。

写真3−21　パン屋の仕込み．パンは定番のミリエンダ．

もちろん、農地、居住地、森林地ごとに収入源は異なる（**表3－2**）。一度にまとまった現金を得られるのが米の販売である。米は収穫後、乾燥させてから、M村に来る仲買人にまとめて販売する。低地農地を借りている場合、米の販売後に小作料や諸経費を地主に返済しなければならないた

表3-2　M村住民の収入源と土地利用の関係（N＝113）

（○＝5割以上の住民が該当，△＝5割未満の住民が該当，×＝該当者なし）

収入源		森林地	居住地	低地農地
農産物	米	△	×	○
	豆類	△	○	△
	野菜	△	○	△
	根菜類	△	○	△
	果樹	△	○	△
	花，綿	×	△	×
林産物	薪炭	△	△	△
	製材	○	△	×
	竹	△	△	△
	果樹	△	○	△
	家具，農具	△	△	△
家畜	鶏	×	○	△
	アヒル，七面鳥	×	△	△
	豚	×	×	△
	ヤギ	△	×	△
	牛	△	×	△
	水牛	△	×	△
	魚	×	×	△
雇用	農業賃労働	×	×	○
	家畜ケアテーカー	△	×	△
	高地ケアテーカー	△	×	×
	大工	△	△	×
	国内出稼ぎからの仕送り	×	×	×
	海外出稼ぎからの仕送り	×	×	×
商業・サービス業	脱穀機，トラクター，ポンプ	×	△	△
	雑貨店，売り子	×	△	×
	トライシクル運転手	×	△	×
	洋裁	×	△	×
	理髪師	×	△	×
	村役人	×	△	×
	公務員	×	×	×

出所：現地調査（2009～2010年）に基づき筆者作成．

め、耕作した住民が実際に手に取る現金は、その半分に満たないこともある。

収入源になるのは非常に短期間であるが、合計金額として大きく、多くの住民が頼みの綱にしているのが、農作業での賃労働である。機械化が進んでいないM村において、低地水稲での田植えと稲刈りの作業は、住民の労働力がすべてである。住民は互いに雇い合い、農繁期の三週間ほどはほぼ毎日働いている。労働内容で賃金は変わるが、田植えや稲刈りは半日あたり七五ペソ（約一五〇円）が相場である。小作料や経費がかかる米からの収入と異なり、農作業雇用労働は働いた分だけ収入になるので、住民にとって重要な収入源となる。一九八〇年代まではM村の農作業は共同労働として無償で行われることが多かったが、現在は賃労働が一般的になっている（本章第2節にて詳述）。

写真3-22　野菜を売買する女性たち．アンパラヤと山菜．

低地農地から得られる米の販売利益と農作業の賃労働が主な収入源であるケースが最も多いが、どちらもその期間は限られている。それに対して、日々の小さな稼ぎを生み出しているのが、居住地で採れる果樹や野菜の販売、そして森林地で採取する薪炭や製材や家畜飼料の販売である。

この日常的な小さな商売の担い手は女性たちだ。女性たちは、家の敷地で栽培する豆、野菜、根菜、果実、時には森林地で採取した山菜やキノコを少量ずつ、一、二回の料理で使い終わる量に分けて近隣住民に販売する（写真3－22）。一回あたりの収入は少額だが、必要なときにすぐ現金を得ることができるため、ほとんどの住民がここから副収入を得ている。これは家族のなかでもとくに妻が担っており、購入者も女性たちだ。それゆえ、野菜売買のかたわら自然と会話も弾み、女性の情報交換の場にもなっている。野菜を売ったその足で、売り手の女性はすぐにお気に入りのサリサリストアに向かい、インスタントコーヒーの粉、調味料、洗剤などを購入する。野菜を売って間もなくその売上金は、日常生活で必要な嗜好品や調味料や消耗品の購入に充てられていく。

子どもの教育費や借金返済など、ある程度まとまった金額が必要になると、住民は家畜を売って現金を得る。ほとんどの家庭で飼育されている鶏は、基本的には自給用に消費されるのだが、このような緊急時の換金手段ともなっている。より高額な現金が必要になると、換金される家畜は、豚、ヤギ、牛、水牛という大型のものに変わる。ほとんどの住民が鶏を飼育しているのに対して、これらの高価な家畜を飼育している家は五割に満たない。大きな家畜の飼育には経費がかかる。飼育できる住民は、農地を所有するなど、村落内でも生活基盤に比較的余裕がある者に限られるのだ。

これら農地や居住地からの現金収入に比べると、森林地からの建材や薪炭などを収入源とする住民はあまり多くない。とくに国有林は、住民組織メンバーにその利用が限られているため、現金収入を得られる場所として、住民にとって一般的ではない。住民組織メンバーの半数以上が、国有林から建材を採取し、家族や親族のために使用、販売したことがあると答えたが、定期的な収入源になっているわけではない。さらに、国有林から薪炭を採取して現金収入にしているのは住民組織メンバーの半数以下に減る。

そもそも国有林の商業的利用には、環境天然資源省での手続きが必要になる。そのため、農閑期に伐採許可の必要のない自給用として薪炭を採取しておいて、低地での農作業労働や農作物の生産が減少する乾季になると、それを近隣住民に売って現金収入を得るメンバーもいる。国有林に限らず私有林でも、とくに三月から四月の農閑期に、集中的に薪炭採取を行う住民が見られる（写真3−23）。この時期は乾季のため米作りができない土地が多く、薪炭は低地農業に代わる現金収入になるのだ。製材の生産は手間やコストがかかるが、薪炭づくりならば、短期間で現金を得ることができる。ただし利用権を持たない多くの住民の森林利用は、基本的に私有林に限られており、自給目的の利用が多いため、私有林で薪炭や果実から収入を得ている住民は少数にとどまる。

写真3−23　乾季にCBFM事業地の麓で薪を切る男性.

M村の主生業は、低地での米作りである。しかし多くの住民は、低地農地だけでなく、居住地も森林地も含めて、すべての土地が重要であると筆者に話す。それは住民の暮らしが、これらすべての土地利用から得られる資源や収入を組み合わせて成り立っている、複合的な生業によるものであるからなのだ。

暮らしのなかの楽しみ

農繁期になると、ほとんどの住民は毎日、水田に出て農作業に勤しむ。M村では、市街地に近い川の下流ほど経済的に豊かな住民が多く住んでおり、上流すなわち森林地に近い所に住む住民ほど、経済的に貧しい傾向がある。そのため農繁期が終わりに近づくと、上流に住む住民から先に、疲労による発熱などの体調不良に陥る。しかし農繁期が過ぎれば、時間的また経済的な余裕も少し出てくる。家の仕事がひと段落して、日中の気温もピークを過ぎる午後四時頃になると、大人たちは友人宅に集まって談笑をしたり、手製のビリヤードに興じる姿が見られる（写真3−24）。暮らしのなかにはたくさんの楽しみがある。

女性たちは、腕の良い住民宅に行き、庭で散髪してもらったり、村々を訪問するビューティシャンにネイルをしてもらっておしゃれを楽しむこともある（写真3−25）。また、バイクを改造した移動販売車が時々やって来る。野菜や調味料や干物などの食品から、中古の服や玩具まで、なんでも販売している。とくに古着を積んだ販売車に女性たちが集まる。実際は品揃えが良く価格も安い市場で服を買うことが多いようで、あまり買うことはなく、さながらウィンドウショッピングである（写真3−26）。また、宝くじのように数字を賭けるロトや、庭先でボードゲームに興じる男性たちもいる。子どもたちは学校から戻れば、近所で遊んだり、家の仕事を手伝ったりしている。そんな子どもたちにとって、見慣れぬ外国人である筆者の存在は、恰好の見世物だったのかもしれない。大人にインタビューをしていれば、子どもたちが駆け寄ってきて

写真3−24　手製のビリヤードに熱中する住民.

取り囲まれることがたびたびあった（写真3-27）。老若男女を問わず、住民は自らの環境に合わせていろいろな楽しみをつくり出している。

このようにM村の暮らしは、農地、居住地、森林地の土地利用を組み合わせることによる複合的な生業で成り立っている。M村に限らず、今日のフィリピン高地における生活は、どこにあっても森林地だけでは完結しない。住民は森林だけでなく、低地を含むさまざまな土地利用を行うとともに、複数の現金収入源を組み合わせて生活しているのだ。たとえ森林地に住居があっても、必要性や機会に応じて一定期間、他村や町で就労や就学をするのが一般的である（Eder 2006）。M

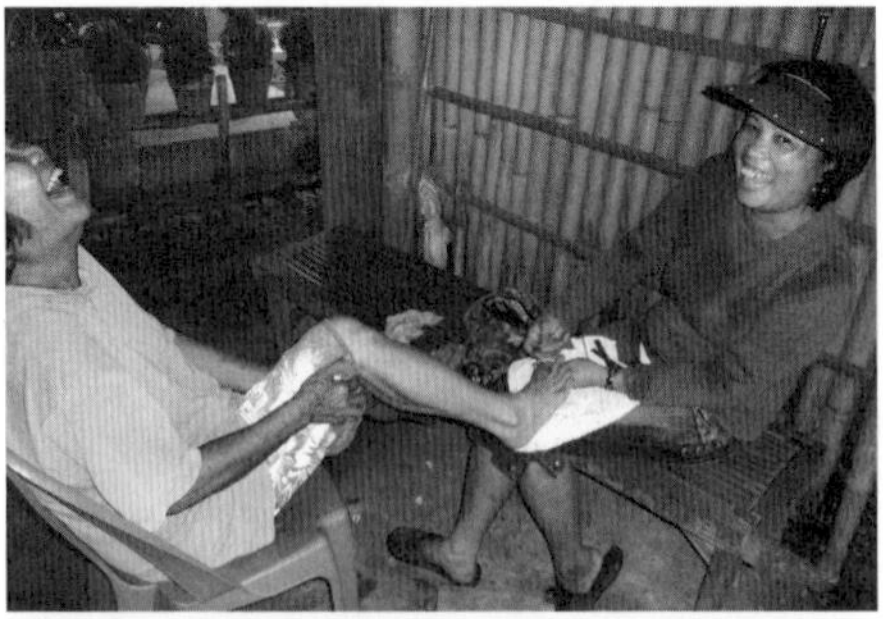

写真3-25　訪問型のネイルサロン．

写真3-26　古着の移動販売店．

写真3-27　筆者のインタビューを見物する子どもたち．

村の住民組織メンバーのなかにも、一時的に低地や町で働いたり住んだりしながら、村落内の森林を管理・利用する者もいる。

住民にとっての森林や森林政策の意味を理解するためには、生業を構成する複数の資源利用のなかで森林を相対化する必要がある（石曽根他 2010）。だからこそ、高地森林と低地田畑が交わる村落空間であるM村において、住民が多様な土地利用を組み合わせ、複合的な生業を営んでいることをふまえた森林政策研究を本書では行う。日常的な人間関係とその基底にある農村の社会構造を理解することが、森林管理や森林政策のより深い理解につながるからだ。すなわち、低地と高地をつなぐ視点から森林政策研究に取り組みたい。次節では、主生業である低地の米作りに焦点を当てて、M村の社会構造そして人間関係に迫りたい。

2　農業がつくり出す村落の社会関係

フィリピン農村の社会構造

まず一般的に、フィリピンの低地キリスト教社会では、個人が「双系制親族組織」と呼ばれる一定範囲内の親族を自ら選択することで、社会関係を成立させてきたといわれている。日本においてはあまり聞き慣れない言葉であろう。父方の姓を継ぎ、地位を受け継ぎ、財産を相続するなど、父方の血筋が血縁集団の基礎となる場合を、父系制と呼ぶ。他方、母方の血筋の血縁集団が社会形態や制度の基礎となる場合を、母系制と呼ぶ。双系制は、これらのどちらとも異なる形で、親族内の互恵的協力関係を強めていく血縁関係なのである。双系制の社会では、強く結ばれた血縁関係を超える場合、例えば村落共同体のような地縁集団や国家への帰属意識は弱いといわれている(菊地 1989)。

商業的農業の進展は、村落内の社会関係にも変化を及ぼした。土地を持つ農民と土地を持たない農民の関係が、社会構造の基盤になったのである(滝川 1971)。商業的農業の展開によって村落は、土地所有関係を軸とする階級社会に転化して階層分化が進んだ(Hart et al. eds. 1989)。それに伴い、住民関係もそれまでの血縁集団から地縁集団へと移行していった。土地を介して住民間でパトロン・クライエント関係が生まれたことは、村落内での共同や連帯意識を育成する阻害要因になったと指摘されている(永野 1989)。したがって、商業的農業の広がりにより、フィリピン農村が地縁集団として発展したことは、村落共同体としての帰属意識の醸成には直接つながらなかったのである。

フィリピンの農村研究の礎を築いた梅原弘光は、村落の社会階層を地主、自作、小作、農業労働者の四階層に分けた(梅原 1992)。四階層は土地所有を介して、支配ないし搾取する者、そういった関係を結ばない者、搾取される関係にある者という複雑な利害関係に住民を分ける。さらに不耕起小作や下小作の存在は、小作のなかも階層化されていることを示している。これら異なる階層の相互の結びつきが、村落社会の内部構造を規定するという。土地所有から、フィリピンの農村が非常に入り組んだ階層性を有していることがわかる。

また、所有ではなく土地の保有の有無に着目すると、住民は大きく二つに分けられる。所有または借り入れによって農地を保有し耕作するマグササカ(magsasaka)と、農地を保有せず賃労働によって生計を営むマガガワ(mangagawa)である。農地の耕作には賃労働を担う住民の協力は不可欠である。高橋彰の調査によれば、マガガワは、カビシリャ(kabisilya)と呼ばれるリーダーのもとで労働者チームを構成する。労働の対価は、米の現物支給や現金による賃金支払いで行われることが多い(高橋 1977)。このような住民間での雇用労働力依存の慣行は、住民の所得平準化作用としても機能しているといわれている(梅原 1992)。農業雇用労働は、農村の階層化を進めたが、同時に住民が労働費用と雇用機会を分け合う点において、雇用を通して支え合う住民関係を醸成する機能も果たしている。

フィリピン農村の人間関係、その基底となる社会構造を理解するうえで、土地所有/保有の関係だけでは把握することができない住民関係を、農業雇用労働は明らかにしてくれる。そこで筆者も、農業の土地所有と雇用労働の調査を通して、M村の人間関係を規定する社会構造を理解しようと思う。

M村の土地所有と社会階層

ところですでに述べたように、イロカノ入植者が形成するM村は、故郷のイロコス地方の社会規範を継承しているため、共同体的特色を持っているという点で、低地キリスト教社会とは性質が異なる。さらに、タルラック州中核地域にみられるような大農園とは切り離された山間部にあることも特徴といえる。関（1996, 2002）は、中部ルソンにおける土地所有構造を、①中核部分の大農園、②周辺部分の自作地あるいは地主の分散的土地所有地帯、③国有林内の「不法占拠」に分類しており、このなかでM村は②に当てはまる。二〇〇九年の筆者の調査では、M村で農地を耕作する住民のうち、自作農は四五パーセント（自小作農を含む）、小作農は五五パーセントであった。中核部分と比べて自作農率が比較的高いことから、M村は周辺部分にある小規模農家による自作農地帯といえる。

表3-3は、現地調査に基づき土地所有からみたM村の社会階層をまとめたものである。先行研究では土地の所有による分類（例えば、梅原 1968）と保有による分類（例えば、滝川 1976; 高橋 1977）がみられ、最近の議論に至るまで後者の方が多い。筆者は、本書の分析において土地所有の有無に注目する。それは、(1)小作農として土地を保有したとしても、小作料の支払いなどで手にする収入が非常に少ないこと、(2)後述するようにM村の地主は数年で耕作者を替える慣習があり、小作農としての地位は変動しうること、(3)そして第6章で詳述するように、M村のCBFMにとって影響力を持つ農民灌漑組合員は、土地所有者でないとなれないこと。これら固有の事情から、M村では土地を所有するか否かが、村落内での発言力や社会的、経済的地位に大きく影響しており、村落内の社会階層を理解するうえで重要になる。なお、ほとんどの住民は、単一階層ではなく複数の階層に属していることが多く、それも数年で変動しうる特徴がある。

ひとくちに地主といってもさまざまで、在村地主、在郷地主、不在地主がある。M村の農地所

表3-3　土地所有からみたM村の社会階層

階層	形態	概　要
土地持ち農民	個人所有	個人が土地を所有する．
	共同所有	所有権は個人にあるが，兄弟姉妹による共同耕作と毎年1人ずつ交代で耕作する場合がある．
	複合的所有	農地の一部分は個人所有で他は共同所有．
土地なし農民	分益（刈分）小作農	収穫物を地主と小作農が一定の比率で分け合う（割合は25：75または50：50）．
	定額小作農	現物または現金で定額の小作料（割合は多様）を払う．
	終身借地農	親の代からの無期限の借地．
	短期借地農	一定期間（一般的に2～3年間）借地をする．
	質農	田んぼを質に出す（借金の貸し手がすべて耕作収穫する場合と，借り手が収穫の一部を借金返済のために貸し手に払って耕作する場合がある）．
	共有田耕作者	村の共有田を耕し灌漑用水を管理する．
	半小作人的労働者	特定の農作業を行い収穫の10パーセントを耕作者が得る．
農業雇用労働者		日雇い農業労働．苗束ね，耕起（トラクター・水牛・手作業），草刈り，田植え，除草，稲刈り，脱穀など．
公務員		教師，町役場職員，州役場職員．
商人		トライシクル運転手，ジープニー運転手，サリサリストア．
大工		家具製造，建物建設．

注：在村地主，在郷地主，不在地主のうち，筆者がインタビューできたのは在村地主のみである．
土地なし農民とは，耕作する土地を所有しない農民のことである．
出所：現地調査（2010年）に基づき筆者作成．

有・保有の実態を把握するのは客観的な資料が存在しないため難しいのだが、灌漑田の所有者である農民灌漑組合員名簿をその手がかりとしたい。組合員のうち三五パーセントは村外居住者で、そのうち三四パーセントが不在地主であった。タルラック州中核地域でみられる不在大地主はM村に存在せず、小規模な在村地主および在郷地主が主流といえる。一九九八年の組合員名簿と二〇〇九年の現状を比較すると、約二〇年の間に、死亡や借金返済を理由に三二人が他者に所有権を譲渡していた。最も多い理由は、死亡などによる親族への権利移譲の二一人で、借金返済による売却が九人、借金の担保により手放した二人と続く。

在村地主のうち、ヨーロッパなど海外出稼ぎ労働者を家族に持つ四世帯は、村落内で突出した経済力を持っており、近年、他の住民から灌漑田や天水田を購入している。もともと小規模な自作農が多いM村だが、住民は決して横並びではなく明らかな経済力の差が存在している。海外出稼ぎを背景に、村落内外の裕福な住民が土地を購入して所有地を拡大している一方で、地主層でも土地を担保にした後、借金返済に迫られて灌漑田の所有権を放棄する住民もいる。土地を手放した住民は、小作農や日雇い労働者になっていくのだが、再び土地を取り戻した話はあまり聞かなかった。地主層にある農民灌漑組合員にもじわじわと格差が広がりつつある。

土地の貸借は、地主側から耕作者を選ぶ場合もあるし、土地を持たない住民側から地主に小作農をしたいと申し出る場合の両方がある。しかし一般的に、契約条件を決めることができる地主側の方が優位である。M村の地主は、二、三年で耕作者を替えることが多い。この場合、土地なし農民は同じ田畑の耕作者になり続けることはできない。これは地主が自らの権利を守るためだといわれている。農地改革法により、小作農が同じ場所で三回以上収穫をした場合、土地を借りた農民は「小作人(tenant farmer)」として認められる。[8] 小作人は、地主が一方的に契約(多くが文書のない口約束である)を打ち切った場合、不当な行為として地主を訴えることができる。また小作人は、小作農がより長期間にわたると、地主から土地を分け与えてもらう所有権の申請ができる。これらの申し立てを回避するため、地主は三年以内に耕作者を替えて、法的に小作人として認定されないようにしているのである。

小作農の現実

さらに土地持ち農民と土地なし農民の関係をみてみよう。表3-3が示すように、地主から土地を借りて耕作する際に結ぶ契約形態は、実に多様である。所有地であれば収穫した米をすべて販売することもできるが、小作人は収穫後に小作料を支払わなければならない。M村の分益小作農の場合、収穫した米の二五パーセントまたは五〇パーセントを土地の使用料として地主に納めなければならない[9]。五〇パーセントの小作料を課す場合は、地主が農薬、肥料、耕作機械、種や苗などの諸経費を負担するのが慣例である。小作料が二五パーセントの場合は、小作人がそれらを自己負担することになる。多くの小作人は、稲作に必要な物資を地主から借りているため、米の収穫後、その代金を返済するために米や現金を地主に支払う必要がある。こうして小作人が得られる米や収入は少なくなっていく。

五〇パーセントの小作料を課す場合、地主は種や肥料代を負担するのが慣例であるが、なかにはそれを守らない地主もいる。小作人は米作りに必要な諸経費(雇用労働、種、苗束、肥料、農薬等)を、自分の地主や仲買人から借りなければ農作業ができない。これも収穫後に籾や現金で返済するため、純収入はさらに減り、貯蓄はほとんどできないという。それでも小作人が不満を言うことは難しく、泣き寝入りすることもあるという。小作料の割合にかかわらず、小作農には借金が発生するのだ。二〇〇八年から二年間、土地を借りていたが、自ら小作農を断ったM村の男性は次のように語った。

「(小作で得られる)収入なんてないさ。地主は一カバン(約五〇キログラム)の肥料をくれただけ。(小作料の割合を)二五対七五に変えてくれと地主に頼んだけど、嫌だと言われた。豚(豚の世話をするケアテーカーの賃労働)の方がP氏の土地を借りるよりもましだね。土地を借りる前は借金なんてなかったけど、借りたら借金ができたからね。利子もある。だからもうやりたくない。次はB氏に頼んでみようと思っている。義理の母の親戚だからね。でもまだ聞いていない。聞くのは簡単だけど、(収穫後の)利益分配が難しい。予算はないから、借金が増えるだけだし……」(土地なし農民、男性)。

このように、①借地期間が短いこと、②地主から経費を借金するため結局は赤字になること、③負担の多い契約を地主に強いられてしまうこと、④地主との信頼関係をつくるのが難しいことなど、小作農の現実は実に厳しい。不安定な経済状況や人間関係の煩わしさを嫌って、あえて農地を借りずに雇用労働だけを選択する住民もいる。M村の地主―小作関係は、地主に決定権があり、小作人は農作業の経費などを地主から借りる点で従属的である。ただし多くの地主は、長期間土地を貸すことを嫌がって数年単位で耕作者を替えるため、パトロン・クライエント関係は長期間継続するものではなく、むしろ流動的である。そして小作をする側も、地主との関係を見極めて、自ら契約延長を断る力を持っている。

ところで、居住地の所有についてみてみると、M村住民の半数ほどは親族や地主の土地を間借りして住んでいる。田畑と異なり、居住地に対して土地の賃料は発生しない。なかには土地所有者から数世代にわたって居住地を借りている住民もおり、土地を介して長い関係を築いているケースもある。

最後に森林地（国有林の利用を除く低地の私有林）の所有についてみてみると、森林地を所有していない住民は三五・七パーセントにとどまり、過半数が森林または林地を所有していることがわかる。これは村落外の森林地も含んでいるが、M村で最も多いのが、村落内の低地水田の一部や緩傾斜地に樹木を植えて果樹や薪を採取したり、養殖池の周囲に木を植えて利用するケースである。

このように土地を通してM村では複雑な社会階層が形成されており、住民関係の基層となっている。

フィリピンの農作業雇用労働

次に、低地の農作業雇用労働を通してM村の住民関係への理解を深めたい。まず、フィリピンの農村でみられる雇用労働の特徴について触れておきたい。

フィリピンの農業・農村研究は、農業経営や農産物の価格を中心的テーマとして、第二次世界大戦後、急速に進み、一九六〇年代からは農村の社会経済構造を明らかにするための実証的な研究が盛んになった。それはフィリピン農業の抱える根本的な問題が農業生産力の低位性や停滞性にあるとされ、それと密接な関係にあるのが、土地所有や村落共同体のあり方だと考えられたためである。日本においては梅原弘光が、中部ルソンのアシエンダ村落で現地調査を行い、フィリピンの農村社会研究の礎を築いた(梅原 1968)。米作農家率が高い中部ルソンの平野部には、数百ヘクタールから一千ヘクタールを超える大規模農地アシエンダが広がり、その大部分は不在地主の土地で、他地域と比べて小作農の比率が高い。梅原(1968)は、土地持ち農民と土地なし農民の関係のなかで成り立っている住民関係には、農作業労働を通した支え合いが存在するという特徴を明らかにした。

フィリピンでは、農作業の労働力を雇用する慣習がある。雇用労働力に依存する慣行は、農村住民の所得平準化作用として機能しているともいわれる(梅原 1992)。農村において現金収入を得られる機会は限られている。あえて雇用形態をとることで、農作業が収入源となり、住民間での弱者救済につながるのだ。ただし、M村のある中部ルソンの周縁部では、二ヘクタール以下の零細な土地所有が多くみられるため、平野部の事情とは異なる。大土地所有制や農地改革の影響、さらには農業の集約化や機械化から取り残された周縁部の農村社会経済構造について、これまで実証的な研究はあまり蓄積されてこなかった。筆者のM村での調査は、中部ルソン周縁部の農業雇用労働の実態を明らかにするものである。

M村の田植えの雇用形態

M村での最大の雇用機会は、田植えと稲刈りに伴う労働である。一九八〇年代までM村の農作業は共同作業が一般的で、賃金の支払いはなかった。しかし現在は、多くの住民が農作業の労働村落内で雇用労働が行われている。具体的に田植えに伴う雇用労働としては、機械や水牛を使っての耕起(写真3-28)、田植えに備えて稲の苗束を作る作業(写真3-29)、田植え作業(写真3-30)で雇用の機会がある。住民は互いに雇い合うことで、経済的支援関係を結んでいる。

この田植え作業の雇用労働には、実に多様な支払い方法があった(表3-4)。まず、有償労働といっても、労働対価の支払い方法は四つある。最も多くみられる方法は、タンダン(tangdang)と呼ばれる賃金の後払いである。村落内住民には半日の農作業で七五ペソ(約一五〇円)、村落外住

写真3-28　水牛での耕起の雇用労働.

写真3-29　苗束づくりの雇用労働.

写真3-30　田植え雇用労働.

表3-4　M村の農作業労働の支払い形態

支払い形態		内　容
有償労働	賃金後払い	雇い主は村内労働者に半日75ペソ，村外労働者に半日80～85ペソの賃金を労働後に支払う．
	賃金前払い	雇い主は村内労働者に半日75ペソ，村外労働者に半日80～85ペソの賃金を労働前に支払う．
	借り返済	雇い主からの借りを労働で返済する．借金の場合，半日75ペソに換算されて返済とみなされる．現金以外に米や豚肉を雇い主に返すために労働する場合がある．
	賃金均等分割	雇い主は事前に田んぼの場所と労働者の人数を設定し，労働後に設定分の合計現金を支払う．
無償労働	等価労働交換／互酬	雇い主は現金などの支払いをしない代わりに，自分も相手の作業を手伝う．
	無償労働	労働対価のない農作業の手伝い．主に親子・兄弟姉妹・親戚間で行われる．
	自家労働	労働対価のない農作業．主に耕作者とその夫，妻，親または子で行われる．1～3人の少人数である．

出所：現地調査（2010年）に基づき筆者作成．

民には半日で八〇～八五ペソ（約一六〇～一七〇円）が支払われる。この金額は村落内で統一されており、どの田んぼでも同額である。またこの金額を労働の前に払う方法もある。四週間の調査では、約六〇パーセント（のべ九〇五人）の雇用労働で、賃金を後または前に支払う方法がとられていた。人が思うように集まらないと、午前中に作業が終わらないこともある。その場合は、午前中の人員に午後も来るように頼む。昼食は各自の家でとった後、午後二時前には作業を再開する。午後はたいてい二時間程度で終わるのだが、それでも午前と同じ半日分の金額を支払うことが慣習になっている。しかし、午後も継続して雇用するお金がなければ、雇用はせずに、耕作者（所有者または小作人）が家族で残りの田植えをする。

さらに有償労働の支払い方法には、なんらかの借りを労働で返すものがある。一部の富裕層を除いて、住民は日常的に、さらには農閑期や緊急時に、現金や米などの食料の貸し借りをしている。その借りの返済として農作業を行うのである。この借りには、雇い主が現金を用意する代わりに、事前に自らが飼育した豚の肉を配り、その代金の代わりに肉をもらった住民が農作業労働をする場合もある（写真3－31）。豚肉を誰に配るかは雇い主が選び、肉の量は両者の話し合いで決まる。調査時に確認できた借りの返済で田植えを行った住民は、借金返済一九〇人、借米返済五九人、借豚肉返済四四人であった。より大きな地主は、現金や米の貸し借りの関係をつくることを嫌い、現金後払いだけで雇用する傾向にある。これは経済力があるからこそ可能な支払い方法であるが、貸し借りの関係を結ばない住民に対しては、周囲からケチとか人を信じないなどの評価がつけられている。

写真3–31　農作業労働者を雇用するための養豚.

四つ目の有償労働の支払い方法は、雇用者が労働者に前記の固定賃金を払う方法と異なり、全体の賃金がまとめて支払われ、雇われる側でそれを分割する方法（賃金均等分割）である。雇用者は、事前に作業場所を決め、それに必要な労働者数の合計賃金を算出する。雇用者は、労働者のリーダーに場所、金額、日程を伝え、リーダーの住民が他の労働者を集める。雇用者は労働後に設定分の現金をリーダーに支払い、一緒に働いた者で均等に分割する。より少ない人数で田植えを終えることができれば、タンダン(賃金後払い)やバレ(bale：賃金前払い)よりも多くの賃金を得ることができるのである。この方法をとる住民は、たいてい同じリーダーとメンバーである。

最後に少数派ではあるが、無償労働や等価労働交換という雇用を伴わない農作業労働も、親戚や非常に親しい仲間の間で現在も続けられている。フィリピンでは相互扶助を一般的にバヤニハン(bayanihan)と呼ぶ。M村の場合、バヤニハンは等価労働交換と無償労働の両方を指す。調査時、家族や親戚で少しずつ農作業を進める自家労働や無償労働による農作業労働者は、のべ二四三人を数え、特定の小作農に多くみられた。また、等価労働交換のアムヨ(amuyo)を行う住民は五八人確認できたが、特定の女性グループを中心とするものだった。かつてM村で一般的だったバヤニハンは、賃金支払いによる雇用に移行しつつあるが、特定の住民は親しい親族や友人間でこの慣習を続けている。

どうやって雇用しあうのか

これほど多様な雇用はどのように成立しているのだろうか。農業は天候に大きく左右される産業である。耕起、田植え、稲刈りなどは、季節や天候にあわせてスケジュールが決まるので、農繁期になると村落内で一斉に農作業労働の需要が高まる。そのため、雇用者が労働者を確保することは容易ではない。他の田んぼで田植えをしている最中に、自分の田んぼの田植えに来てもらうよう、周囲の人たちと約束を結んだり、村落内で買い物中にばったり行き会って約束をしたり、直接自宅を訪問して約束をとりつけるなど、雇用者側は人集めに奔走する。雇われる側の住民も、いろいろな人に借りをつくっていることが多く、借りを返済するための田植えの日程が、いくつか重なることもあるほど労働需要は高まる。

そうなると、実際にどこの農作業に参加するかは、労働者側の選択次第ということになる。借りの返済者である住民の選好が反映されるのだ。雇用者は約束した住民のうち誰が本当に来るのか、当日までわからないのである。そこで雇用者は、農作業の合間に提供するミリエンダ(軽食)を充実させるなど、働きに来てもらえるように工夫をする。**写真3–32**は、家族や親族のバヤニハンによる田植えのミリエンダの様子だ。ここでは地鶏の粥が提供されている。前述のとおり、自分の鶏を絞めてスープや粥にするのは、特別な日だけである。早朝からの田植えを考えれば、前日から仕込んだものと考えられる。親族たちは、田植えをしながらこのミリエンダを話題にし、楽しみにしていた。**写真3–33**は、賃労働による田植えでパンシット(フィリピンの焼きそば)を盛りつけている様子である。これにオレンジジュースをつけて人気のミリエンダ・セットとなる。

雇用者は労働者のために賃金だけでなく、ミリエンダも準備する必要があるので負担も大きい。ミリエンダの準備は女性の仕事で、よいミリエンダを出せば評判も上がる。何より、炎天下に腰をかがめての数時間の田植えは、非常に重労働である。ミリエンダは一番の楽しみであり、豪華になるだけ労働者のやる気も出て作業が進む。故郷イロコス地方のサンヘラにおいても、共同作業で提供される食事は非常に重要といわれており、共同作業への参加インセンティブや共同体としての意識の醸成につながっているといわれる（Siy 1982）。さらには、日頃から良好な隣人関係を築く心がけも大切になる。

もし村落内で労働者が集まらなければ、隣村から人を雇用することもある。反対に、隣村で労働力が足りなくなると、雇用の誘いがM村住民にかかることもある。二〇一〇年の田植えで最も多くの雇用労働者を集めたのは、M村の村長であったが、雇用者の半数以上が彼の出身地である隣村からの雇用であった。また、灌漑整備がなされているためにM村より早く田植えが始まる隣村でまず働いてから、その後、自分の村落で農作業雇用労働に精を出すM村住民もいる。近隣の村落間の取り決めにより、村落外からの雇用では賃金八〇ペソと少し高くなる。ただし村落を越えた雇用は、賃金支払いのみであり、借りの返済としての雇用労働は存在しない。また、M村に農地を所有する他村の住民が、M村住民を雇うことは稀で、自分の村落から労働者を集めることが多い。住民の雇い合いは、村落を越えた広がりを持ちつつも、村落内での相互雇用が軸になっている。こ

写真3-32　無償労働による田植えのミリエンダ.

写真3-33　有償労働による田植えのミリエンダ.

こからも、M村が共同体的な特徴を有する社会であることがわかる。

このように土地所有の有無により、M村では社会階層が明確に存在しているが、農作業労働で多様な雇用形態を維持することで、階層や村落を越えて互いに助け合うメカニズムもまた存在している。支払い方法を借りの返済にするか賃金払いにするかは、雇用される側が決めることもでき、労働者は好きなときに賃金の受け取りに行く。そのため雇う側は、農作業の当日に支払い方法を確認して、賃金支払いや借りの解消など、労働者ごとに労働対価の管理を行う。多様な支払い形態があることは、それだけ管理コストも増すので非効率にも思えるが、住民ごとに異なるニーズや社会経済状況に細かく対応することができる。地主か小作人かに関係なく、住民は農作業で雇い合わなければならないため、雇う側が常に絶対的優位な立場にあるわけではない。住民は社会階層にかかわらず、互いに雇い合い、貸し借りしあう個人的支援関係にある。

中部ルソンの平野部では、伝統的に農作業をあえて雇用形態にすることによって、住民間の弱者救済をはかる農作業の雇用労働依存慣行があるといわれてきた。周縁部にあるM村では、より小規模な土地所有に加えて、灌漑整備が十分になされておらず、機械化も進んでいないことから、非常に零細な農業になる。条件不利地域だからこそ、M村では農作業雇用労働を通したより細かで柔軟な、住民間の弱者救済が発展してきたと考えられる。支払いが現金だけでなく、米や肉類など日常的な食料の貸し借りも含まれていたり、支払うタイミングにも選択肢があったりと、M村の雇用形態は非常に多様で、個人間の支援は網の目のような複雑な発展を遂げている。誰とどのような貸し借りをするかは個人的な関係性のなかで決まる。M村では、土地を介するより従属的な関係とは異なり、農作業雇用を介して個人が獲得できるネットワーク型の経済支援関係が存在しており、これも社会関係の基礎となっているのだ。

ところで、低地の農作業労働で複雑な雇用形態がみられるのとは異なり、森林の作業(下草刈り、木材伐採、運搬等)では、貸し借りの返済に伴う労働という形態は存在しない。家族や親戚の無償労働のなかで、雇い主は食事やミリエンダを用意したり、林産物を分けたりしている。伐採など大規模な作業を行う際は、必ず現金支払いによる雇用労働が行われる。M村では、森林地における労働のあり方と比べて、低地の農作業労働においてより複雑な相互関係が発達している。低地農地と高地森林が交わる村落空間では、多様な生業の組み合わせによって生活が成り立っており、なかでも主生業である低地稲作の雇用労働が社会関係の基礎になっている。

3 参加型森林政策と国際援助のインパクト

M村での参加型森林政策の始まり

もともと共有林だったM村の高地森林は、一九六九年の改正森林法によって国有林として規定され、住民による森林利用や管理が規制されるようになった。一九七〇年代、環境天然資源省は国有林利用の取り締まりを強化する一方で、さまざまな参加型森林管理政策および産業林管理

(Socialized Industrial Forest Management Agreement：ＳＩＦＭ)プログラムを導入することで、国家と管理契約を結んだ住民に限って国有林の利用を許可するようになった。フィリピンの参加型森林管理政策は、まず高地森林を国有林にすることから始まり、その国有林を保全・管理するために実施されてきたともいえる。

Ｍ村に初めて導入された参加型森林管理政策は、一九七九年の共有林植林プログラム(Communal Tree Farming Program)であった。これはアグロフォレストリーの手法を用いて植林を行う国有林の森林保全を目的とした事業で、住民には二五年間の管理認可期間が与えられた(Ministry Administrative Order No. 11)。ここでＭ村住民の二二人(他村在住一人を含む)が約一ヘクタールずつ、合計約二二ヘクタールの森林管理を担った。この政策によって、かつての共有林は、一部の限られた住民だけが合法的に利用できる国有林へと変わったことになる。

一九八二年、共有林植林プログラムは統合社会林業プログラムに移行する。これにより環境天然資源省は、先の政策で利用権を認めた住民二二人を追認する形で、管理契約証書(Certificate of Stewardship Contract：ＣＳＣ)を発行するようになった。管理契約証書によって、個人に対して二五年間の土地保有権(更新可能)が保障された。

二〇〇〇年、統合社会林業プログラムはＣＢＦＭプログラムに統合される。これに伴い、事業対象地は約二二ヘクタールから約七二ヘクタールへと拡大された。**写真3–34**のように、ＣＢＦＭ事業地の約六割は木材用樹種や果樹などの二次林に覆われている(Cacupangan Tree Farmer's Association 2007a)。ＣＢＦＭ協定には管理契約証書を持つ二二人が住民組織メンバーとして明記されていて、住民には集団的な森林利用権が認められている。国家による住民への権利付与は、それまでの住民個人から住民組織という集団へと形を変えた。そして筆者の調査時、住民組織メンバーは四二人に増えていた。なぜ住民組織メンバーは増えたのだろうか。

メンバー増員の鍵を握るのが援助機関と現場森林官である。二〇〇七年から二〇〇九年にかけて、日本の援助機関がCBFM強化事業のモデル事業地としてM村を支援した。M村への支援は、CBFM事業地の水源確保のための貯水タンクと水路の設置(写真3-35・3-36)、アグロフォレスト

写真3-34　CBFM事業地に広がる二次林.

写真3-35　援助で設置されたパイプ.

写真3-36　援助で設置された貯水タンク.

リーの技術研修、共同ヤギ飼育などであった（写真3－37）。支援内容やその優先順位は、住民参加によって決定したと聞いている（写真3－38）。そしてこの援助事業に参加した住民一九人を現場森林官が住民組織に加え、メンバー増員に至ったのだ。援助終了後の二〇〇九年一一月、現場森林官が同行してこれら追加メンバーのCBFM区画も測量された。これによりCBFM事業地の利用区画は四一カ所に分割され、区画ごとに管理・利用する住民が決まった。

写真3-37　援助による共同ヤギ飼育.

写真3-38　援助事業での住民組織，森林官，NGO，専門家の話し合い.

M村における森林政策のインパクトを考えると、環境天然資源省は共有林を国有林に再編して住民の森林利用を制限したうえで、一部住民だけに森林利用の権利を付与して、国有林保全を担わせてきたといえる。高地と低地が交わる村落であるM村では、住民の森林依存度の違いや事業面積の狭さにより、参加型森林政策から権利を得られる者は限られる。その後の国際援助も、住民組織メンバーを受益者に想定している点で、支援の対象から外れる者が出てしまう。参加型森林政策と国際援助は、M村が持つ伝統的共同体主義に沿うような共同作業を前提としつつ、同時に排除の作用をも内包するものであったといえる。

●現場森林官はどのような人たちか

M村の森林政策に現場で関わる森林官を紹介したい。環境天然資源省の組織構造は、中央事務所、リージョンⅢ事務所(Regional Environment and Natural Resource Office Ⅲ:RENRO Ⅲ)、タルラック州事務所(Provincial Environment and Natural Resource Office of Tarlac:PENRO Tarlac)、カミリン地域事務所(Community Environment and Natural Resource Office of Camiling:CENRO Camiling)という四階層で成り立っている。このうち実際にCBFM事業地に行き、住民組織の活動を監視・監督したり、住民の森林管理や利用を取り締まったりするのが、組織の最末端にあるカミリン地域事務所の現場森林官である。タルラック州には二つの地域事務所があり、合計一七のCBFM事業地(合計二三九六・三三ヘクタール)を管轄している。その一つであるカミリン地域事務所は、M村があるマヤントック町を含む四つの町を管轄しており、このなかにある九カ所のCBFM事業地を所管している。

写真3-39 カミリン地域事務所内の様子.

調査時、カミリン地域事務所には、森林管理課一三人、土地管理課七人、総務課六人の常勤職員が勤務していた(**写真3-39**)。

常勤職員の多くは、事務所近くにあるタルラック農業大学を卒業した地元出身者であり、現在も管轄する四つの町に住んでいる者が多い。なかでも森林管理課の職員は、一九八二年に大学を卒業した同期生が多い。学生時代から時間を共にし、親族関係にあったり、家族ぐるみのつきあいをしていたり、同じ教会に通う職員も多い。事務所間の人事異動も少ないため、職員は公私ともに長期にわたって関係を築いてきた気心の知れた仲間または友人関係にあるといえる。地域差や個人差はあるものの、カミリン地域事務所の職員と管轄内の住民も、長年関係を築いてきたことから互いにファーストネームで呼び合うなど、親しい関係を築いているケースも散見される。

さて、カミリン地域事務所でCBFM業務を中心的に担っているのが、森林管理課に所属するCBFMコーディネーターのH氏である。彼は、森林利用や管理に関わる申請への対処など事務所内での事務作業を中心に仕事をしている。そのため、この事務所において測量調査など実際に現場で業務をするのは、CBFMコーディネーターではなく、地図作成を担当する常勤職員一人と非常勤職員二人である(写真3-40)。現場対応をする森林官を含めて、合計四人の職員がカミリン地域事務所のCBFM実働部隊、本書が注目する現場森林官だ。現場対応をする職員三人は他の事業も兼務しており、多忙を極める。彼らにとって、CBFMは数ある業務のなかの一つでしかない。恒常的な人員不足のなかで、現場森林官たちがCBFM事業地を訪問するときは、そこが支援事業の対象になっている場合が多い。すなわち、所管する九つのCBFM事業地のうち、現場森林官が足を運び、調査や書類作成などを行うのは、事業予算が与えられている数カ所に限られているのだ。なかでもM村は、地域事務所から車で三〇分ほどの一番近い距離にあり、現場森林官たちが多く足を運ぶ地域になっている(写真3-41)。

どの地域事務所も、人員不足に加えて業務に必要な予算を十分確保できていない現状にある。カミリン地域事務所でも、中央事務所からの予算の大半が人件費に充てられていて、CBFMにはこれまで独自の予算がなかった。中央事務所が実施するアグロフォレストリー支援や、援助機関の支援事業などの事業予算がついて初めて、彼らも業務の予算を確保できるのだ。CBFM事業地でアグロフォレストリー支援を行おうとしても、中央事務所からの予算だけでは現場森林官四人分の交通費などの諸経費を十分賄うことはできないし、ましてすべてのCBFM事業地を定期的に訪問するのは不可能である。CBFM事業地の監督や住民の支援要請に応えられるだけの財源も人材も有していない地域事務所にとって、外部からの援助資金の獲得は、業務をするうえで非常に重要になる。

写真3-40
現場森林官(先頭の2人)と住民の現地調査の様子.

写真3-41　環境天然資源省の予算によるM村での育苗事業.

●CBFMコーディネーターH氏の人柄

参加型森林政策が始まる前まで、現場森林官はフォレストレンジャーとして、住民らの違法伐採を取り締まったり、伐採の審査をしたりと、規制や監督が主な業務であった。しかし政策アジェンダが住民参加型に転換したことで、現場森林官の役割は、住民を取り締まるものから、住民を組織化して後方支援する役割へと変わったことになる。この新たな役割に戸惑いながら、そして引き続き予算や人員が不足するなかで、現場森林官はできる範囲で業務を行ってきた。

そこで現場森林官は独自の工夫を行っている。カミリン地域事務所のCBFMコーディネーターH氏は、自分がすべてのCBFM事業地に行く代わりに、住民組織リーダーを地域事務所に呼んで会議をすることもある（写真3–42）。この場合、住民が交通費を負担しなければならないが、現場森林官は自費でミリエンダ（軽食）を用意することで負担感を相殺している。H氏に住民組織リーダーに必要な要件を聞いたところ、急な呼び出しにも対応できる経済的余裕のある者だという返答があった。この背景には、地域事務所自体の予算不足があると考えられる。

この状況において、国際援助は予算獲得の大きなチャンスといえる。予算規模の大きい外部支援があれば、不可能だった行政サービスを提供できる可能性が生まれるからである。H氏も、日本の援助プロジェクトを経験したことで、業務に対する姿勢が変わったという。一つ目の変化は、住民への接し方や自らの役割について、取り締まる役からサポートする役へと考えを改められたこと。二つ目は、外部資金の調達を自らの役割の一つと考えるようになったことだった。

写真3-42　住民組織リーダーと森林官の会議.

「すべてのCBFM事業地に援助プロジェクトを持っていくことが、自分の夢」とH氏が筆者に笑顔で語った姿は印象的だった。筆者がH氏宅にホームステイしていた二週間ほど、深夜や早朝に寝る間も惜しんで、自宅で国内外の援助の申請書を作成しているH氏をよく見た。彼は、今月申請書を何本提出したかについて、充実感に満ちた表情で筆者に教えてくれることもあった。もともとH氏はタルラック農業大学の森林学科を卒業したわけではなく、同大学では会計学など他の分野を学んでいたそうだ。その経歴も影響してか、筆者の調査中にH氏が森林のなかで調査を行っている姿は一度も見なかった。彼の姿は常に、事務所や自宅でパソコンに向かって書類を作成するものだった。

地方自治体と森林行政

環境天然資源省の地域事務所とは別に、地域社会の公共サービスを担っているのが地方自治体である。地方自治体は、主に低地（私有地）の住民や案件に対応する行政組織であるという点で、高地（国有林）を担当する環境天然資源省とすみ分けをしてきた。現在も地方自治体と環境天然資源省の間では、それぞれ低地と高地を担当するという役割分担意識が根強い。一九九一年の地方自治法によって、州政府に環境天然資源課が創設され、国有林内での鉱物採掘の許可などを所管することになった。しかし州政府の下に置かれる町役場でも、森林に関わる業務は行っていない。ＣＢＦＭを含む森林行政は、現在も環境天然資源省が中心的に担っている。

マヤントック町役場の環境天然資源課は、計画開発課と同じ部屋に置かれ、担当職員一人が計画開発の業務と兼任している。環境天然資源課の主な業務は、土地利用のアセスメントや計測、商業の許可、ゴミ処理であるが、独自予算がないため、計画だけで実質的な業務はほとんど行われていない。他方、町役場の農業課の職員は二二人いて、マヤントック町内の二四カ村に対して担当職員が一人ずつ配置されていることからも、より充実した業務体制が整えられていることがわかる。これはマヤントック町の主産業が米の生産であるためで、農業課の中心的な業務は、米生産の支援である。マヤントック町役場の職員は、日本の援助が入るまでＣＢＦＭが何かを知らなかったという。援助実施や終了後もＣＢＦＭについての具体的な内容までは把握していない。それだけ低地は地方自治体、高地は環境天然資源省というすみ分けが明確なのだ。

援助による協働体制の構築

日本の援助機関によるＣＢＦＭ支援事業では、町役場の環境天然資源課と農業課も森林行政に関わる部署として、支援の対象になった。それ以前に環境天然資源省や地方自治体がＭ村の住民組織に対して行った支援は、果樹の苗や野菜の種の配布など、主に森林地での農業生産率の改善を通した生活向上を目的としたものであった。日本の援助機関による「ＣＢＦＭプログラム強化計画プロジェクト」では、支援内容が多様化し、水路整備やアグロフォレストリー支援などは住民からの要望に基づくものであった。住民が求めるＣＢＦＭ支援は、土地利用権の保障だけでなく、その先にある生活改善に直結するものであった（表3-5）。

この援助における行政支援の一つとして、これまでの縦割りの体制を廃して、環境天然資源省のカミリン地域事務所と町役場の環境天然資源課および農業課が連携して地域を支援する体制構築が試みられた。「テクニカル・ワーキング・グループ（Technical Working Group：ＴＷＧ）」と名付けられた連携体制では、ＴＷＧ協定の締結によって、現場森林官と町役場職員が、家畜飼育と農業を通した住民組織の生計向上（Agrisilvipastural Model Farm）を支援するという共通目標が掲げられた。またＴＷＧの上位には、町長や地域事務所所長など首長レベルの連携である町レベルのＴＷＧがつくられ、日本の援助事業が終わった後も行政が連携して地域支援を続けるための仕組みづくりが試みられた。援助プロジェクトの期間中、ＴＷＧは毎月会議を開いて進捗状況の確認や問題への対処策などを話し合ってきたが、町レベルのＴＷＧは一度会議を開いただけであった。そして日本の援助機関が去った後、どちらの連携体制も勢いを失っていった。

現場森林官と町役場職員の連携体制ＴＷＧは、実際どのように機能したのだろうか。ＴＷＧが最も連携を発揮したのは、現場で想定外の問題が起きたときであった。二〇〇七年九月末から二〇〇八年一月に行われたＭ村ＣＢＦＭでの水路建設は、住民組織メンバーが無償で労働する代わりに、必要な物資や技術を援助機関が支援するものであった。しかし、労働力を提供する住民から負担の重さについて不満の声があがった。とくに労働時の食料の用意は住民にとって負担が

表3-5　M村の住民組織を対象とした支援の例

実施主体	プロジェクト名	内　容
環境天然資源省	Small Water Impounding System（2002年）	CBFM内にあるJ氏の畑に灌漑用貯水池をつくり，22カ所の畑に水路を通す．
	Community Livelihood Assistance Support Program（2003年）	高地農民の所得向上を目的とした農業支援．果樹200本と野菜の種が住民組織メンバーに配布され，管理契約証書保有者が優先的に受け取った．
	各種の研修	森林火災への対策，野生生物管理，植物栽培などの研修を，住民組織メンバーの代表者数名に対して環境天然資源省の地域事務所が実施．
	アグロフォレストリー支援	管理契約証書保有者に対して，マンゴー，ジャックフルーツ，スターアップル，アボカドなどの苗木を配布．
町役場農業課	Community Livelihood Assistance Support Program（2003年）	肥料や野菜の種などの配布．生産を高めるための研修．米，トウモロコシ，野菜を栽培している住民組織メンバーが対象．
日本援助プロジェクト	住民組織化	住民組織の活動目標，コミュニティ資源管理フレームワーク，5カ年活動計画，ミーティング，役員選挙の支援．
	プロセス・ドキュメンテーション・レポート（2007年～）	毎月の活動報告書を環境天然資源省と援助機関に提出する．レポート作成のための研修を行う．
	Community Resource Management Framework（2007年）	TWGがサポートをして住民組織のコミュニティ資源管理フレームワークを作成．
	Five-Year Work Plan（2007年）	TWGがサポートをして住民組織の5カ年活動計画を作成．
	モデル農場（2007年）	7ヘクタールに野菜を栽培．
	灌漑用水路設置（2007～2008年）	水源から1100mのパイプラインで水をひき，3つの貯水タンクを設置する．
	放牧アグロ農園（2008年～）	住民組織メンバーが苗畑をつくってアグロフォレストリーをし，同時にヤギ飼育を行う．
	アグロフォレストリー Farmer to Farmer School（2008年）	カリキュラムに沿って野菜や果樹の育苗を住民組織メンバーで行う．
	アグロフォレストリー植林（2008年）	8ヘクタールに野菜と果樹を栽培．

出所：Bagong Pagasa Foundation（2008年）とTWG（2007～2008年）の議事録に基づき筆者作成．

重かった。かといって、労働時の食料は援助組織の支援の範囲を超えるもので、援助機関は計画にない予算を提供することはできなかった。

水路建設の遅れを解消するため、TWGは労働時に必要な食料の支援を町長に請うた。町長は、米二袋（約一〇〇キログラム）とイワシの缶詰ダンボール一箱分を個人的に住民組織に寄付し、TWGメンバーもミリエンダのビスケットを個人的に寄付した。これにより、現場の問題が一つ解消し、水路建設も完了した。

TWGメンバーの現場森林官と町役場職員が困ったときにまず頼ったのは町長であり、町長から支援を引き出すことが自らの貢献であると考えていた。現場の行政職員は、町長と個人的な信頼関係を有していることが重要になるが、現場森林官と町役場職員が一緒に行動することで、より町長への要請がしやすくなる。CBFMコーディネーターのH氏は、「町レベルのTWGメンバー（町長など）が協定書に署名したこと自体に意味がある。……何か問題が起きたときに助けを求めに行けるので、事業活動がしやすい」と連携の意味を語る。このように、行政間で連携するとは、個人的な恩顧に基づく関係を築くことであった。援助機関に頼れないような場面で、TWGは町長から個人的な支援を引き出すことで問題に対処し、それが自らの役割であり連携の意味であると捉えていた。

地方政治とCBFM

このような援助プロジェクトでの行政間連携から、現場の森林官や町役場の職員たちにとってのＣＢＦＭの位置づけがみえてくる。現場森林官は、森林管理を行うためには農業など住民の収入増加につながるような生活支援が必要だと考えていた。しかし、環境天然資源省が村落開発としてＣＢＦＭを実施するには、慢性的な資金不足や人材不足という限界がある。現場森林官たちが外部から資金や支援を得るためには、森林保全という目的に限定するのではなく、村落開発というより総合的な目的を掲げることで、町役場との連携や町長からの支援を得る機会を広げることができるのだ。

他方で、援助で初めてＣＢＦＭ支援に加わった町役場職員には、森林管理のために協力しているという意識はない。むしろ低地に住む住民からのリクエストを実現するという、通常業務の一環として位置づけていた。町役場に一定の予算はあるが、各課で自由に拠出することはできない。そこで想定外の必要経費が出た場合は、町長の個人的な支援に頼るという方法が選ばれたと考えられる。環境課の職員は、援助事業後も連携を続ける必要がある理由として、「住民組織が町長に支援を要請するときに、(自分たちなら)橋渡しできる」と自らの役割を語った。そして環境天然資源省だけでＣＢＦＭを支援すると、森林保全だけの支援になってしまうということを欠点だと考えていた。従来から、町役場は村落ごとに担当者を置き、住民からの支援要請を町長に伝えてきた。この慣例のなかで、町長から住民組織に対する個人支援を得られたことが、ＴＷＧの貢献と考えられたのはごく自然なことである。

町長への支援要請は、現場森林官や町役場職員によるパトロネージの利用という、フィリピン社会で日常的にみられる行為として捉えられる。町長への働きかけは、援助者側の意図とは異なる方法で行政の連携体制が機能した例であるが、環境天然資源省と地方自治体の連携は、パトロネージを利用するための現場におけるインフォーマルな制度創出となった。CBFM事業地（国有林）の土地を利用することで、住民の生計向上を実現するという目的を果たすには、現場の行政職員にとって町長は、政策実施の阻害要因ではなく、むしろ救世主のような存在となるのだ。

低地と高地が交わる立地にあるM村において、住民は多様な土地を利用しながら複合的な生業を営んでいた。とくに主な生業である低地農業は、土地所有の有無が社会階層を生み出しているものの、雇用労働によって住民同士が助け合う社会関係も生み出していた。これをふまえると、森林政策はM村住民の生活の中心にはないことがわかる。現場森林官や町役場職員たちも、村落開発のなかにCBFMを位置づけることにより、日本の援助機関や地方政治家（町長）を支援に取り込み、自らの業務をやりやすくしようとしていた。なかでも現場森林官は、予算や人員に大きな制約があるなかで、援助事業での行政連携を足がかりに、自治体や町長個人から新たな財源を確保しようとしていた。この現場森林官の働きかけは、結果的として分権化による再集権化やエリート支配とは異なる、住民の生活改善への行政サポートという政策効果を生む可能性がある。

4　調査地としてのM村の特徴

最後に、M村の社会構造や地方行政をふまえて、事例としての位置づけを記すことにする。政策研究において事例を用いる際には、事例がどれだけ一般化できるかという点に配慮する必要がある。一般化とは、特殊なものを捨てて共通事項を抽出することである。それに対して事例研究は、文脈に応じた個別性や特殊性を重んじ、どのような意味において特殊であるかを説明できるところに強みを持つ。したがって事例研究の意義は、その方法自体に依存するのではなく、調査目的との関連において定義されるべきであるという（佐藤 2003）。これまで紹介してきたM村の特徴について、本書の研究課題との関連に注意してまとめたい。

一九九五年に同じ地域で調査を行った関良基は、M村と他地域の事例を比較して、農家造林と政府造林のどちらがより有効な造林戦略であるかを検討した（関 2002）。関はM村の特徴を、①土地なし世帯が少ない小規模自作農による水稲稲作が卓越していること、②国有林への依存度が低いこと、③村落周辺の林野が商業伐採の対象にならなかったこと、④村落周辺の林野が共有林や私有林として管理されてきたこと、としている。

M村で初めて参加型森林政策が導入された際、共有林農民組合（Communal Tree Farmers Association）が設立され、組合に参加した者に対して強い造林義務が課せられた。組合の規定に基づき、造林活動を怠った者の土地保有権は組合権限で取り消され、村落内の別の者に与えられたという。維持管理は世帯単位で行われるものの、従来からの共有林管理という意識が引き継がれていると関は指摘する（関 2002: 143）。一九九一年に三一ヘクタールが請負造林に指定された際には、賃金未払いが起きて住民は造林をやめ、事業は失敗に終わった。関は、住民を単なる雇用労働者としてしか認識しない政府造林の問題点を指摘し、農家が自身の土地で小規模に行う造林活動の方が、維持管理が行き届き、費用も効率的であると結論づけている(関 2002: 148)。

本書の課題は、政策の意図と異なる制度が現場で生成されるメカニズムを明らかにすることである。関が森林管理の有効性に焦点を当てていたのに対して、本書では、誰が、どのように国有林内の土地利用権を得たのかという権利付与に焦点を当てて議論を広げたい。たとえ高い森林率を達成できたとしても、その利益の配分に偏りがあれば、村落内の住民関係に新たな火種を生みかねない。この火種は森林管理だけでなく、住民の日常生活や人間関係にも影響を及ぼす懸案になりうるもので、結果として、社会的公正という参加型森林政策のもう一つの目標の達成を困難にすることにもつながりうる。参加型森林政策における権利の付与と行使に関わるプロセスを解きほぐすことは、造林活動という森林政策の中心的課題から、さらに視野を広げ、参加型森林政策が住民関係に与える影響を課題に含めるものである。

参加型森林政策による権利付与に着目した場合、調査地M村の特徴は、山林と低地を含む村落地形にあることがあげられる。村落全域もしくはその多くが国有林地内にある村落では、住民が占有してきた土地の利用権が追認される形で国有林の利用権が付与されるため、参加型政策によって誰が選ばれ、誰が排除されたのかという問いはあまりみられない。このような事例とは異なり、M村のように高地森林と低地田畑が交わる地形に村落が形成されている場合、住民は森林資源と稲作の両方で生活を成り立たせてきた。したがって、住民と森林をめぐる関係もより多様になるため、参加型森林政策の実施においては、国家から住民の一部に国有林の権利が付与される。つまり国家による住民の選別が伴うのである。行政官が住民を、権利を得る者と得られない者に選別することになり、権利付与の有無をめぐり住民間で対立が起きるという懸念がある。フィリピンの参加型森林政策における包摂と排除は、このような地形的特徴を有する地域で共有される問いといえる。

また、CBFMでは広大な国有林の権利が住民に一括付与されることが多いが、調査地の面積は比較的小さいことから、権利を得る住民が一部に限られることも本事例の特徴である。フィリピンのCBFM事業地の平均面積が一〇〇〇ヘクタール以上あるのに比べて、M村のCBFM事業地は約七二ヘクタールと極端に小さい。小規模なCBFM事業地を運営するための住民組織も小規模となる。当初は、二二人ほどの住民が住民組織に加入していた。面積、人数ともに小規模なCBFM事例といえる。

さらに、権利付与の対象となる国有林が、政策開始前は誰でも利用できる共有林であり、CBFMでは企業の伐採跡地の権利を住民組織に委譲する形が多いが、M村には企業伐採地がなかったという特徴もある。住民への権利付与に目を向ければ、CBFMで住民組織という集団に権利付与される前から、参加型森林政策で個別世帯に権利が付与されてきた。そして個別的利用権は、法的権利のないまま畑作等を行う国有林利用者に与えられる場合が多いが、調査地では小規模な森林利用を個別に行う世帯はあっても、畑作利用はあまり行われていないという特徴がある。

このような特徴から、調査地M村では参加型森林政策をめぐって、誰が権利を与え、誰が権利を得て、誰が権利を得られなかったかが、住民や現場森林官にとって問題となる。調査地において参加型森林政策は、みんなで管理・利用してきた森林を一部の人たちのものへと変化させ、権利を得る者と得られない者を選別する仕組みであった。これらの特徴を有する村落の事例分析を、安易に一般化することはできないが、参加型森林政策による包摂と排除の問題を議論するうえでは、前記の特徴が分析対象としての調査地の有効性を示している。森林利用権の変遷を具体的に追うことで、個別的利用権から集団的利用権に移り変わる参加型森林政策が、住民の包摂と排除をどのように生み出したかをみていきたい。

M村の事例で分析する諸要因とそれらの相互関係は、政策規定どおりに実施されていないCBFMの現場において、その構図を考察するうえで示唆を持つと考えられる。本書の考察は、政策がうまくいかない理由を、国家と住民の対立や、計画と現実のズレという説明で終わらせるのではなく、現実には二項対立で説明しきれない曖昧な領域に踏み込んで、その複雑さを描こうとするものである。参加型森林政策が避けられない現場とのズレを問題にするのではなく、ズレが現場関係者による制度生成を生み出す源泉となる可能性を事例から検討していく。

第4章 森は誰のもの？
——参加型森林政策と権利主体

「人間は誰しも、物語で作られているにちがいない」。

（ジェイムズ・リーバンクス『羊飼いの暮らし』）

1　参加型森林政策における「コミュニティ」とは何か

「彼らはただで土地を得ている」。

Ｍ村で筆者が参加型森林政策について聞き取り調査をした際、政策に参加する住民について、ある住民が筆者にこう語った。この発言をした男性は、村落のなかでも比較的大きな土地持ち農民で、これまで参加型森林政策に関する事業に参加したことはない。米や小作料からの収入があり、森林依存度の低いこの男性が、参加型森林政策の対象にならなかったのは、政策の趣旨に沿うことであろう。他方でこの発言は、権利を得られる者と得られない者を生み出す、参加型森林政策の政治性を浮き彫りにする。そして権利付与プロセスが不透明または不平等な場合、参加型政策が住民間の利害対立につながる可能性を示唆している。本章では、Ｍ村において、参加型森林政策でどのように住民に権利が付与されてきたのかを分析する。[1] 権利付与のプロセスを分析することで、政策が内包する包摂と排除の作用が生み出されるメカニズムを明らかにしていきたい。

CBFMと「コミュニティ」

CBFMは住民組織に包括的に権利を付与している。政策の意図は、住民による共同森林管理の制度を創出させるところにあった。しかし、タイなど他の東南アジア諸国と異なり、フィリピンの参加型森林政策は、「コミュニティ」とは何かという議論が深まらないうちに開始されたといわれている(Contreras 2003a)。ＣＢＦＭ協定を規定する行政命令第二六三号の、施行規則が記載されている環境天然資源省省令96－29号では、住民組織の定義を「コミュニティの関心や要望に取り組み、互いに利益を分け合う集合行為を目的とするコミュニティによって設立された集団」としている。コミュニティ自体の定義を確認しようとしても、ここに具体的な記述はない。

政策では、国有林を管理する住民組織について、コミュニティの問題を解決するために共同的かつ主体的に行動すると想定している。村落が国有林内に位置している地域のように、住民の大半に権利が付与される場合、コミュニティと村落は同じ意味になる。他方で、国有林内に住民が居住していなかったり、国有林を利用していない住民が村落にいる場合、一部住民に権利を付与することになり、コミュニティは村落全体を意味しなくなる。このように地理的条件の違いによって、住民と森林の関係は異なり、住民が政策から受ける影響も変わるのだ。権利付与にあたり、実際にどのように住民は選定され、住民組織は形成されたのだろうか。

権利付与における住民の選定

参加型森林政策によって国有林の権利を得た最初のＭ村の住民は、共有林植林プログラムで造林管理を請け負った住民二二人である。この住民がもとになってＣＢＦＭの住民組織もつくられた。二〇〇九年以降、現場森林官の発案により、住民組織メンバーが一九人増員されたが、環境天然資源省からその証書は発行されていない。そもそも多くの住民は、ＣＢＦＭ協定に記載されている人物を把握していないし、ＣＢＦＭ協定自体を見たことがない住民もいる。

写真4-1
住民が保管する管理契約証書.

写真4-2
住民組織の書記と議事録ノート.

国家から森林の利用権が付与されたか否かについての住民の判断基準は、管理契約証書を持っているか否かであった(写真4-1)。ここで注意しなければならないのは、他のCBFM事業地でもいえることであるが、住民の利用権を証明する書類の名義人と、実際に区画を管理・利用する住民が、必ずしも一致していないことだ。住民への権利付与は、環境天然資源省が発行する証書で認められるものと、書類の発行なく現場の関係者間で承認や了解がなされるものがある。実際に権利を有する住民を把握するには、環境天然資源省が発行した権利証書と、実際の区画管理者の変遷をあわせて確認する必要がある。

そのため筆者は、参加型森林政策のもとで環境天然資源省が発行した権利書類について、権利書の発行や保管を担う環境天然資源省リージョンⅢ事務所の資料保管室で原本を確認した。具体的には、統合社会林業プログラムとCBFMの実施期間中に発行された管理契約証書、そして環境天然資源省がキャンセルした利用権のリストを確認した。権利書は統合的に管理されておらず、一九九一年のピナツボ山の噴火による事務所の被災もあって一部書類は欠損している。地域事務所や住民が保管する権利書も確認したが、どちらも管理契約証書を紛失していたり、記載内容について記憶があいまいな場合も多かったため、ここではリージョンⅢ事務所が保管する書類をもとに分析する。(2)

また実際の土地利用者については、CBFM事業地の区画を実測した際に、場所と権利者を確認した。そのうえで実際の利用者の変遷を知っている住民組織リーダーと議事録を作成している書記の住民に聞き取りを行い、メンバーや現場森林官にも聞き取り調査を行った(写真4-2)。

2 政策による権利付与

政策による初めての権利付与

表4-1は、参加型森林政策のもとで国有林の権利を得た人物の変遷である。人物としたのは、過去に一時期ではあるが元森林官や村落外住民などM村住民以外も含まれたからである。管理契約証書、CBFM協定にある住民組織メンバーのリスト、実際に土地利用をしている住民の情報

No.	管理契約証書（CSC）の発行年	権利者の変遷とその理由	備考
20	1984	①死亡→②①の妻に譲渡	
21	1984→取り消し	①死亡→②①の息子に譲渡	妻が住民組織およびM村の会計役
22	1984	①高齢化→②①の義理の息子に譲渡	No.24の息子
23	1984（②）	①死亡（環境天然資源省職員）→②①のケアテーカーに譲渡	住民組織役員，No.18の父
24	未発行	2010年に現場森林官と住民組織リーダーにより承認	No.22の父
25	未発行	同上	住民組織役員，M村の役員，No.25の義弟
26	未発行	同上	No.8の妻，No.24の義理の姉
27	未発行	同上	隣村在住
28	未発行	同上	
29	未発行	同上	No.1の兄
30	未発行	同上	No.19の義理の息子
31	未発行	同上	No.19の義理の息子
32	未発行	同上	No.19の義理の息子
33	未発行	同上	No.10の義理の息子
34	未発行	同上	No.35の弟
35	未発行	同上	No.34の兄
36	未発行	同上	No.37の義母
37	未発行	同上	住民組織伝言係，No.36の義理の息子
38	未発行	同上	住民組織役員，No.16の息子
39	未発行	同上	No.16の息子
40	2004	同上	
41	未発行	同上	
42	未発行	同上	住民組織監査

注：備考は，調査時における権利者の属性を記している．
　権利が譲渡された場合は，調査時点で最後に譲渡された者の属性を記載した．
　ただし親族関係は親子・兄弟関係までを記し，従兄弟や儀礼親族のつながりは省略した．
出所：現地調査（2009～2010年）に基づき筆者作成．

表4-1　参加型森林政策における権利付与の変遷

No.	管理契約証書（CSC）の発行年	権利者の変遷とその理由	備考
1	1984	なし	No.29の弟
2	1984	①CSC名義者死亡→②①の息子に譲渡	
3	1984→取り消し→1994（②）	①CSC名義者死亡→②①の義兄に証書発行，義兄死亡→③①の義兄に譲渡，高齢化→④①の友人に譲渡	住民組織役員
4	1984→取り消し	①他州に移住→②隣接区画の権利者の父親に譲渡	住民組織副リーダー
5	1984	①死亡→②①の息子に譲渡	
6	1984	なし	
7	1984→取り消し→1994（②）	①死亡→②①の叔父に証書発行	村長
8	1984→取り消し	①環境天然資源省が適切に管理していないと判断して取り消し→②環境天然資源省が管理意思のある住民に変更	住民組織伝言係，No.26の夫
9	1984	①死亡→②①の息子に譲渡	隣村在住
10	1984	なし	住民組織リーダー，No.12の義兄，No.33の義父
11	1984→取り消し→1994（②）	①環境天然資源省が適切に管理していないと判断して取り消し→②環境天然資源省が管理意思のある住民に変更，証書発行	
12	1984→取り消し→1995（②）	①死亡→②①の妻に証書発行，高齢化→①の娘に譲渡	No.10の義理の妹
13	1984	なし	
14	1984→取り消し→1994	①高齢化→②①のケアテーカーに証書発行	
15	1984	①高齢化→②①の息子に譲渡	住民組織伝言係
16	1984→取り消し→1994（②）	①高齢化→②①のケアテーカーに二分割して証書発行	住民組織書記，No.38，39の父
17	1984→取り消し→1994（②）	①高齢化→②①のケアテーカーに二分割して証書発行	住民組織役員
18	1984	①死亡→②①の儀礼親族に譲渡	No.23の息子
19	1984	①死亡→②①の妻に譲渡	No.30，31，32の義母

をあわせて変遷を追った。参加型森林政策の導入からCBFMプログラムに至る期間、誰にどのように権利が付与されたのか、その実態を追うことで権利付与のプロセスを明らかにしたい。

M村に初めて参加型森林政策が導入された共有林植林プログラムでは、二二ヘクタールという非常に小規模な国有林が対象となった。対象地とメンバーの選定は、M村の住民である当時の現場森林官が個人的に判断した。彼は、二二ヘクタールという小面積を設定した理由について、M村の国有林内で実施されていた他の事業との重複を避けた結果、事業面積が小さくなったと説明した。面積が小さいため、住民全員に国有林の権利を与えることができないと、当初から考えていた現場森林官は、もし住民全員に参加型森林政策で国有林の権利が付与されると知らせれば、多くの住民が権利を得たいと希望するだろうと予測した。小さな面積に多数の希望者が殺到すれば、住民の選定をしなければならない。その結果、希望したにもかかわらず権利を得られない住民が出てしまうことは容易に予測できた。

現場森林官が懸念したのは、国有林の利用から排除された住民が、嫉妬や不満を持つだろうということだった。その混乱を最小限にするため、現場森林官は権利を与える住民を自ら選んで、個別に直接勧誘したという。声をかけた住民の選定基準については、①低地の土地を所有せず、②森林管理にやる気や関心があり、③当時の自分と関係が近かった人を優先して選んだと、現場森林官は振り返る。

さらに現場森林官は、権利を得た住民間のトラブルも予測して、それを回避するための対策もした。権利を与える国有林の区画を、一人一ヘクタールずつ平等になるように分けたのだ。とはいうものの、各区画は低地からの距離や傾斜など立地条件が異なる。そこで区画の場所を決める際は、メンバーがくじを引いて、なるべく公平性を保てるよう工夫したという。権利を得た者と得られなかった者の間の対立だけでなく、権利を得た者同士の対立も最小限にしようと考えた選定プロセスだったそうだ。これらはどれも政策規定に沿った行為ではなく、現場森林官の主観に基づく判断であった。この共有林植林プログラムでの選定方法は、続く統合社会林業プログラム、さらには今日のCBFMでの権利付与でも継承されることになる。

続く権利の付与と取り消し

一九八四年、統合社会林業プログラムに移行して住民に管理契約証書が発行された際には、共有林植林プログラムで権利を得た住民が追認される形で証書は発行された。筆者が、環境天然資源省リージョンⅢ事務所が保管する管理契約証書を確認したところ、個人の区画面積は一ヘクタールから一・九ヘクタールまでの幅があった。「一人一ヘクタールずつ平等になるように分けた」とする現場森林官の説明とは若干異なるが、ほぼ同面積であるのは間違いない。

統合社会林業プログラムでは、森林管理の評価基準と評価に満たなかった住民の権利を取り消す基準が、新たに政策規定に盛り込まれた。それは各区画の二〇パーセントを植林地にするという基準で、リージョンⅢ事務所の森林官らが現地を視察して、住民の管理状況を評価することになった。M村でもリージョンⅢ事務所の森林官らが現地を視察して、基準に満たないと評価した一〇人の権利を取り消した。リージョンⅢ事務所の保管する管理契約証書一覧にも、この一〇人の権利が取り消されたことが明記されている。ただし一覧には「取り消し」とだけ記載されており、時期や理由などの詳細は書かれていない。取り消された住民に経緯を聞いてみても、納得できる説明はされなかったと不満を口にする者もいる。

権利が取り消された区画には、新たな住民が選定されて、一九九四年と一九九五年に管理契約証書が発行された。再発行に際して、リージョンⅢ事務所が造林活動の不履行と評価して権利を取り消した家族や親族に、再び権利が与えられることはなかった。権利の取り消し後に新たな住民を選定したのは、現場森林官だった。低地をあまり所有・保有していない者で、森林管理に関心がありそうな住民を直接勧誘したという。

参加型森林政策の導入期、当時の現場森林官が住民への権利付与に関して最も懸念したのは、住民排除がもたらす影響であった。権利を得られない住民はもとより、権利を得た住民からも、面積や場所の選定において公平性が担保されなければ不満が出るだろうと、現場森林官は予測していた。M村の国有林がまだ共有林であった頃、植林や栽培の利用実態があれば、住民は実質的な土地保有権を有するとみなされた。参加型森林政策においても、実質的保有権を認める形で住民に権利が与えられることが多いのは、この慣習に沿うものである。

しかし小規模な事業地では、このような慣習に則って権利を付与することは難しい。M村では、共有林の頃に森林を利用していても、参加型森林政策で権利を得られなかった住民がいる。また、国家が定めた造林の基準を理由に、権利が取り消された住民もいる。政策以前から造林していたにもかかわらず権利を得られなかった住民は、参加型森林政策によって、自分が育てたジミリーナや果樹が他の住民に取られてしまったと、今日も嘆いている。こうして参加型森林政策による権利付与プロセスで住民排除が起きてしまうのだ。

M村住民でもあり、他地域の状況も把握していた当時の現場森林官は、政策導入による住民排除の可能性を予測していた。だからこそ現場森林官は、共有林に参加型森林政策が導入されることになり、初めて住民に権利を付与する場面になって、一部住民を排除することで生じる混乱や対立を軽減しようという主観に基づいて行動した。他方、権利の取り消しは、国家が定めた造林基準に基づいて、上位組織にあたるリージョン事務所によって行われた。参加型森林政策の導入期、権利付与は形式知よりも現場森林官の暗黙知に基づいて行われ、権利の取り消しは形式知に基づいて行われた。

CBFMにおける権利付与の変化

次に導入された参加型森林政策が、CBFMプログラムであった。二〇〇〇年、統合社会林業プログラムがCBFMプログラムに統合された際、住民組織に対して国有林の利用権が承認された。このとき、環境天然資源省が承認したM村のCBFM協定に記載された住民組織メンバーのリストをみると、それ以前の統合社会林業プログラムで認められた権利者とほぼ同じ住民に権利が認められたことがわかる。CBFMは住民組織メンバーによる共同管理を想定している点が、個人単位だったそれまでの参加型森林政策と異なる。ただし、権利付与に関してはCBFM以前の権利者が追認されたため、選定された住民側にとってCBFMへの政策転換は大きな変化では

写真4-3　追加で権利が付与されたCBFM事業地．

なく、M村では実質的に以前と同様の国有林の個人管理が続いた。

集団への権利付与に加えて、M村ではCBFMへの移行に伴う変化が三つあった。一つ目に、事業対象地が二二ヘクタールから約五〇ヘクタール拡大され、合計七二ヘクタールになったことである（**写真4-3**）。住民組織全体としては、より広い国有林の土地利用権を得られることになった。

二つ目に、CBFMを担当する現場森林官が、前任者の定年退職に伴い四〇代の職員に替わった。そして現場森林官にはCBFMコーディネーターという役職が与えられた。第3章で紹介したH氏である。CBFMで事業地を拡大することになった際、後任であるH氏が、他の事業と重複しないよう地図上で拡大可能な範囲を探したという。

CBFMコーディネーターのH氏は、M村の住民ではない。M村に親戚がいるため、M村の役員や町役場職員など要職に就く住民と面識はあるものの、M村住民だった前任者ほど村落内部の状況を熟知しているわけではない。しかしH氏は、日本の援助機関によるCBFM支援事業に参加したことをきっかけに、「すべてのCBFM事業地に予算を持ってきたい」と語るなど、外部資金の獲得に積極的である。前述のとおりH氏は、地域事務所や自宅で事業予算を獲得するための事務作業に追われる日々である。申請書や報告書を作成することに多くの時間を費やすため、現場に赴くことは少なく、現地調査は他の現場森林官が代わって行うようになった。

三つ目の変化は、日本の援助機関によるCBFM支援事業がM村で実施されることになり、後任の現場森林官H氏が住民組織メンバーを追加募集したことである。表4-1の№24から№42は、援助に伴って追加された一九人である。追加メンバーに権利が与えられた場所は、CBFMへの移行を機に拡大した部分の国有林であった。住民組織メンバーの追加募集をした理由についてH氏は、「以前より一部住民から住民組織に入りたいとの要望を受けていて、援助を契機に住民の思いに応えようとした」と説明する。このように追加の権利付与は、環境天然資源省の上位組織からの指令ではなく、現場森林官の発案によるものだった。住民の選出や区画の配分は、現場森林官と住民組織リーダーが直接承認するものであり、上位組織には報告されていない。援助プロジェクトを実施するためには、住民の労働力が必要になる。既存の住民組織は人数も少なく、新しい人材が必要だった。住民組織メンバーの追加募集は、援助を実施するためにも、より多くの住民の参加が必要であると現場森林官が判断したものとも考えられる。

◆援助をきっかけとする追加の権利付与

日本の援助を機に、追加で権利を得たのは誰だったのか。多くは、すでに権利を得ていた住民組織メンバーの息子や親族であった。参加型森林政策の導入期と同様に、住民組織メンバーの追加募集は村落全体には知らされなかった。現場森林官は、すでに権利を得ていた住民（CBFM協定に記載されている最初の住民組織メンバー）に対し、メンバーを追加募集することを伝えた。情報は住民組織メンバーを介してその家族や親族に伝わり、希望者の情報は現場森林官に直接知らされた。その結果、追加の権利付与は住民組織メンバーの身内に多くなされたのである（写真4-4）。

また参加型森林政策以前、親族が共有林で植林していた住民数人も、追加募集によって権利が与えられた。例えばQ氏は、追加募集で権利を得るまでの経緯を、次のように説明した。

「祖父は一九六〇年代から五ヘクタールくらい（共有林を）利用していた。でも当時、祖父は学校に行っていなかったから、読み書きができなかった。だから祖父は手続きができなくて、利用権を得られなかった。でも自分と従兄弟で（祖父が植えた木の）管理を続けてきた。……援助プロジェクトが来るとき、自分たちの（管理してきた）土地がＣＢＦＭに入ることがわかった。でも、自分たちは一度もそれに同意したことはない。自分たちが長く（土地を）使ってきた証拠は、マンゴーとマホガニーだ。とくに七本のマンゴーはどうしても欲しい。だから権利を得たいと、現場森林官と住民組織リーダーに言った。現場森林官は、援助プロジェクトに参加すれば、利用権を発行するチャンスをつくると言ったから、メンバーに入った」。

もちろん、Q氏以外にも共有林を利用していた住民はいるが、追加募集があることを知らされなかったケースは多い。もともとQ氏は現場森林官や住民組織と親しい関係にあったため、情報を得やすく、また自らの権利を主張しやすかったと考えられる。そして住民組織に加入すること、すなわち国有林の利用権を得ることは、援助プロジェクトの住民参加を進めるうえでの正統性と動機を与えるものであった。

追加募集の情報を得て、参加の意思を現場森林官に伝える際、住民は自らが希望する区画の場所もあわせて現場森林官や住民組織リーダーに伝えた。その後、現場森林官と住民組織メンバーで新しい区画の測量を行った際に、その希望に沿って場所が決められた。このように現場森林官と住民組織メンバーの判断によって、追加の権利付与が行われた。

写真4-4　追加メンバーとその区画.

追加募集を行うという現場森林官の判断は、住民の要望を加味したものではあるが、果たして公正なものだったのだろうか。追加の権利付与に際して、後任の現場森林官H氏は、前任者にならって一人一ヘクタールの区画と説明した。しかしその後の測量で、実際には例外があったことがわかった。追加の権利付与がなされる前、現場森林官はある住民に対して、一ヘクタール以上の区画の権利を認めていた（表4-1・No.40）。この住民は、参加型森林政策以前に祖父が共有林であった土地に植林していたことから、現場森林官にすべての土地の権利を付与するよう強く求めていた。

写真4–5　例外的に広い区画．

二〇〇四年に地域事務所から発行された管理契約証書は、その主張を大枠で認める三・五二ヘクタール（その後、筆者らの実測で四ヘクタール以上あることがわかった）の区画の権利を承認するものであった。

一人だけに大きい面積が秘密裏に認められていたことについて、現場森林官の裁量による不平等かつ不透明な権利付与だと疑問を持つ住民もいる。しかし他の住民組織メンバーに現場森林官から十分な説明はなく、その事実を知らないメンバーも多い。結局、他メンバーが訴えるなどの大きな問題に発展することはなかった。

事実を知った住民組織メンバーは、その実態に興味があったのだろう。筆者がこの区画の測量を行った日は、自分の区画の測量以外は参加していなかったメンバーも多く参加して、場所や植生を確認していた（写真4–5）。

3　住民による権利譲渡

参加型森林政策が導入されてからCBFMに至るまでの約三〇年間、ほぼ同じ住民に権利が付与されてきたことで、権利者の高齢化も進んでいる。すでに統合社会林業プログラムのときから、権利者の死亡や高齢化によって、権利が他の住民に移る権利譲渡は始まっていた。譲渡の理由の多くは、権利者の死亡や高齢化によるものである。他地域への移住や権利への関心が低下したことで、権利を放棄する住民もこれまでいたが、少数にとどまる。また他のCBFM事業地でみられるような、売買や借金の担保として住民間で利用権が移譲されるケースは、M村では起きていない。M村で借金の担保にされる土地はすべて低地農地である。

筆者の調査では、住民組織メンバーの四分の三が自分名義の管理契約証書を持っていなかった。これは管理契約証書が発行された二三区画のうち、一三区画が正式な権利証書を持たない住民による土地の管理・利用ということになる。このうち八区画は管理契約証書の再発行がないまま権利が譲渡され、三区画は前権利者の権利が取り消された後に権利が譲渡されたものの証書は再発行されなかった。二区画は前権利者の権利が取り消されて証書が再発行された後、さらに権利が譲渡された。権利の譲渡は、環境天然資源省が証書を発行または取り消すものと異なり、住民間で権利が譲渡されるという権利の付与である。当事者と住民組織リーダーが話し合って次の権利者を決定し、その後メンバー全員に伝えられ、最後に現場森林官に報告される。

さて権利の譲渡先であるが、一般的には義兄、叔父、妻など親族関係を有する場合が多い。最も優先される権利の譲渡先は、前権利者の妻である。妻が辞退した場合にのみ、長男、他の子ども(性別問わず)、親戚、ケアテーカー(次項で詳述)の順に譲渡先が検討される。この順序は、低地私

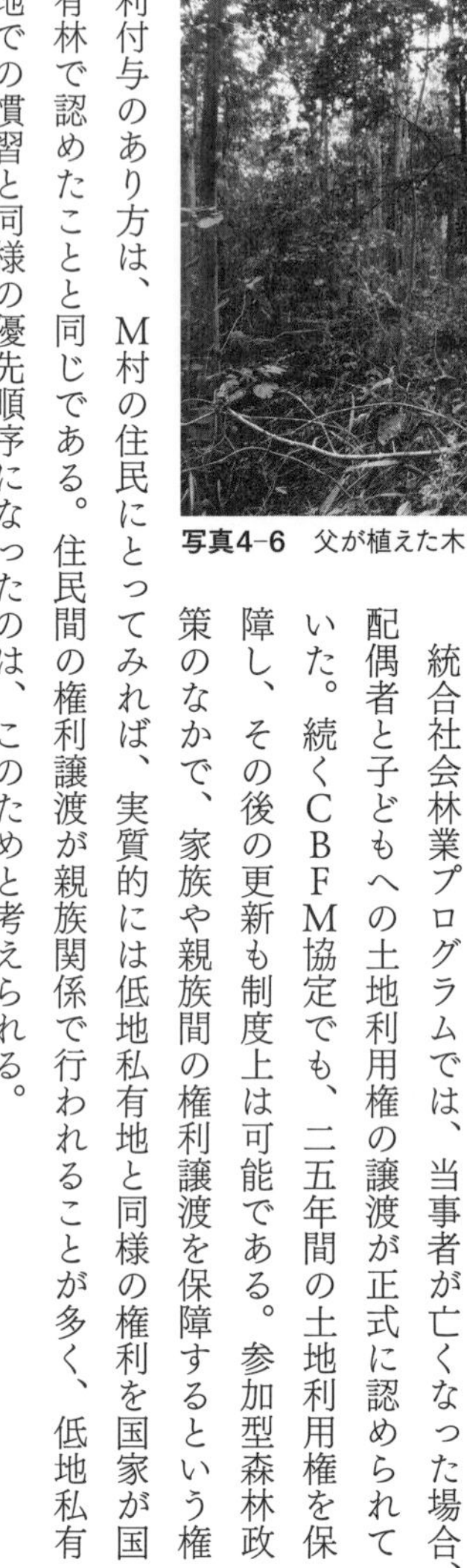

写真4-6　父が植えた木を前に「守る」と語る住民組織メンバー.

有地の所有権を譲渡する場合と同様であり、土地の権利の譲渡先は、低地と高地にかかわらず同じ基準が用いられている。住民組織メンバーが自身の区画を説明するとき、父親がどこにどのような樹種を植えたか、それをどうやって守ってきたかという思いを筆者に話してくれることがたびたびあった。国有林ではあるものの、その土地は家族の記憶として語られる（**写真4-6**）。

統合社会林業プログラムでは、当事者が亡くなった場合、配偶者と子どもへの土地利用権の譲渡が正式に認められていた。続くCBFM協定でも、二五年間の土地利用権を保障し、その後の更新も制度上は可能である。参加型森林政策のなかで、家族や親族間の権利譲渡を保障するという権利付与のあり方は、M村の住民にとってみれば、実質的には低地私有地と同様の権利を国家が国有林で認めたことと同じである。住民間の権利譲渡が親族関係で行われることが多く、低地私有地での慣習と同様の優先順序になったのは、このためと考えられる。

慣習に沿った権利付与

親族以外の権利譲渡先として唯一みられたのがケアテーカーだった。M村では私有林の管理や家畜の放牧でケアテーカーを雇う慣習がある。ケアテーカーとは、権利者本人の代わりに森林や家畜を管理する住民のことである。ケアテーカーは農地を所有しない住民が仕事にすることが多く、彼らにとって重要な収入源の一つとなっている。労働の対価として現金が支払われる場合もあるが、管理する土地や家畜や森林資源の一部をケアテーカーが利用できるようにする契約方法もある。この習慣が、CBFMでの国有林の管理においても適用されたと考えられる。

表4-1のNo.16とNo.17はその事例である。権利者は一区画の管理に二人のケアテーカーを雇っていた。権利者の高齢化により、権利を移譲することになったとき、その家族や親族は国有林への関心がなく、権利の継承を望まなかった。そのためケアテーカー二人に権利を譲渡することになり、区画を二等分して権利が譲渡された。この場合、ふつうに考えれば、一区画一ヘクタールの権利を与えるという現場森林官の考えを実現することは不可能である。しかし第5章で詳述するように、森林官たちは地図を作成する際、見た目が一ヘクタールあるように地図を加工していた(相本 2013b)。そしてこの地図が添付された証書が発行されたことにより、No.16とNo.17の権利を得た元ケアテーカーの住民は、他の区画と同等の面積すなわち約一ヘクタールの権利を得られたと認識している。

このようなインフォーマルな権利移譲は、住民組織と現場森林官の間で慣例になっている。この点について、現場森林官は以下のように話す。

「前(統合社会林業プログラム)は、一年に二〇パーセントずつ管理面積を増やして、五年後に一〇〇パーセントにすると書いてあった。評価するかしないか、住民の権利を取り消すか否かは環境天然資源省の方針次第。住民はお金がなくて管理できないのかもしれない。だから次の世代に権利を移している。自分たちはリストの名前を変えるだけ。自分たちが一番住民を理解している。法律はあっても合意はその場で行うものだ」(CBFMコーディネーター、男性)。

住民間の権利譲渡において現場森林官は、住民による調整を容認する姿勢を持っていることがわかる。現場森林官は住民組織リーダーから権利譲渡の経緯を聞いて、それを追認する形で管理契約証書を発行することもあった。また、実際は〇・五ヘクタールであるにもかかわらず、一ヘクタールの権利を得たと住民に認識させている現場森林官の行為は、地図や証書という形式知を用いて慣習に基づく権利譲渡を確かなものにし、住民の不満を軽減しようという現場森林官の暗黙知といえよう。現場森林官は現場の混乱を小さくして自身の業務を円滑に進めるため、業務に支障が出ない範囲で状況に合わせた判断をしている。

4　権利付与による包摂と排除

参加型森林政策における権利付与を、国家によるものと住民間の譲渡によるものとに分けてみてきたが、そのプロセスで形式知と暗黙知がどのように用いられたのか、そして結果としてどのように住民の包摂と排除につながったのかを考えていきたい。

政策導入期において、住民の選定、区画分け、区画の割り当てなど権利付与に関連する作業は、主に現場森林官の判断によるものであった。住民を選定する際は、比較的大きな面積を有する地主層ではなく、土地あり農民でも小規模な土地面積を保有する住民、また小作や農業雇用労働に従事している住民が対象になった。区画面積を一ヘクタールに揃えたり、くじ引きで割り当てる区画を決めたりする行為は、公平性に配慮しようという現場森林官の主観に基づいた判断であった。統合社会林業プログラムでの権利の取り消しには、国家が定めた科学的基準が用いられたものの、取り消された後の再発行や追加募集は現場森林官の裁量によるものだった。

さらに、M村のCBFMに国際援助が来たとき、現場森林官は権利者の追加募集を行うことを決定し、過去の共有林での利用実態の有無を加味しつつ、既存の住民組織メンバー(権利者)とのつながりに基づいて追加の権利付与を行うなどした行為はすべて、現場森林官の裁量によるものであった。このように、M村の参加型森林政策における住民への権利付与では、現場森林官らの暗黙知が用いられ、一部の住民が包摂されていった。

個人から集団へと権利主体が替わったCBFMプログラムでは、それ以前の参加型森林政策での権利者が追認されたため、実際には個人ベースの管理・利用が続いた。個人ベースの利用の継続は、権利者の高齢化や関心低下などによる管理の難しさを招いた。長期にわたる権利保持ゆえの問題を解消するため、住民たちは家族や親族を中心に権利を譲渡していった。譲渡先は、低地私有地の土地相続やケアテーカーの慣習に基づいて選ばれ、現場森林者はそれを追認し、時には証書も発行した。これは形式知によって暗黙知をすくい上げる包摂の作用ともいえる。

権利付与に伴う排除

他方で、住民間の権利譲渡が主に家族や親族間で行われてきたことは、権利が特定の住民に固定化される閉鎖性を増していく過程と考えることもできる。村落全体からみると、住民間の権利譲渡は、参加型森林政策が有する排除の作用として捉えることができるのである。統合社会林業プログラムで権利を取り消された住民は、その理由が十分説明されなかったと不満を持つとともに、権利を得られなかった住民の感情を次のように説明した。

「昔は（共有林をめぐって）嫉妬なんてなかった。でも今は（権利を得た住民が）焼畑をしてもっと米を収穫すると、みんな嫉妬する。とてもたくさんの人が嫉妬している。だからみんな利用を禁止しろと言っている」（土地なし農民、男性）。

本章の冒頭で紹介した住民の言葉や、権利を得られない農民灌漑組合の反発は、権利付与プロセスが持つ閉鎖性や排除の作用に対する不満だったのだ。

改正森林法が施行されるまで、高地森林は固定的な権利や境界線のない共有林であった。住民には実質的な占有権が認められており、森林の利用は誰でも行うことができた。対して、低地私有地の権利は個人が得るものであり、境界線で区切って世帯ごとに土地利用をし、売買や担保を介して権利が移行してきた。M村には家族共有の低地水田もあるが、兄弟姉妹が持ち回りで一人一年ずつ耕作する。コブラドールと呼ばれる共有田も、一般的に一〜三年で耕作者を替える。M村の慣習では、土地所有者から利用権を付与される場合、権利を行使できる期間は数年間に限れることが一般的なのである。それに比べると、管理契約証書やCBFM協定が保障する二五年という期間は、長期にわたり固定されている。参加型森林政策による権利付与は、特定の個人が長期間土地を利用できるもので、低地の私有権と同様の性質を持つ。権利付与に伴う排除性は、村落の社会規範のなかでより先鋭化されることになり、CBFMが目指した住民組織メンバーの共同管理を妨げる一因になったと考えられる。

排除の作用によって増した住民間の緊張関係は、実際の森林の管理・利用にも影響している。CBFM期、追加で権利が付与された住民のなかで、すぐに土地利用を始めた者は少なかった。それは権利を得られなかった住民からの抗議や反発を懸念して、証明書類が発行されるまでは土地利用をしないと決めた住民が多くいたためである。住民を慎重にさせている理由は、CBFMをめぐる微妙な緊張関係にある。これまで複数の住民組織メンバーが、他の住民からCBFMの活動を非難された経験を持っていて、追加メンバーもそのことを十分知っていたのだ。

かつての共有林では、利用実態があれば実質的な権利が認められていたが、現場森林官が権利を付与した住民のなかには、利用実態に乏しい住民も含まれている。このような場合、村落の社会規範では、追加の権利付与は投下労働なく土地を与える行為とみなされうる。追加の権利者の多くが、区画の測量を終えても森林を利用しないのは、排除に不満を持つ他住民からの非難を懸念しているからなのである。現場森林官の裁量による追加の権利付与は、選定の偏りや少なさ、包摂よりも排除の作用を持つものとみなされ、権利を得られなかった住民の不満を拡大させている。現場森林官の暗黙知は、村落内の公平性に配慮したものであったが、政策や援助が内包する包摂と排除の作用により、権利を得た者と得られない者の緊張感を高める結果にもつながった。

権利付与における包摂と排除のメカニズム

図4−1は、権利付与プロセスにおける包摂と排除のメカニズムを、形式知と暗黙知の関係から示したものである。同図に実線の矢印で示した権利付与のプロセスのとおり、本事例で特徴的だったのは、権利の取り消しが、国家の規定に基づく決定であったのに対して、権利付与とくに住民選定が、現場森林官やすでに権利を得ている住民の意向に基づくことが多かったことである。暗黙知による住民選定の後、選ばれた住民は管理契約証書やＣＢＦＭ協定に権利者として記載される。つまり形式知によって、国家の承認を得たことになる。権利付与における住民の包摂は、暗黙知を形式知が補強する形で行われていた。

現場森林官が住民の事情に配慮して権利を付与することは、現実に沿う形での権利の保障につながると考えられるが、同時に一定の家族や親族間に権利が固定化されて受益者が偏るという排除の作用も生み出す。また、住民間で行われる権利譲渡は、家族や親族内が一般的で、低地私有

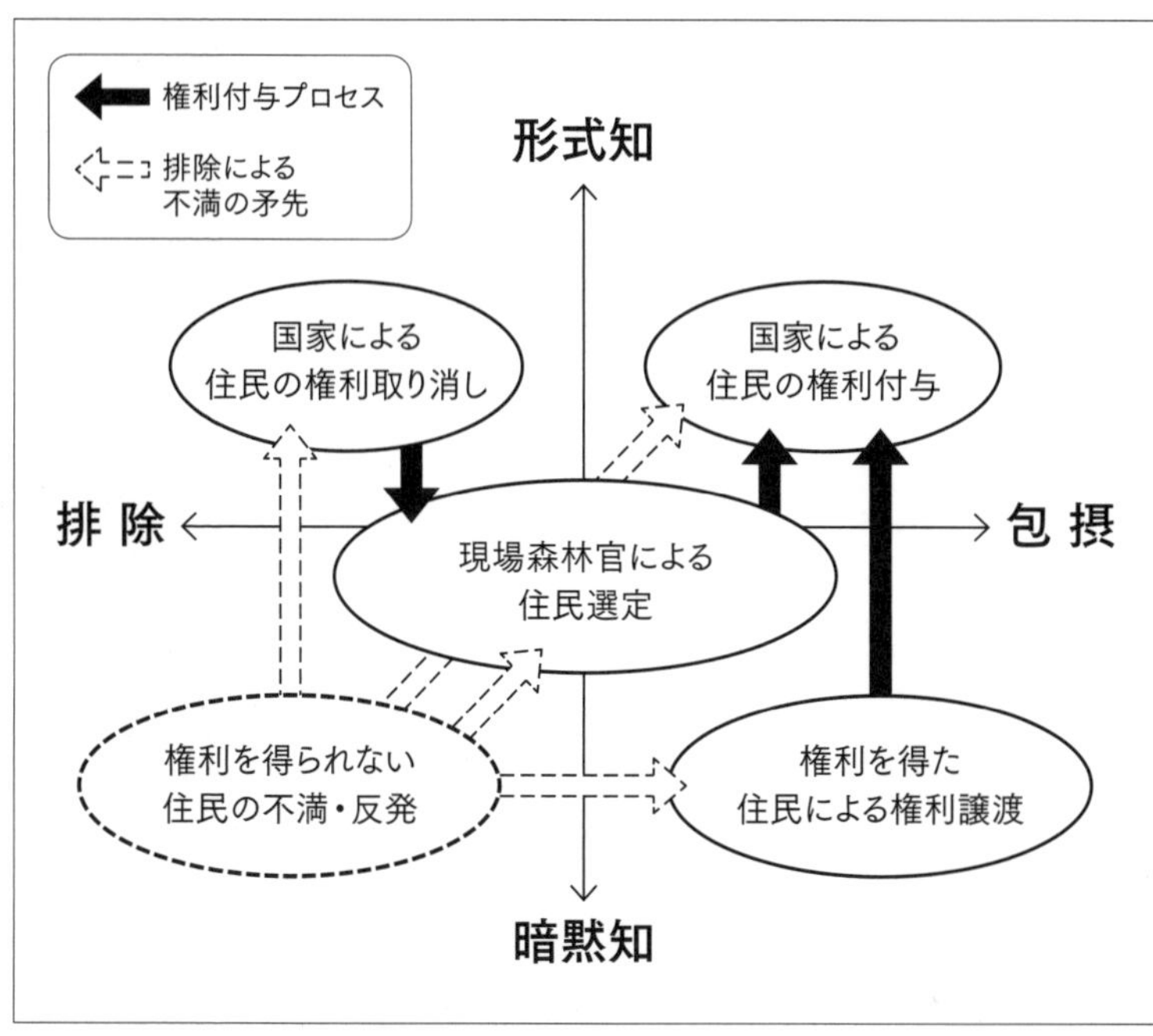

図4−1　権利付与における包摂と排除のメカニズム

出所：筆者作成.

地での慣習に則したものであり、権利付与の排除の作用をさらに強めた。こうして権利を得られなかった住民から、参加型森林政策の持つ排除性への不満や反発の声があがってくるのである（図4−1の破線矢印）。

高地森林と低地田畑が交わるという地理的特徴にあるM村で参加型森林政策が実施される場合、権利付与は、選ばれた住民だけが実質的にただで土地を得るという排除の作用を先鋭化させてしまい、結果的にコミュニティによる共同管理の実現から遠ざかってしまうことが懸念される。

フィールドエッセイ……1

フィールドワークも住めば都?

事前の話とは違うことだらけだった。

大学院生の頃、援助機関のインターンでフィリピンの中部市サンフェルナンドに滞在したとき、初めて部屋を借りた。それまでのフィールドワークは農村でのホームステイが多く、居候の身分だった。フィリピンでの賃貸契約は、何かと大変らしい。事前の対策として、援助機関の仲介を得て、日本にいる時点で契約内容のやりとりを書類で交わしてから現地に行った。

しかし、現物は契約書の内容とは違った。契約書では、シャワー、冷蔵庫、エアコン、キッチンにベッド付きというリッチな部屋に住めるはずだった。ところが、確かにシャワーは付いているが、水が通っていない。そこで、フィリピン人が普段するように、毎朝たらいに水をためて行水した。冷蔵庫も確かにあるが、配線が壊れて使えなくなったものが置いてあった。エアコンは、……あったらしい。壁の一部には、長方形にぽっかりと穴が開いていて、エアコンがちょうど収まりそうである。大家さんによると、私が到着する数日前に、親戚が持って行ってしまったそうだ。「アユミがお金を出してくれるなら、買って取り付けることができる」と言われたが、学生の私には大きな出費だったし、なにより契約前の説明になかったから、購入を断った。代わりに、穴から入ってくる風雨と虫を防ぐため、ベニヤ板で塞いでもらうことにした。

このような誤算はなんとかなっても、とにかく暑いことには参ってしまった。私が借りた最上階の三階は、夜になってもコンクリートの壁が熱を保ち続け、暑さで食料の保存が心配になった。朝食は自炊していたため、食料が腐らないように、大家さんの家の冷蔵庫を使わせてもらうことにした。

大家さんは一階でサリサリストアという雑貨店を営んでおり、冷蔵庫はそこにあった。サリサリストアに出入りするようになってから、夕食後には扇風機を目当てに店番をするようになった。商売の仕方を観察するうちに、大家さん一家が手広く商売していることに気づいた。

大家さんは、環境天然資源省で働いていたが、定年退職してからは夫婦でいろいろなビジネスを立ち上げている。夫は、時にアイスクリーム屋であり、闘鶏オーナーでもある。フィリピンでは、貯金や年金がないため、退職後にビジネスを始めることは当たり前なのだ。子どもや親族からの支援だけに頼らず、自分たちが働ける限り自らビジネスを興す。

ある日、知人からもらったというビニール袋を手に、大家さん一家は、「これに飲用水を入れて氷にして売ったら、儲かるぞ!」と大盛り上がりだった。暑さの厳しいフィリピンでは、氷が人気の商品だ。冷凍庫がない家も多く、冷たいジュースを作ったりお酒を冷やしたりするため、サリサリストアでは氷が小袋で少量ずつ販売されていることもある。

結局、私は三週間で引っ越してしまった。暑さだけでなく、国道沿いの家は排気ガスや騒音がひどく、睡眠不足で体調を崩してしまったからだ。フィールドでは予想外のことがよく起こるが、安全や健康を確保できれば、それも一つの学びの場になる。この経験は、農村での居候では知りえないフィリピン人の顔を知ることができる機会となり、逆に人びとの暮らしや価値観への関心が高まった。住めば都になる前に私は脱落してしまったが、大家さん一家は今日もあの家で、新たなビジネスチャンスを見つけ、胸躍らせていることだろう。

M村のサリサリストアの紹介

写真A-1は店主が接客している様子。客が見えないのは、商品の受け渡しが小さな扉を介して行われているためである。客と店主との間には鉄や木製の格子がある店が多く、客が直接商品に手を触れられないようになっている。

サリサリストアでは少額で購入できるように、少量ずつ小袋に入った商品が売られている。タバコ一本、キャンディ一個というように一つずつ購入することも普通である。まとまった現金を持っていればまとめ買いできるのだが、

写真A-1 M村のサリサリストアの内部.

そんな住民は限られている。そのときに必要な量だけを少しずつ購入する方が現実的なのである。現金がなければつけ払いでの購入もできるが、返済が滞っている客や店主に余裕がないときなどは、店主から断られることもある。

写真A-2のように、トライシクル(バイクにカートを付けた乗り物)にたくさんの商品を詰め込んだ行商人が、M村に週数回やって来る。行商人が来ると、とくに買う目的がなくても、いろんな世代の女性が集まり、商品を見ながら井戸端会議に花を咲かせる。

この行商人はサリサリストア(写真左奥)の前に出店しているが、取り扱う商品が異なるので、両者は競合しない。むしろサリサリストアの前に出店した方が、より多くの人が集まりやすく、両者にとって都合がよい。

M村に五カ所ほどあるサリサリストアだが、品揃えも値段も若干異なる。住民はそれぞれ、自宅からの距離の近さに加えて店主や品揃えを見て、よく行く店を決めている。そして上流(高地森林)から下流(低地)に行くにしたがって、値段が上がる。例えば食用油一袋は、上流の店では一八ペソ(約三六円)だが、下流では二五ペソ(約五〇円)と差がある。上流から下流まで歩いて四〇分ほどでたどり着くM村のなかにある格差については、「フィールドエッセイ2」に続く。

写真A-2　M村に来た行商と女性たち.

第5章

どの森を守るのか？

——参加型森林政策と権利空間

ロザリオ　「ところで今、何時だい？」
オーランド「一日のどのあたりかなって聞くべきだね。森に時計はないよ」。

（シェークスピア『お気に召すまま』）

1　地図に描かれるもの、描かれないもの

「四角形の地図を作りますが、実際の土地利用は現状に即して行ってください」。

これは、現場森林官がCBFM事業地内の利用区画を測量する前、地図づくりについて住民に説明した際の発言である。現場森林官のこの言葉は、フォーマルな制度を形骸化して地域独自の実践を容認するものである。参加型森林政策を国家戦略に位置づけ、その制度化も比較的進んでいるとされるフィリピンで、なぜ現場森林官はこのような言動をしているのだろうか。本章では、参加型森林政策で住民に権利が付与される区画がどうやって決定されるのかを、権利書に添付される地図の作成過程から明らかにしたい(1)。

地図を描くとはどういうことか

まず、地図と人間の関係から理解を深めていこう。地図の起源を知ることは難しい。地球上の至る所で、人びとはそれぞれの地図を描いてきた。例えば大航海時代より以前、マーシャル諸島に住む人びとはスティック・チャートという海図を利用していた。タカラガイの貝殻で島々の位置関係を示し、島に当たって独特にうねる波の方向をココヤシの葉柄で示したものだ。何世紀も前からイヌイットはセイウチの牙や流木に海岸線の正確な位置を記録していたという。あらゆる地域の洞窟で、昔の人びとによって描かれた地図が発見されている。人びとはさまざまな方法で、

自分たちの関心事を記号に抽象化して描く地図を作ってきた。地図に関する最古の記録の一つは、紀元前一〇二〇年の中国で、王に提出された土地建設の趣意書に、その資料として地図が登場している。また紀元前一〇四六年頃から約八〇〇年続いた周王朝は、諸侯国の地図を作成すべしと命令し、王の国土視察には必ず地理学者が随行した。このように何千年も前から中国では地図の技術が普及し、官僚制や政治権力の道具になっていたと考えられる(Wilford 2001＝2001)。

国が誕生すると為政者は、耕作地の境界を定めて課税するために、土地を測量して地図に記録するようになる。これが地籍図の始まりであった。古代、バビロニアでは粘土板、エジプトではパピルスという植物の葉を編んだもの、中国では絹に地籍図が描かれていた。古代バビロニアで最古の地籍図は紀元前二〇〇〇年までさかのぼり、粘土板には地所と市街の地図が刻まれていた。紀元前一三〇〇年頃に作られたニップールの粘土板には、小川や灌漑水路で仕切られた私有地それぞれに所有者の名前が刻まれ、中央には王の所有地と明記されていた。古代エジプトでも紀元前一三〇〇年頃に作られたパピルスの巻物に、ナイル川と紅海の中間にあるヌビア地方の金山が、赤い印で描かれた地図が現存している(Wilford 2001＝2001)。地図は、単に移動のための道標というだけでなく、為政者が税を集めたり、領土を宣言するために必要な道具となった。

通常、境界線は河川や山岳など自然の障壁に沿うことが多い。しかし、地形とは無関係に直線で引かれた境界線もある。例えば碁盤目状の境界線は、支配者による都市の建設、土地投機、入植者への土地配分を示す。またジグザグに曲がりくねる境界線は、過去の戦闘や政治的取引の結果など支配の歴史を表すこともある。地図は正確さを追求した科学的なイメージであるとともに、知識や権力によって社会的に構築されたイメージでもある（Harley 1988）。すなわち、地図は科学的方法の所産であると同時に、近代的社会制度の所産でもあるのだ（Winichakul 1994＝2003）。このように長い間、地図は支配の手段であり支配を示すものであった。支配者は地図によって領土の内と外を明示化するとともに、国土の知識を深めて次なる支配の方針を打ち、支配力を強めた。

なぜ地図は権利空間を規定する道具になりうるのだろうか。地図学において地図は、「個人の知識を伝達可能な知に転換する方法」と位置づけられており、地図学の一般理論構築を目指したロビンソンとペチュニクは、地図づくりを「人間の空間に関する知識を特定の用途に使うために記号として伝達する象徴化の形式」と定義している（Robinson and Petchenik 1976）。地図は空間的対象を、それ自身のもつ抽象化の方法にしたがって、新しい記号体系のなかにはめ込んでいく。他方で空間は、記号を通して解読されることによって、想定された実在としての空間についての知識を顕在化させる。すなわち地図は、言語化できないイメージを一定の様式で明示化する、形式知の一例といえるのだ。

支配者の作成する直線的な境界線で構成された地図とは異なり、実際は複雑な地形が広がるなかで、さまざまな社会集団がその地域を利用してきた歴史がある。土地をめぐる利害が複雑に絡み合う状況においては、人びとは地図とは異なる独自の境界線を決定したり、あえて境界線自体を設定しないこともある。これらの実際の複雑さを形式化していくための重要な記号が境界線である。境界線を引くことによって、権利の枠組みを定めることができる。国家が科学的手法を用いて地図を作成する過程では、国家統治に必要な記号化した情報のみが記載されるため、人びとの経験に基づく知識は無力化される。つまり空間に関する既存の知識を多義的なものにしたうえで、地図こそが空間を表象するものとする知の置換が行われていくのである（Winichakul 1994＝2003）。

地図が対象を記号化する過程では、少なくとも三つの手続きを要する。一つ目に、普遍化である。それぞれ特定の目的にかなった地図を作るため、対象となる空間の細部は縮小され、さらに空間は選択、組み合わせ、歪曲、近似化あるいは誇張される。二つ目は縮尺法である。これは一定の比率に従って、実際の測量値を拡大または縮小することである。三つ目に象徴化がある。対象領域を示すために、幾何学的な表象などを用いることである（Winichakul 1994＝2003）。このようなプロセスを経て、現実は記号に置き換えられ、抽象化されていく。

このように、地図作成には専門的知識や技術が必要になるため、これまで行政職員や民間技術者が独占的に作成、発行、利用してきた。ただし地図作成者は利用者の重視する特質を基準にするため、使用者の目的や意図から離れて地図を作ることはできないという。地図作成者の任務は地図の使用者を想定し、使用者が重視する特質に関して歪みをなくすか最小にするような地図の設計である（Wilford 2001＝2001）。地図を作成・利用する過程で、作成者と利用者はそれぞれの主観を通して現実を解釈していくのだ。

地図に描かれないもの

地図が為政者の統治手段として用いられてきたことは先に述べたとおりだが、地域社会側の視点に立って考えると、地図が必ずしも地域社会や地域資源を形式化しきれていない可能性が浮かび上がる。従来、土地利用計画を作成する際は、遠隔探査による物理的データ(remotely sensed data)に基づいて対象地域を測量して地図にしてきたが、利用する人びとにとっての土地の意味や文化的な価値については、あまり考慮されてこなかった。参加型森林管理政策のように、住民を土地利用者として位置づける場合、住民が有する土地への価値、文化、歴史的な文脈は重要な情報となる。これらは科学的な地図作成では、見落とされがちな領域であった。近年では、ＧＩＳ(Geographic Information System：地理情報システム)を用いながらも、数量化できない土地の多様な価値づけを測るための調査方法が議論されるようになってきている(Brown 2005)。

森林はそこに暮らす人びとにとっては、物理的な資源というだけでなく、社会的、文化的、政治的に構成されるシンボルや空間となる(Greider and Garkovich 1994)。土地への認識は、個人や集団によって異なるため、時には同じ土地に対して異なる価値が対立する場合もある。例えば自然環境を保全したいと考えるか、利用したいと考えるかという利用者の異なる価値は、多くの地域で見られる対立であろう(Williams and Stewart 1998)。さらには、利用したいと考える人のなかでも、その土地自体への愛着や思いなどから訪問する場合と、そこにある特定の資源を利用するために訪れる場合など、背景となる要因も多様である(Mitchell et al. 1993)。

また、国や地域によって、地図の役割や扱い方にも違いが見られる。フィリピンの現代地形図は、アメリカの地図に類似しており、アメリカの支配下に長く置かれていた歴史を反映している(堀 1996)。例えば主要道路は双方とも赤の破線で表されていたり、森林はともに緑色で表されている。他方で地形図は、統治の歴史だけでなく、フィリピンの文化や社会状況も映し出している。水田やマングローブの表記は、アメリカにはないフィリピンらしい地図情報といえる。フィリピンの地図事情で特徴的なことは、そもそも作成される段階からあまり正確さが求められていない点であろう。測量がまだ行き届いていない場所も少なからずあり、そのような地域では州の境界線や小道は地形を無視して引かれており、APPROXIMATE ALIGNMENT（APPROX ALIGN）と注記されることもある（堀 1996）。近年ではGISの利用によって地図の正確さが向上しているが、フィリピンでは最近まで、地図は正確ではないもの、大まかなものと捉えられてきたと考えられる。このような地図をめぐる地域性は、参加型森林政策の権利空間にどのような影響を与えているのだろうか。

参加型森林政策において、いったい誰の意図や目的が地図に反映されるのだろうか。森林政策が国家主導である限り、地図づくりは森林資源統治の手段となりうる。地図づくりの過程において、森林を管理・利用してきた人びとの経験や慣習とは異なる科学的基準によって権利空間が規定される場合、形式知による暗黙知の無力化が起きる可能性がある。しかし参加型森林政策では、住民の権利の保障を目的に地図が作成されるばかりでなく、これから紹介するM村の事例のように、住民が測量に参加することもある。このように政策に住民参加が取り入れられる際、これまで以上に地図を使う者としての森林官と住民の両方の意図や目的が、地図に反映される可能性が生まれる。そして、地図の作成や利用の主体が国家から住民へと広がることは、地図作成の現場で形式知と暗黙知が出あうことを示唆している。参加型森林政策によって地図が表現する情報は、科学的数値からより住民の認識や経験にまで拡大するのだろうか。そこで形式知と暗黙知はどのような関係にあるのだろうか。Ｍ村の事例を通して検討したい。

2　Ｍ村での机上の地図づくり

地図を作る森林官

フィリピンの参加型森林政策において、住民の権利を保障する管理契約証書やＣＢＦＭ協定には、権利空間を表した地図が添付されている。地図を作成するのは環境天然資源省である。環境天然資源省にある四階層の組織体制（中央、リージョン、州、地域）のうち、住民が手にする地図を最終的に承認するのは、複数の州を束ねるリージョン事務所の所長およびＣＢＦＭ課長である。しかし、地図作成に必要な情報を収集したり、関連資料をまとめたり、住民たちの森林管理活動の指導や監督など、実際に現場で住民に対峙しているのは、地域事務所の現場森林官である。地域事務所には、諸手続きに必要な地図を作成するための職員が常勤している（写真5−1）。

地域事務所は環境天然資源省の最末端に位置するため、業務をするうえで、組織体制上の制約を抱えている。Ｍ村を管轄するカミリン地域事務所も他地域事務所と同様に、慢性的な人員・予算不足のなかで広範囲に散在する複数の業務地を抱えている。事務所の予算は毎年変動していて、中央事務所や政府からの特別予算や国際援助機関の支援がない限り、すべてのCBFM事業地を定期的に訪問する交通費さえ確保は困難である。さらに現場森林官の業務には、事務所の文化や個人の資質などインフォーマルな要因も影響している。例えば、M村を担当する地域事務所のCBFMコーディネーターは、いくつもの申請書をリージョンIII事務所に提出し、中央事務所や援助機関からの予算獲得に励んでいるが、これは彼の個人的な考えによる行動であり、すべてのCBFMコーディネーターが同様の思いを抱いてそのような行動をとるわけではない。

写真5-1　カミリン地域事務所の地図作成担当職員.

写真5-2　常勤職員が非常勤職員に地図作成を教える様子.

この状況のなかで、地図作成を担当するカミリン地域事務所の常勤職員一人だけでは、組織上層部や地域住民から求められる地図を作成するのはとうてい追いつかない。地図の作成は、CBFMに限らず地域事務所が所管するあらゆる業務に必要とされるためである。膨大な作業量をこなすために、常勤職員は現地調査を手伝う非常勤職員に地図作成の基本技術を教え、彼が下書きを手伝うこともある（**写真5-2**）。こうやって二人体制を確保することで、需要過多の現状になんとか対応しているのである。

机上の地図づくり

これまでにM村に導入された三つの参加型森林政策（共有林植林プログラム〔一九七九年〕、統合社会林業プログラム〔一九八二年〕、CBFMプログラム〔二〇〇〇年〕）では、国家が発行する証書や協定に利用できる区画が描かれた地図が添付されている（表5−1）。地図の存在によって、住民が国有林内で権利を行使できる空間と、そこで権利を行使できる人物が保証される。参加型森林政策における地図づくりでは、形式知を用いた国家統治という側面と、森林官と住民の暗黙知に基づく土地利用や権利行使という側面がみられる。参加型森林政策における地図づくりは、現場森林官と住民の間で利用区画が決まる過程を浮き彫りにしてくれるのだ。

M村の地図作成のプロセスは、大きく二つの方法に分けられる。現場森林官がすでに発行されている地図をベースにして加筆や修正をしたものと、現場森林官が実測して得たデータをもとに作成したものである。前者は紙面上で合理的に位置関係を表しているが、実態との乖離が予測される。後者は現実の土地利用に近いだろうが、どこまで正確に反映するか否かは作成者次第で変わりうる。本書では、前者を机上の地図づくり、後者を実測に基づく地図づくりと呼ぶことにする。M村における地図づくりは、森林官らが事務所で既存の地図に境界線を引いていくことで作成される机上の地図から始まった。

最初の共有林植林プログラムでは、私有地や他の事業地と重複しない国有林二二ヘクタールを、現場森林官が地図上で見つけ出して対象地を選んだ。現場森林官は既存の地図上に二二ヘクター

表5-1　参加型森林政策と地図作成の変遷

年	森林政策等	権利を得た住民	権利保障	地図作成
～1960	オープンアクセス共有林	−	−	−
1979	共有林植林プログラム	22人	国有林の管理権	実測なし
1982	統合社会林業プログラム	22人	管理契約証書	実測なし
2000	CBFMプログラム	23人	CBFM協定	実測なし→あり
2009	CBFM援助後のメンバー追加	19人	なし	実測あり

出所：筆者作成.

ルの外周を描いた後、一区画一ヘクタールになるように、具体的には実際の距離で縦二〇〇メートル、横五〇メートルになるように直線で区切って二二区画を設定した。これにより、共有林植林プログラムに参加する住民二二人は、地図上では等しく一ヘクタールずつ利用権を得ることができる。現場森林官は各区画に番号を付け、住民はくじを引いて出た番号の区画を管理することになった。対象地や参加住民の選定方法は、参加型森林政策の規定に含まれていないため、実際には現場森林官が状況に応じて判断することもある。本事例の場合、M村の住民であった当時の現場森林官が自分の村落に政策を優先的に導入していた。そして現場森林官がM村の住民であったからこそ、区画分配の方法は平等を重んじる判断になった。彼は自ら選んだ住民に一ヘクタールずつ利用権を分配したのだが、他の地域で区画を平等に分配した例はあまりみられない。M村では、例外的に現場森林官が村落の実状に配慮したといえる。

一九八二年、統合社会林業プログラムに移行すると、住民個人に管理契約証書が発行されるようになり、そこに地図も

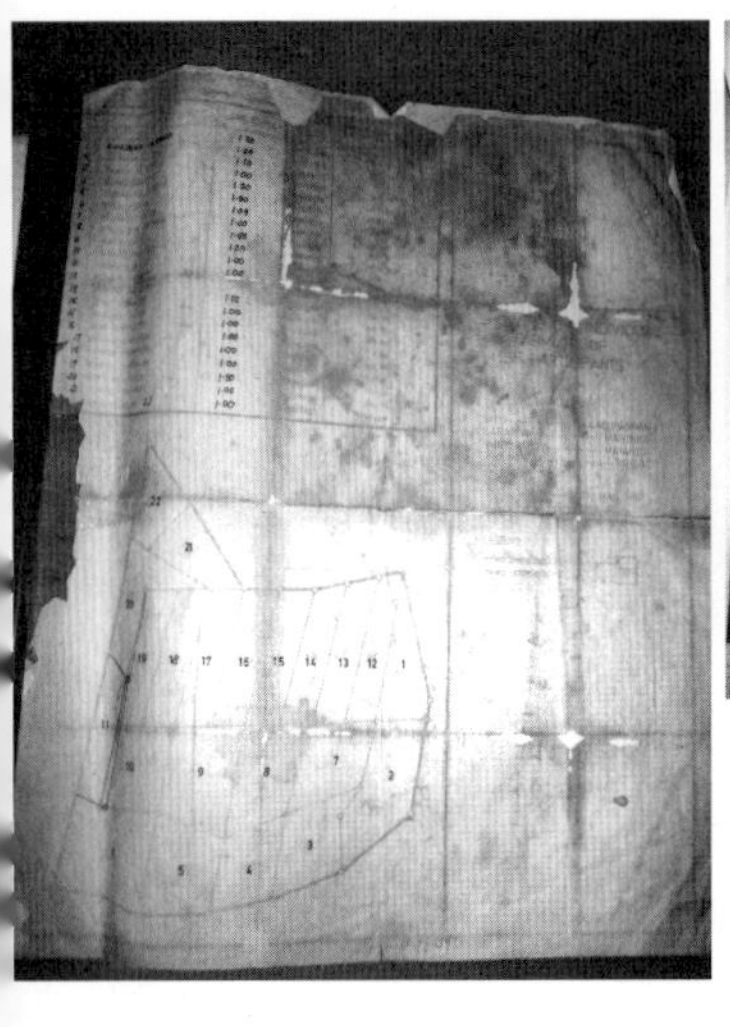

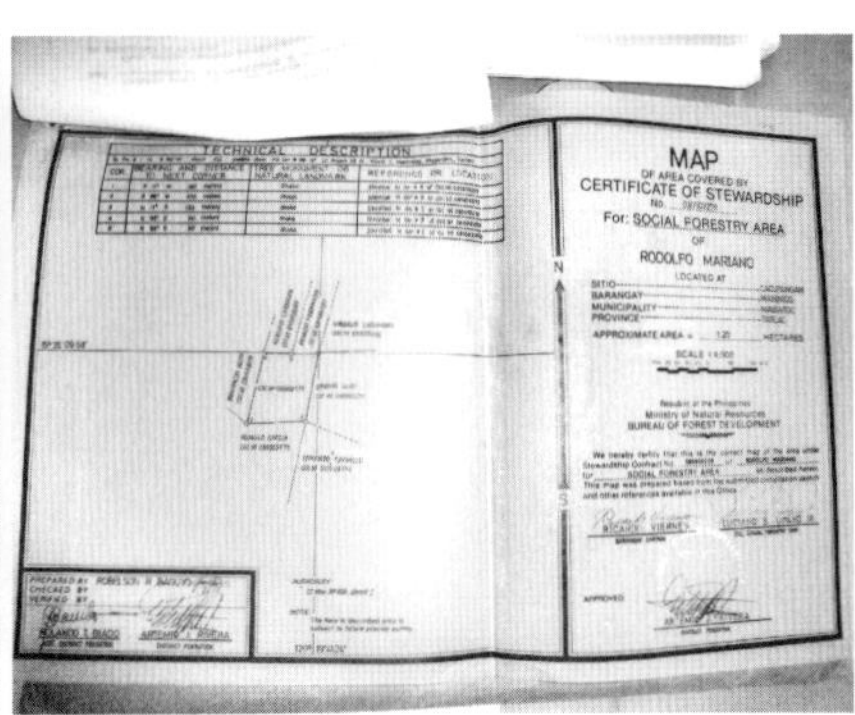

写真5-3　管理契約証書の地図.

写真5-4
統合社会林業の事業地図.

添付された（写真5-3・5-4）。国家はすでに利用権を認めた住民二二人を追認する形で、管理契約証書を発行した。証書の地図も共有林植林プログラムをもとに作成され、ここでも実測は行われなかった。統合社会林業プログラムでは住民個人の権利を保障するだけでなく、住民が適切な森林管理を怠った場合に森林官が権利を取り消すこともできた。具体的には毎年、区画の二〇パーセントを植林地にしていくという科学的基準に基づいて、中央行政やリージョンIII事務所の森林官らが現状を視察して評価した。リージョンIII事務所の記録によると、M村では一〇人の権利が取り消されている。

第4章で述べたとおり、環境天然資源省による取り消し以外にも、多くの区画で管理契約証書の名義と実際に管理・利用する住民が異なる状況、すなわち権利の移譲が始まる。これには、住民の死亡、高齢化、移転、権利放棄などの個

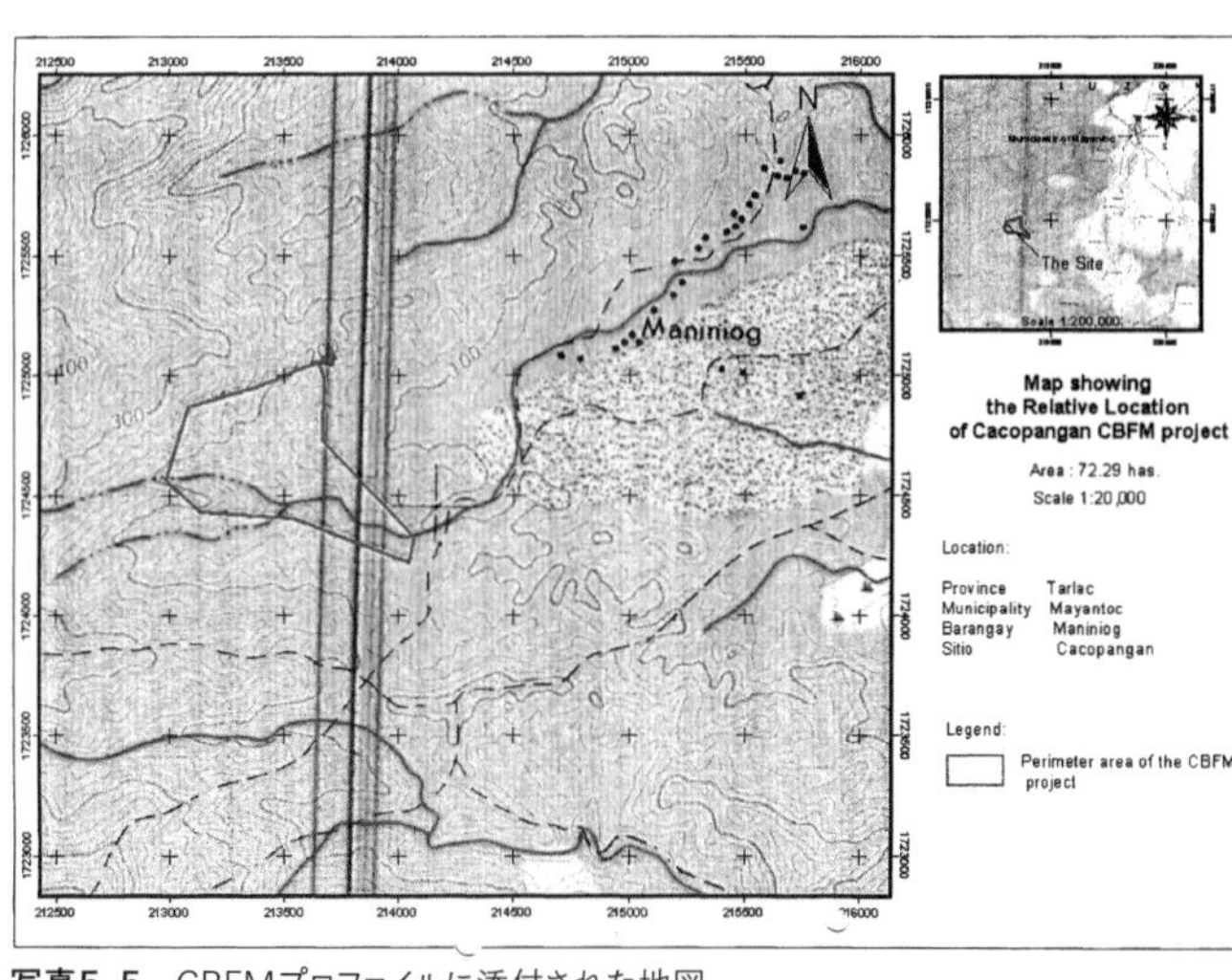

写真5-5　CBFMプロファイルに添付された地図.

人的な事情が多い。管理を引き継いだ住民は、前任者の家族や親戚、またはケアテーカーが多い。

科学的管理が現場の実態に適さない場合、住民や現場森林官らは住民の意向など状況に応じた判断を行うことがある。

机上から実測へ

CBFM政策のなかで、それまでの机上の地図から実測による地図づくりへと、行政の姿勢に徐々に変化がみられるようになってきた。CBFMのもとで国家は、住民組織という集団による共同管理を前提に、住民たちに国有林の利用権を保障した。これはM村のCBFMプロファイルに添付された地図が、集団に対して利用権を認めた区画全体を示すものであることからもわかる（**写真5-5**）。地図には各区画の外周のみ表記されている点が、統合社会林業において個人ごとの利用区画を明記し、個別に発行された管理契約証書と異なる。ただし、実際はそれまでの個人ごとの管理が続いていたため、住民にとっては個人の区画の境界線の方が重要であった。それにもかかわらず、森林官は権利者にとって最も重要な各区画の測量をしなかった。CBFMの対象面積が七二ヘクタールに拡大し、新たな地図を環境天然資源省の上位組織に提出する際も、現場森林官はCBFMの外周の地図のみ作成し、しばらく机上の地図づくりが続いた。

地図づくりが机上から測量に基づくものへと変わった一つのきっかけは、援助機関によるGIS測量技術の紹介であった。M村を管轄するカミリン地域事務所、タルラック州事務所、リージョンⅢ事務所に対して、日本の援助機関によるCBFMプロジェクト強化プログラムのなかで、GISによる測量技術の指導が行われた。森林官に対しての測量研修や各事務所へのGPS(Global Positioning System：全地球測位システム)の機材供与があった。カミリン地域事務所の現場森林官もGISを使った測量技術の研修に参加して、事務所にはGPS二台が供与された。援助機関の専門家や現場森林官らは、実際にM村で一緒にCBFM事業地の外周を測量している。援助終了後も現場森林官はこのGPSを使って業務をしていた。

以後、住民から実測の要望があれば、現場森林官はGPSを使って区画測量をして、地図を作成している。しかし人員や予算不足のため、管轄するすべてのCBFM事業地で実測することは不可能な状況にある。したがって、GPS測量による地図作成は、個人的に要望があった住民組織メンバーへの個別対応にとどまっている。現場森林官はGPSを使うことはできるが、測量が必要な区画すべてに対応することはできないのである。

このように参加型森林政策やGIS測量という技術が導入されても、実測に基づく地図づくりには限界があり、現場では個人の利用区画をめぐるさまざまな問題が山積していた。一つ目に、共有林植林プログラムで実測が行われなかったため、当初から実際の境界線が不明確だった。M村では、共有林植林プログラム開始から数年後には、境界線をめぐる問題が二カ所発生し、三〇年以上経った筆者の調査時もまだ解決していなかった。住民のなかには、独自の解釈でより広い面積を利用したり、他の利用区画で伐採したりする者もいて、住民間のトラブルもあった。住民組織リーダーや現場森林官が調停しようとしても、そもそも境界線が不明確なこともあり、根本的な解決ができないこともあった。

二つ目に、参加型森林政策が始まってから三〇年以上経過して、地図の名義と実際の管理者が異なるケースが多くなった。管理契約証書の名義人の死亡や高齢化等により、その子どもや親戚がCBFMの管理・利用を引き継いできたためである。住民間の権利移譲により、実際の管理者が替わっていくなかで、二つの区画を三人で分割して管理している区画も出てくるなど、境界線はより複雑で不明確になっていった。住民は実際に管理している住民の名義による地図を作成するよう、現場森林官に求めるようになった。

三つ目に、M村の管理契約証書のほぼすべてが二五年間の期限を過ぎており、更新または再発行の手続きが必要になっていた。つまり名義人が実際の管理者と異なっているだけでなく、そもそも管理契約証書が無効になっているのだ。カミリン地域事務所は二〇〇九年から管理契約証書に基づく現状評価を開始し、個人の利用区画の位置情報をGPSで測量し始めた。当時はまだ証書を新たに発行するための制度化が済んでいなかったが、現場森林官らは管理契約証書の延長申請に向けて書類作成の準備を始めていた。

最後にCBFMへの移行で事業地面積が拡大したため、さらに援助事業に伴って、現場森林官は新たに一九人の住民を住民組織に加える判断をした。メンバーの追加という現場森林官独自の判断に伴い、彼らの区画も測量する必要が生まれた。このようなさまざまな状況から、CBFM内の利用区画について住民は実際の利用状況を反映した地図の発行を現場森林官に要求し、現場森林官も机上だけでないGPSによる実測調査をする必要が高まっていると感じていた。

3 実測による地図づくり

住民参加を促す現場森林官の説明

これまで住民組織も現場森林官も、現状に基づく地図の必要性を感じていたが、現場森林官は人員・予算不足を理由にすべての区画での実測に応えられなかった。このような状況にあって、筆者が研究目的で実際の利用区画を測量したいと現場森林官に申し出たため、住民組織メンバー個人の利用区画を実測することになった。筆者は当初、自分の研究のための調査許可を得たいと思い、現場森林官に相談した。ところが現場森林官もまた、調査目的を見出したそうである。現場森林官は、期限切れの管理契約証書を更新する準備を始めたいこと、また住民組織メンバーからの地図を発行してほしいという要望に応えるためにも、筆者の調査申請を契機と捉えたそうである。現場森林官、住民組織、筆者合同で実際の利用区画を測量し、GPSデータは現場森林官と筆者で共有することになった。

利用区画を実測するにあたって、M村の集会場で住民組織への事前説明会を開いた。住民組織メンバーのほぼ全員に加え、メンバー以外の住民も出席した。現場森林官は住民組織メンバーに対して、CBFM内の実際の土地利用をふまえた地図を作成するための実測を行うと説明した。現場森林官は、測量方法を説明するため、黒板に四角形を描き、四隅の位置を機械で測量すると住民に伝えた。例えば横五〇メートル、縦二〇〇メートルで一区画一ヘクタールになる、と現場森林官は説明を続けた。

これまで住民組織メンバーは、区画の測量や地図の作成を求めてきたにもかかわらず、住民たちからは最初に懸念の声があがった。とくに多かった懸念は、測量方法についてだった。住民から、実際利用している土地は四角形とは限らないが、その場合はどうなるのかという質問があがった。そこで現場森林官は、以下のとおり説明を変えた。

「四点の測量をもとに四角形の地図を作りますが、実際の土地利用は現状に即して行ってください。川などがあって測量できない場合は、回り道をしなければなりません。そういう場所は当事者で話し合って使ってください。前回、地図を作ったときは紙の上だけだったので、実際に使っている場所と違っていました」(CBFMコーディネーター、男性)。

現場森林官は地図と実際の乖離を前提としたうえで、現場の状況に合わせて住民同士で調整するよう促したのである。また、住民組織リーダーが「証書を取得していない人も対象なのか」と尋ねると、現場森林官は「もちろん含まれる」と答えた。話し合いを通して、それまで不安そうにしていた住民や、農作業が忙しいと言って測量への参加に消極的だった住民も、ほぼ全員が実測に参加するという態度に変わった。このように住民参加に至った要因は、現場森林官が利用実態をふまえた地図を作成すると説明しただけでなく、問題が起きた場合には、地図情報よりも現場の状況に合わせて住民間で対処できる余地があったからであろう。森林官が現状に沿わないとわかりながら、四角形の地図を作ろうとしたのは、科学的な正確さよりも書類作成上の都合によるものであった。

それでは実際の測量において、現場森林官や住民はどこまで正確さを求めたのだろうか。

実際の測量の様子

実測は二〇〇九年一一月と一二月の合計五日間行われ、すべての日程で、住民、現場森林官、筆者が測量に参加した。測量対象は、管理契約証書が発行されている二二区画(測量によって二三区画に分割)から始まり、現場森林官が新たに住民組織に加えたメンバー一九人分の区画へと続いた。住民はこれまで管理・利用してきた場所を現場森林官らに案内して、現場森林官は管理契約証書の地図（The Individual Farm Lots of ISF Participants）でその位置を確認した（写真5–6・5–7）。そして、現場森林官と筆者が互いにGPSデータを確認しながら、境界点のデータを記録していった（写真5–8）。

現場森林官は住民組織の利用区画を特定する際、常に方位磁石と地図を参照して地図と実際の土地利用を見比べていた。現場森林官が用意した五〇メートルのロープを住民らが持って山道を進むことで、区画の四辺の距離を測量した。現場森林官らはGPSで位置情報や歩行距離を測る方法も知っているが、それまでの慣例であるロープを使った測量を続けた。ロープで測った辺り

写真5–6　住民に位置を聞く現場森林官.

写真5–7　管理契約証書の地図を見て境界を探す住民.

写真5–8　地図とGPSデータを比べる現場森林官.

に住民が目印に使っている木、岩、地形等があれば、現場森林官はそれを境界点として定めた（写真5-9）。

現場森林官は直線距離を測る方法として、GPSという科学的な方法だけでなく、従来からのロープを使用した。科学的な方法だけでなく、自らの慣習に従って、誰の目からも明確で納得できる測量方法を併用した。この方法は、住民にとっても意味あるものだった。測量を始める前に住民らは現場森林官からロープを預かり、自分たちの腕を使ってロープの長さを確認することができたのだ（写真5-10）。長さを確認した住民は少し笑みを浮かべながら、現場森林官に聞こえないよう、次のように筆者に耳打ちした。

写真5-9　測量現場で境界点に枝で目印をつける.

写真5-10
ロープの長さを確かめる住民組織メンバー.

「森林官は五〇メートルと言っているけど本当はもっとある。彼らは気づいていないようだ。自分(住民)たちが得していることは(森林官には)秘密だよ」(住民組織メンバー、男性)。

GPSと異なり、ロープは誰もが使える身近な道具である。ロープでは正確な距離を測れないが、誰もがその場で境界線を把握できる単純明快な方法である。住民組織メンバーの言葉からもわかるように、わかりやすい道具の使用は、住民が解釈できる余地も生んでいた。また、住民は実測の過程で、自らの要望を伝えたり汲み取ってもらいながら、森林官に現場で権利を承認してもらっていた。住民間で対立していた境界線も数カ所あったが、森林官の仲介によって、測量現場で関係者は新たな境界を設定していた。住民の参加と解釈の余地を生み、参加者の納得を促したという点で、誰もが使える測量具であるロープが現場で果たした役割は大きい。

すでに管理契約証書が発行されている二二区画の測量において、最も多かった問題は、境界点が不明確なことであった。岩や木など自然物の目印が浸食してなくなっていた場合などは、その境界に関わる住民と現場森林官が一緒に新しい目印を決めた。ここでも岩や木の種類など自然物を境界の目印とすることが多かった。他方、長らく住民同士で境界線問題を抱えていた場所は、より多くの時間をかけて、当事者の住民と現場森林官で話し合いながら境界線を決めていった。

また、新たに住民組織メンバーに加わった一九人の区画を測量する際にも問題が生じた。それは、誰がどの場所の権利を得るかという点である。現場森林官が承認した一九人全員が測量に参加して、区画の境界を確認していった。しかし測量への参加の度合いは、住民間で異なっていた。測量前に自分が使いたい場所を現場森林官に伝えていた住民もいれば、伝えなかったために狙っていた場所を取られたと嘆く住民もいた。先に希望を伝えていた住民の言い分は、以前からその土地で森林管理を行ってきたというものであった。確かに、以前共有林だったときに、焼畑や植林をしていた住民もいる。住民二人は、祖父が果樹を植えていたと主張した。その他に、測量する一年前くらいに管理を始めた住民も先に希望を伝えており、管理の事実があるため、現場森林官は彼らの要望を叶える形で区画を決めていった。

実際に利用区画を測量してみると、住民も現場森林官もそれまでの慣例や経験をもとに、測量方法や測量地点を決めていた。また住民にとって実測は、自らの要望を汲み取ってもらいながら森林官に管理権を承認してもらい、森林官の仲介により境界線問題を解消する場でもあった。複数住民が一緒に測量に参加することで、地図を手にする前に住民らは互いに境界を確認できた。ここでは科学的正確さよりも複数の関係者が妥当と思える方法が優先されていた。

測量データから地図を作る

実測で得たGPSデータをもとに現場森林官らは個人利用区画の地図を作成した。これは、住民の権利を保障する正式な地図ではなく、後日、管理契約証書を更新・発行するための準備として作成したものである。まず地域事務所の現場森林官が、データをもとに手描きで地図を作成し(写真5-11)、区画と管理者の名前を確認した。このデータをリージョンⅢ事務所のGIS課(地理

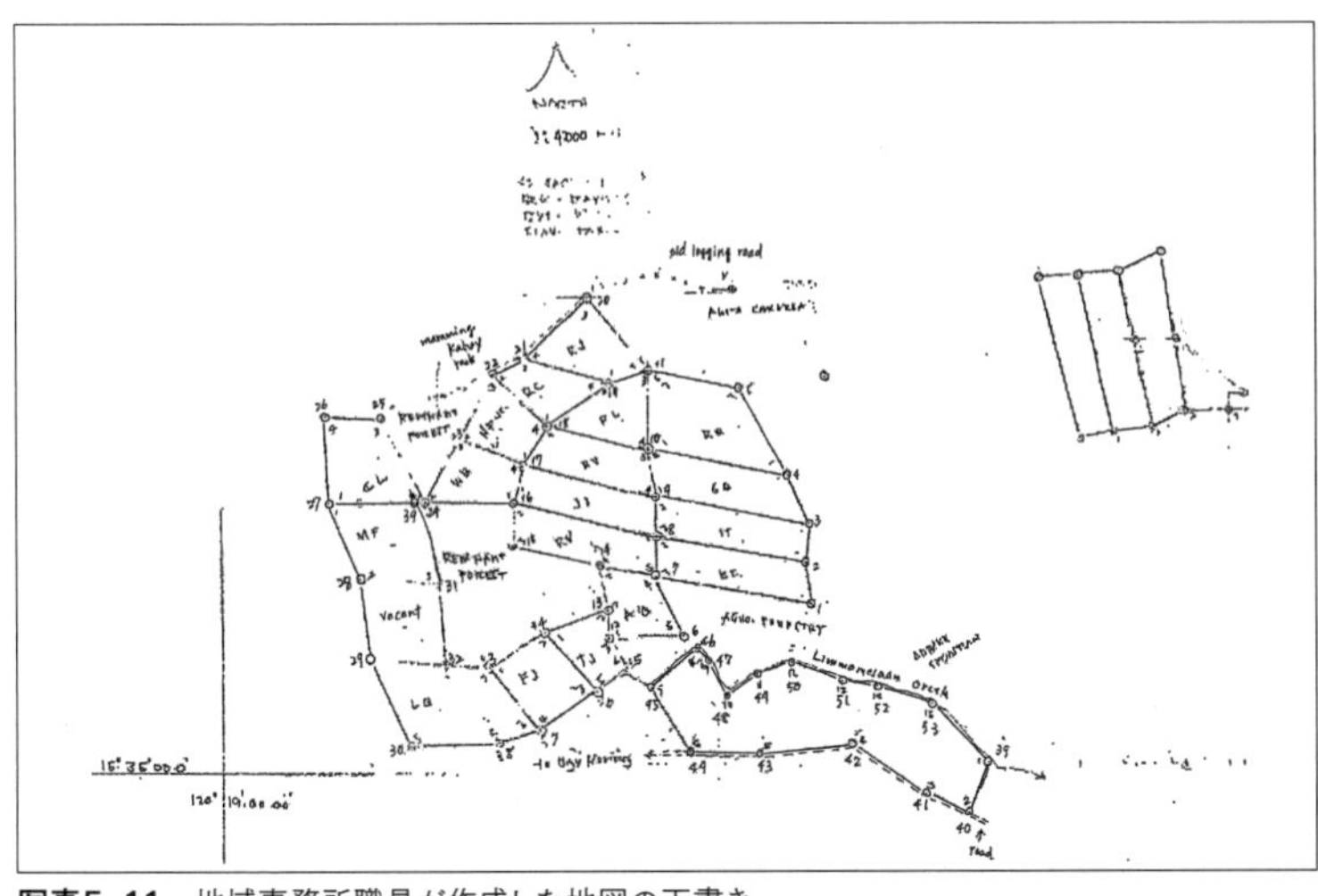

写真5–11　地域事務所職員が作成した地図の下書き.

情報システム課）に提出して、地図作成の専門職員（以下、GIS職員）が地図を作成した（図5–1）。

データには、測量できなかった地点や明らかな誤りも含まれていた。GIS職員は統合社会林業プログラムの地図を参照して、測量データの不備を補った。その他にもGIS職員がデータに手直しを加えた所が、図5–1にAと表記した円で囲った三区画である。共有林植林プログラムで二区画だった場所を、CBFMから三人で分け合って管理することになった。彼らは管理契約証書名義の住民から、ケアテーカーとして管理を任されてきた。この名義人が権利を放棄したことで、分割して管理を継続することになった。彼らは自分たちも一ヘクタールずつ利用権を得る権利があると強く主張してきたため、それを知ったGIS職員が一ヘクタールずつになるよう地図を修正した。破線で表記した管理契約証書が発行されている区画は、メン

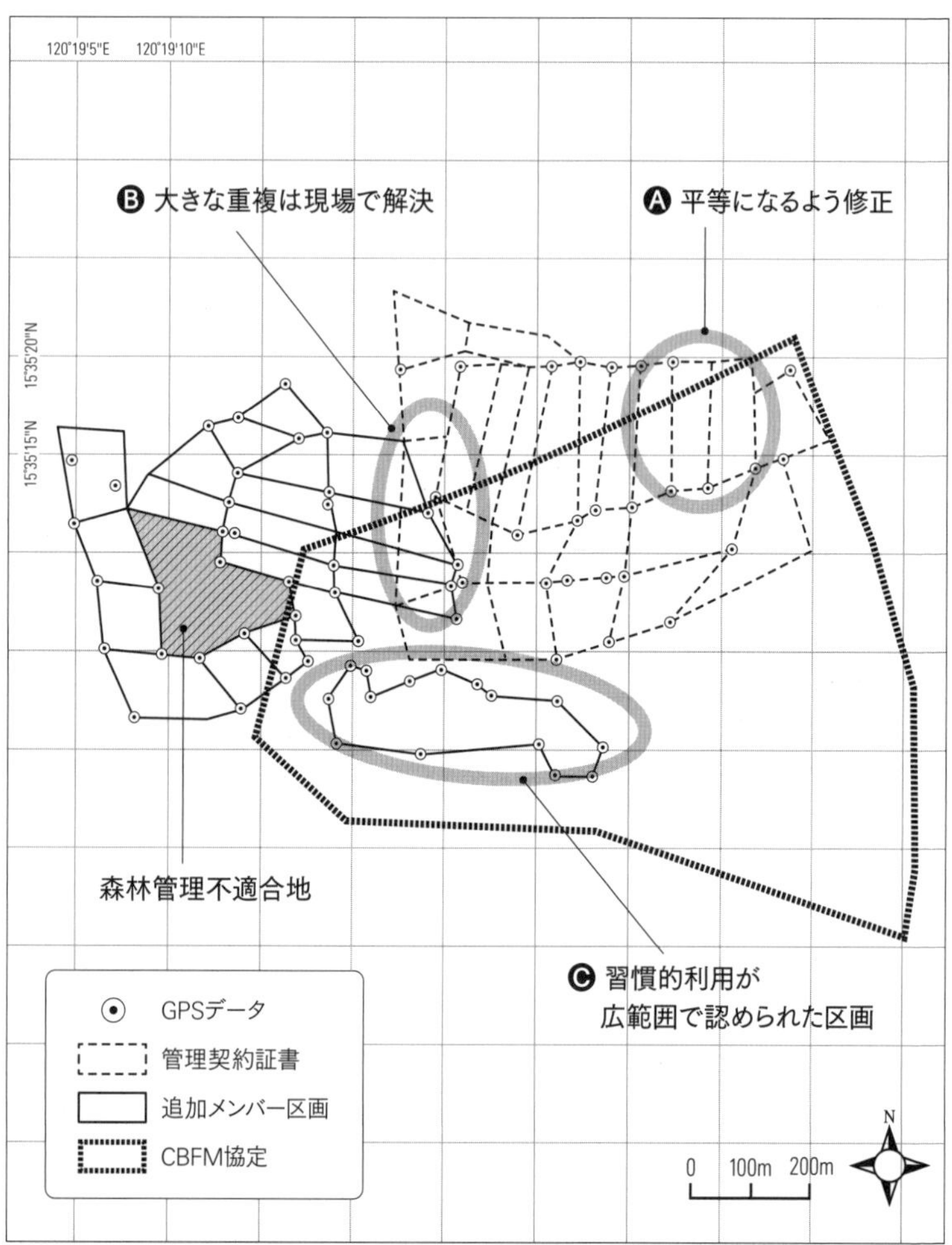

図5-1　リージョンⅢ事務所職員が作成した地図

注：CBFM境界は，環境天然資源省地域事務所保管の書類に記載されていたCBFM協定のデータをもとにし，実際の利用区画はGPSによる実測で得たデータをもとに作成.

出所：リージョンIII事務所GIS課作成の地図に筆者加筆修正.

バーはみな等しく利用権を得ていると住民も現場森林官も主張してきた場所である。ＧＩＳ職員はこの住民のイメージに合わせて、なるべく均等な面積になるよう地図を修正したのだ。

一方、ＧＩＳ職員が修正しなかった部分もあった。例えば地図の中央にＢとして円で囲った部分は、管理契約証書が発行されている区画と新たに測量した区画の重複箇所である。ＧＩＳ職員は自身の判断による修正をしなかった。重複が大きかったことから、現場を知っている現場森林官と住民組織の判断に委ねることにしたのである。さらに他より大きい区画Ｃについても、ＧＩＳ職員は修正しなかった。現場森林官はこの区画について他と異なる判断をしていたからである。この区画では参加型森林政策が始まる前から、権利者となった住民の家族が広範囲にわたって竹林を育ててきた。住民はこの竹林の利用権を強く主張してきたことから、現場森林官はこのケースだけ例外的に広範囲の権利を認めて測量していた。

地図づくりにおいてＧＩＳ職員や現場森林官たちは、たとえＧＰＳデータがなくても問題はなく、地図を作るのは簡単なことだと筆者に話した。森林官らの意図は、以下の話から明確であろう。

「たとえ地図作成上で問題があったとしても、現場では問題ない。問題が起きたときには住民たちが解決する。……もしも住民から文句が出たら、権利を取り上げるだけだ」（現場森林官、男性）。

組織のレベルにかかわらず、森林官には、地図上の境界線とは異なる現場での境界線が存在しており、住民たちは現場の境界線を使っているという共通認識がある。ここから、地図と異なる判断や住民同士の調整が現場で働くことを前提に業務を行う森林官の姿が浮かび上がる。GPSによって森林官は正確な位置情報を得ることができる。しかし机上の地図づくりが先行した本事例では、崖や岩場や急斜面などの実際に測量が不可能な場所がすでに存在していたため、実測による地図づくりの段階になっても、データが入手できない場所も複数箇所あった。実測に基づく地図づくりからわかったことは、森林官も住民も地図の科学的な正確さだけを重視してはいなかったことだ。森林官らは住民たちが納得できるか否かにも配慮して地図を作成していた。彼らは森林管理の問題はまず住民同士で解決するという前提から、住民たちが納得できるか否かを問題にしていた。このように森林官は科学的なデータを利用しつつも、住民が持つイメージに合うよう微修正しながら地図を作成していたのである。

4　地図が映す国家と住民

地図における形式知と暗黙知

参加型森林管理政策に参加する多くの住民の目的は、土地である。M村では、住民組織メンバーの過半数が、土地を所有しない農民たちである。農地を持たない小作人や農業労働者にとって、国有林の利用権を得ることは、新たな現金収入源獲得の可能性につながる。住民組織メンバーになって利用権を得られることがわかった後には、それがどの場所の権利なのかという関心事が生まれる。M村のCBFM事業地には、人が立ち入るのは難しい急峻な場所、岩だらけで木の生育に適さない場所、川や援助事業で設置した貯水タンクやホースという取水口から遠い場所、集落から遠い場所など、森林管理をするうえで住民たちが比較的好まない場所がある(2)。逆に、政策開始以前から祖父や親戚が果樹や木材用樹種を植え育ててきた、思い入れのある場所を持つ住民もいる。住民は区画の場所についてそれぞれ選好が異なるのである。

立地条件や住民の選好が多様であるのと対照的に、地図は権利空間を画一的に規定する。住民の権利を画一的に表す地図は、シンプリフィケーションの一つといえる。地図は空間を記号化することで、自然特性や住民の森林利用の歴史など地域個別の文脈を、国家の考慮すべき対象から外していく。このような地図の作成には、専門的知識や技術が必要になる。これまで行政職員や民間技術者が、独占的に地図の作成や発行に携わってきた。森林政策においても、国家のもとで作成された地図は、そもそも住民たちの多様な経験や選好とのズレが生じているものなのである。

ところが、本章の冒頭で紹介した現場森林官の発言は、参加型森林政策における地図については、形式知と暗黙知が併存するものであると示唆している。地図づくりにおいて、形式知は暗黙知を無力化できるとは限らないようである。参加型森林政策では、地図には住民の権利を保障する役割もあるのだが、さらに本事例のように、住民が地図の測量に参加できる余地も生まれている。参加型森林政策によって、地図の作成や使用は、国家中心的なものからより住民向けへと対象が広がりつつある。M村の地図づくりの事例を通して、現場森林官や住民がどのように森林管理の権利空間を決定しているのか、形式知と暗黙知の関係に注目してまとめてみよう。

結論からいえば、M村の事例では、形式知と暗黙知の両方によって地図が作成され、利用されていた。机上の地図づくりにおいては、形式知に基づいて合理的に住民の森林利用を規制する側面もあったが、実際の森林管理では、政策規定や地図と異なる住民の経験的な判断が黙認されていた。実測の地図づくりにおいても、GPSによる精度の高い位置情報を得ることによって科学的正確さを追求し表記できるにもかかわらず、実際にはGPSデータより現場森林官や住民の経験が優先されることもあった。例えば実測の際、現場森林官や住民は各区画の順番など大まかな全体像をつかむために既存の地図を参照したが、実際の境界点という詳細については、住民が使ってきた目印を優先して個別に判断していった。境界付近になると現場森林官が住民に目印を尋ね、それがない場合は話し合いのもと木や岩などを新たな目印にした。住民たちにとって境界線は、直線的に引くものではない。境界線を決めるときに考慮されるのは、両親や自分が植えた木や将来切るために育てている木が付近にあるかないかである。現場森林官は、具体的な目印という細部の要素と、森林利用の経緯や住民同士の人間関係など全体像の両方を考慮して、境界を決定していた。これは森林官の現場経験に基づく判断である。

また地図作成時には、実測現場にいた住民の認識に合わせて、森林官がGPSデータを修正することもあった。現場森林官は日頃から住民たちに、区画はみな等しく一ヘクタールであると説明しており、住民たちもそのように認識してきた。科学的数値より当事者たちの共通したイメージが優先されたのである。すなわち、現場の問題を解決するためには、正確な地図を作るより、住民間の利害調整こそ鍵になると森林官は考えていたのである。

このように、現場森林官もリージョンレベルの森林官も科学的方法を用いつつ、住民の認識に合うようデータを微修正して地図を作成していた。現場森林官がどこまで住民の実情に即した対応をするかは、個人の職務経験や社会関係のなかで判断される。M村の住民たちは、現場森林官と親戚、教会仲間、仕事関係者など日常的にさまざまなつながりを持つ者もいる。互いに顔の見える関係のなかで、現場森林官が一方的に住民の行動を規制することは難しい。自らの責務に大きな支障がない限り、多少規定に沿わなくても住民たちの行為を容認する方が、現場森林官は業務をより円滑に進めることができるのだ。地図の境界線は、各地点の目印という近位項と、森林利用の経緯や社会関係という遠位項（全体像）を統合して包括的に決定される。現場森林官にとって森林政策とは、形式知と暗黙知によって実施されるものなのである。

現場における地図の役割

森林管理の現場で最も重要なことは、そこにある木が誰のものかである。そしてそれを決定するためには、場所や木の種類などの細部の要素だけでなく、木を植えた経緯、周囲の土地利用、住民関係、村落における森林利用の歴史などの全体像のなかで木を捉える必要がある。細部と全体像を統合した包括的な理解が必要となる。したがって現場の森林管理は、暗黙知に依るところが大きいのである。本事例において地図上の境界線は、形式知によって引かれたように見えるが、実際には社会的関係のなかでどのように引くかが決定されていた。さらに現場では、地図と異なる境界線が常に存在し、権利主体や管理実態も存在していた。参加型森林政策の地図づくりにおいて形式知と暗黙知の併存は明らかである。

本事例の現場森林官は、住民同士の現場での問題解決を政策の前提としていた。当事者たちは、地図の正確さよりも、現場での解釈が可能か否かを問題にしていた。したがってその障壁にならない限り、科学的正確さも地図づくりに取り入れられた。住民への配慮など状況に応じて行動する現場森林官の裁量もまた、行政職員の暗黙知といえるだろう。権利空間は、形式知と暗黙知の交流によって創出されていた。

これまで参加型資源管理政策研究では、形式知と暗黙知を対立関係もしくは相容れないものとして議論されることが多かった。この議論では、国家と住民という主体と特定の知の関係が固定的に捉えられている。しかし本事例では、主体にかかわらず形式知と暗黙知の両方を活用する現場関係者の姿が確認できた。知の階級性は行政組織のなかにも存在する。個人のなかでも異なる知が交流しながら、政策実施に至る。知の交流によって現場では、当事者間の深刻な衝突が回避されてきたが、それが結果的に政策と現実の乖離を調整する現場の知になっていた。現場でより重要なのは、知の対立や衝突が起きた後、それを乗り越え新たな知を生み出す可能性なのだろう。

このような知の交流の背景には、環境天然資源省の慢性的な人員・財源不足によって、政策規定に沿った実施が困難な現状もある。この状況で業務を執行するためには、住民同士の問題解決を前提としなければならない。形式知と暗黙知の両方に依拠することが、本事例の現場森林官らの判断であったことは、その一例であろう。もちろん判断は現場森林官個人の資質にも左右される。同様の状況下にあっても、住民の暗黙知を軽視して形式知を重視するような判断を行う現場森林官もいるだろう。

住民参加型管理やＧＩＳなど新たなコンセプトや手法の導入によって、これまで国家に独占されていた地図の作成や使用が住民にも開放されつつある。住民個人というミクロレベルで地図を作成するためには、行政職員も、住民の慣習や歴史などの個別の文脈によりいっそう配慮しなければならなくなる。形式知によって暗黙知が拾い上げられていく可能性、もしくは形式知が暗黙知を無力化しきれない条件を参加型政策が生み出していることにも、注意を向けていく必要がある。

フィールドエッセイ……2

格差を実感できる暮らし

「昔の彼女のことを知っているけど、昔はあんなふうではなかった」。

隣でジュビーが言った。ジュビーはM村で私の調査を手伝ってくれた友人だ(写真B-1)。少し年上ではっきりした性格の二児の母。いつも闊達な彼女が前を見つめてつぶやく姿に、心の声を聞いてしまったように思えて、私はうなずくことしかできなかった。

そのとき、私たちは食事を待っていた。M村の地主の息子の結婚式で振る舞われる料理を待っていたのだ。とはいえ、式に招待されていない私たちは、大勢の野次馬の一部として会場の外で式が終わるのを待っていた。フィリピンの結婚式ではたくさんの料理が用意され、招待客の食事が済むと隣人にも振る舞われる習慣がある。経済力を示す場でもあるため、お金持ちであるほど料理も多く豪華になる。だから料理目当ての野次馬も多くなる。

すでに美味しい匂いをさせているヤギや鶏の煮込みはメインではない。式の朝、牛二頭と豚八匹が運ばれ、香ばしく焼かれてメイン料理を飾った。それは豪華な結婚式だった。料理の準備は二週間前から始まり、多くの住民が手伝っていた。その噂は村落を越えて、隣の隣の村落からも人が押し寄せ、会場の外は料理目当ての野次馬であふれかえり、招待客の食事が終わるのを待っていた。

花婿はスペインで、花嫁はイタリアで出稼ぎをしている海外出稼ぎ「成功者」同士の結婚式だ。彼らの成功は、親世代から時間をかけて築かれてきた。花婿の母親がカナダに出稼ぎに行ったことで、もともとM村でも豊かな生活を送っていたこの家族の経済力は、一気に増したそうだ。ジュビーは会場の中央にいる母親をさして、「カナダに行ってから彼女は変わった」と言ったのだ。

フィリピンでは、人口の一割にあたる約一〇〇〇万人が海外で働く。その送金はGDPの一割を占めるともいわれる。M村の海外出稼ぎは、中東での建設労働やメイド、香港でのメイドが主流だったが、近年では欧米での介護士が新たに加わった。そして、以前に増して経済的に豊かになるケースがみられるようになった。欧米への出稼ぎ労働者がいることは家を見ればすぐわかる。一九七〇年代、ほとんどの家は竹を使った高床式のものだった（写真B-2）。今ではこの伝統的な様式は減り、コンクリート材やトタン屋根に変化しつつある。欧米出稼ぎ労働者の家は、デザイン、材料、装飾、家財道具に至るまで、もっと豪華になる（写真B-3）。M村では川の上流（高地森林に近づく）ほど伝統的な竹でできた家が多く、下流に行くほどコンクリートとトタン屋根の家が多くなる。そして絢爛豪華な家は下流にある。家の造りと場所は住人の経済力を示すのだ。

豪華な結婚式とは対照的なお祝いの席に呼ばれたことがある。田植えをしていた住民が、娘の誕生日会を開くので来てほしいと誘ってくれた。誕生日会でも、本人が周囲に食事を振る舞う習慣がある。それは知っていたが、私は内緒で差し入れを用意した。片道三時間かけて、バタークリームやチョコレートでデコレー

写真B-1　次男を抱くジュビー（右から4番目）と長男（右から2番目）と近所の子どもたち．

写真B-2　竹材を使った家．

写真B-3　欧米に出稼ぎ労働者のいる家．

ションされた大きめのケーキを購入した。彼女や娘だけでなく、誕生日会に来るだろう他の住民にも、日頃お世話になっているお礼をしたかったのだ。

当日行ってみると、薄暗いなかで主催者と友人がスパゲティとラティック（餅菓子）を取り分けていた。ほどなく大人三人、子ども二人の静かな誕生日会が始まった。家の扉は閉められ、室内が見えないよう窓にはブラインドが下ろされた（写真B–4）。室内の電球も消えたまま。声が隣人に漏れないよう小声で話した。後から来た客には料理を持ち帰ってもらい、あっという間に閉会した。

写真B–4　秘密の誕生日会.

誕生日会では、来客に料理を振る舞わなければならないが、経済的に余裕がなくて多くの料理を準備できないこの住民は、ごく近い親戚や友人だけに誕生日会を知らせていた。一部の人だけを誘うと、他の住民は嫉妬するそうだ。だから秘密の誕生日会だった。伝統的な竹材を使ったこの家に冷蔵庫はない。大量に残った差し入れのケーキを気にしつつ外に出ると、斜め向かいに豪邸が見えた。同じ下流域でもまるで暮らしが違う。

M村では上流ほど土地なし農民が多くなり、下流ほど地主が多くなるのだが、下流域のなかにも格差はある。さらに下流に住む欧米出稼ぎ労働者の家族は、将来に備えて村落内外の田んぼを買っている。もともと小規模な自作農が多いM村も、近い将来、地主と小作の差がより拡大するのではないか。

結婚式で着飾って豪華な食事をとる人たちを柵の外から見ていたとき、私は急にみじめな気持ちになった。彼らと自分は違う、絶対かなわないという圧倒的な力の差を感じた。ジュビーも香港やマニラで働いたことがあるが、生まれ育ったM村に戻った。仕事のストレスが少ないM村の方が良い暮らしだという。しかし、M村で日常的に感じる住民間の格差は、気楽な農村生活などとは形容できない複雑な思いを個人に抱かせるものだろう。

第6章

どうやって森を守るのか？

——参加型森林政策と権利行使

「彼は決して、あまり面白く遊んでいるような素振りは見せない。
玩具を取り返されるのが怖いからだ」。

（ルナアル『にんじん』）

1 使われない計画書

「森の問題は、政策に占拠されていることだ」。

筆者にこう語ったのは、住民組織に入っていないM村の住民であった。参加型森林政策の目的は、森林保全と周辺住民の生活向上である。M村のCBFM事業地は、六割ほどの森林率を保っていることから、森林保全については一定の成果をあげているようにみえる（Cacupangan Tree Farmer's Association 2007a）。しかしながら、冒頭の住民によれば、参加型森林政策や住民組織の存在が森林保全に結びついていると簡単には評価できない理由があるようだ。参加型森林政策において、権利者と権利区画が決まった後は、どのように森林を管理・利用して、森林保全と生活向上につなげるのかという本題が待っている。本章では、実際に住民組織メンバーがどのように国有林を管理・利用しているのかという権利行使のメカニズムを分析する。(1)

住民組織の運営

住民組織は、役員が中心になって運営されている。役員はリーダー一人を頂点に、書記一人、会計一人、委員四人で構成される。CBFM協定によると、リーダーは住民組織メンバーによる三年ごとの選挙で決められることになっている。しかしM村の住民組織では、二〇〇〇年にCBFMが始まったときに行われた選挙以降、二〇一〇年に至るまで、選挙は一度行われただけである。それも日本の援助期間中という、外部者の介入があった際に行われた。共有林植林プログラムで設立された森林管理組合のときから、およそ三〇年間変わらずにR氏(六〇代、男性)がリーダーを務めてきた。その他の役員たちもほとんど変わらず、長期間同じ住民が運営を担ってきたといえる。

長く住民組織リーダーを務めてきたR氏は、一九六六年にM村の女性との結婚を機に近隣の村落から移り住んで以来、村内の役職を数々務めてきた。R氏は、マルコス政権下にあった一九六八年から一八年間、M村の事務局(セクレタリー)を務め、一九九五年から九年間、村落の評議員(カガワッド)を務めた。灌漑田所有者が灌漑用水路を管理するために組織している農民灌漑組合の会計も、一〇年近く担ってきた。しかしR氏が所有するのは天水田であり、灌漑田の所有者の集まりとは本来、無関係である。R氏いわく、「自分は関係ないはずだが、どうしてもと頼まれたので、仕方なく会計をやっている」そうである。

このように、R氏はその誠実で温厚な人柄が他の住民たちから認められて、住民組織リーダーになったようである。環境天然資源省の複数の職員が、「R氏でなければ、みんなをまとめられない」とか、「R氏がリーダーだから、あのCBFMはうまくいっている。すべてはリーダー次第だ」などと話しているように、行政からもR氏のリーダーとしての適性は認められている。

しかし、R氏本人は高齢になってきたこともあり、筆者にもしばしば「もう辞めたい」と話していた。彼は自らの仕事について、「リーダーの仕事は無給にもかかわらず、いろんな人と話をしなければならなくて、負担が大きい。自分がリーダーを長くやっているのは、ただ単に誰も引き

写真6−1　住民組織メンバー向けに通知を書くリーダーR氏．この通知は伝達係がメンバーに届けに行く．

受けたがらないからだ」と消極的な発言をしている（**写真6−1**）。実際、日本の援助事業期間中に行われた選挙でも、R氏はリーダーの役職を辞退したいと申し出ており、あと一度だけと周囲に頼まれ、しぶしぶ了承した。二〇一一年七月に行われた選挙で、四〇代のM氏がリーダーに決まり、ようやくR氏は長い役職から解かれることになった。

住民組織の役員を決める様子からもわかるように、組織の運営や活動について、メンバーはあまり積極的ではない。住民組織の書記が記録した議事録によれば、環境天然資源省や援助機関などの支援事業があれば、月一回から二回ほどの頻度で会議や活動を行っていて、参加人数は半数を超えることも多い。援助事業中、リーダーは援助機関のスタッフや住民組織メンバーの仲介役となり、ほぼ毎週のように役員会議を開いて計画を進めなければならなかった。しかし行政や援助機関の事業がなければ、会議もあまり開かれなくなり、住民組織メンバーが共同で何かに取り組む機会は極端に減る。事業がない期間は、会議の議事録も半年に一度ほどのペースになる。ただし、事業がない期間でも、リーダーだけは日常的に起こる森林管理をめぐる住民の利害問題に対応しなければならない。

このように、CBFM事業地を管理する住民組織は外部からの支援がない限り、集団としての活動が停滞または休眠していることが多い。その理由はそれぞれの地域で異なるだろうが、M村のように主な生業が農業である地域では、必ずしもCBFMが住民の最重要課題にならないことがあげられる。M村では森林地と低地を利用した生業複合が行われていて、個人差はあるものの、森林依存度はあまり高くない。森林が生活を組み立てるいくつものパーツの一つでしかないM村で、森林は住民たちにとっての最重要課題とはなりえない。住民の日常生活では、住民組織よりも土地の貸借関係や農作業労働関係のある住民、そして村落の役員（バランガイ・オフィシャル）が大きな影響を及ぼしている可能性にも注意する必要がある。

CBFMの森林管理の実態

実際の森林の状態をみてみよう。住民組織メンバーが管理・利用するCBFM事業地の約六割が森林に覆われているが、その植生は、管理契約証書が発行されている二二ヘクタールの土地と、権利書が発行されていない土地とで、若干異なっている。統合社会林業プログラムで管理契約証書が発行され、長期にわたって住民に権利が付与されてきた区画では、筆者の調査で六八種類の樹木、果樹、野菜が確認できた（表6-1）。とくに材用樹種ジミリーナの本数が圧倒的に多い。ジミリーナは、建材や薪炭材に利用する外来種で、住民組織メンバーが好んで植林してきた。次に多く確認できたのは、イピルイピルやマホガニーで、これらも木材用樹種である。ジミリーナが住民によって植林されることが多いのに対して、この二種は天然更新したものを住民が育てる場

地方名	学　名	主な用途	生育していた区画数(N=23)	胸高直径24cm以下	胸高直径25cm以上
Kariskis	*Albizia lebbekoides*	木炭	10	22	2
Lagundi	*Vitex negundo*	薬用	1	80	0
Lanete	*Wrightia pubescens*	建材・木炭	2	5	0
Langka	*Antiaris heterophylla*	食用	3	14	0
Ligas	*Semecarpus cuneiformis*	建材・木炭	1	1	0
Mahogany	*Swietenia*	建材・木炭・家具	7	241	1
Mango	*Mangifera indica*	食用	9	53	9
Molave	*Vitex parriflora*	建材	8	28	3
Narra	*Pterocarpus indicus* *Pterocarpus vidalianus*	建材・木炭	7	8	5
Pakac	*Artocarpus blancoi*	建材・食用	3	5	0
Panna/ Pannalayapen	–	木炭・食用	1	1	0
Papaya	*Carica papaya*	食用	1	20	0
Pine apple/Pinya	*Ananas comosus*	食用	3	69	0
Rice	*Oryza sativa*	食用	1	–	–
Sablot	*Litsea glutinosa*	建材・木炭	4	5	0
Samak	*Macaranga tanarius*	木炭・食用	5	6	0
Santol	*Sandoricum koetjape*	食用	1	3	0
Star apple/ Caimito	*Chrysophyllum caimito*	食用	1	0	2
Tamarindo/ Salamague	*Tamalindos indica*	食用	2	2	0
Teak	*Tectona grandis*	建材	8	98	60
Tebbeg	*Ficus nota*	–	1	4	0
Tesa	*Lucuma nervosa*	–	3	5	0
Ube	*Dioscorea alata*	食用	1	120	–
Uplay	–	木炭	5	8	1
Wayan	–	–	1	9	0

出所：現地調査（2009年）に基づき筆者作成.

表6-1　CBFM事業地の植生と用途（住民が利用している有用植物のみ）

地方名	学　名	主な用途	生育していた区画数（N=23）	胸高直径24cm以下	胸高直径25cm以上
Abar	*Nauclea orientalis*	建材・木炭・家具	6	8	10
Acacia	*Samanea saman*	建材・木炭	1	4	0
Aklengparang	*Albizid procera*	建材・木炭	7	18	3
Alem	*Manibot multiglandulosus*	木炭	2	2	2
Alibangbang/Kulibangbang	*Bauhinia malabarica*	木炭・家具	20	134	7
Alinau	*Grewia setacea*	木炭・食用	2	2	0
Alitungtung	–	建材	1	1	0
Alocon/Himbabao	*Broussonetia luzonica*	建材・木炭・家具	7	18	0
Aldeg	*Streblus asper*	木炭	3	3	0
Bignaypugo/Arocip	*Antidesma pentandum*	木炭	2	17	0
Bamboo/Buho	*Bambuseae*	–	6	24	–
Banaba	*Lagerstroemia speciosa*	建材・木炭・薬用	20	82	0
Banana	*Musa spp*	食用	3	168	0
Barinau	–	木炭	5	9	1
Baroy	–	建材	2	2	1
Bayabas/Guava	*Pisidium guajava*	食用	3	2	0
Bitnong	*Firmiana simplex*	建材・木炭	6	46	0
Calautit	–	建材・木炭	1	1	0
Cassava	*Manihot utilisima*	食用	1	0	1
Cupang	*Parkia timoriana*	建材	1	1	0
Dalipawen	*Alstonia scholaris*	建材・木炭	4	4	1
Duhat	*Syzygium cumini*	建材・木炭・薬用	6	3	5
Gmelina	*Gmelina arbolea*	建材・木炭・家具	22	3,701	323
Guavana	*Alphensea muricata*	食用	1	3	0
Ipil-ipil	*Leucaena leucocephala*	建材・木炭・食用・薬用	18	560	13

合が多く、管理の仕方は異なる。

このような有用な木材用樹種は、参加型森林政策が導入されたときから、現場森林官らの勧めもあって、住民が造林してきた。現場森林官は、木材用樹種の植林を積極的に奨励する際、決まり文句のように、「住民が植林した樹木は将来自分たちで伐採できる」と説明してきた。この影響もあり、今日もジミリーナは住民が好んで植える木材用樹種となっている（**写真6-2**）。CBFM事業地内には、胸高直径二五センチメートルを超えて成長している木材用樹種があり、すでに伐採・販売に適した状態になっているものもある。また果樹もその多くが住民たちによって換金目

写真6-2　ジミリーナを造林するCBFM区画.

写真6-3　CBFM事業地で採取した
薪炭材とガビ（タロイモ）を運ぶ住民組織メンバー.

写真6-4　CBFM事業地での陸稲栽培.

的で育てられてきたものである。

これに対して、二〇一〇年から新たに住民組織メンバーの管理区画となった土地では、すでに管理・利用されてきた区画内より多い八二種類の樹木、果樹、野菜が確認できた。筆者の調査時、まだ管理が始まっていない区画がほとんどであったため、天然更新による多様な樹種が確認できた。在来種で多くみられたアリバンバン、バナバ、カリスキスの枝は、住民たちが薪炭用に好んで使うものである。ジミリーナや果樹もほとんどが天然更新によるものであるが、一部の区画には、参加型森林政策の前から住民が換金目的でマンゴーを育ててきた場所がある。

植生調査をして明らかになったことは、CBFM事業地が住民組織という集団ではなく個人単位で管理・利用されてきた点である。植生は各区画で大きく異なっていた。ジミリーナを熱心に造林している住民組織メンバーもいれば、果樹や焼畑などの土地利用をする者もいる（写真6－3・6－4）。また、管理や利用をやめている者も数人いるため、CBFM事業地の植生は、パッチ状に変化していた。CBFMは集団的な土地利用権を住民に与えているが、実態としては個人ベースの管理・利用になっている。

森林管理の指針となる計画書

一九六〇年代、M村の高地は、牛の過放牧などによって草地が広がり、森林が減少した時期であったといわれている。しかし現在、CBFM事業地を含む高地の大部分は二次林に覆われていることから、その後、森林が回復したと考えられる。フィリピンの他地域のCBFM事業地で見られるような森林劣化や減少がM村では見られないことから、住民の森林利用を抑制するような、何らかの規制が働いていると考えられる。なぜM村では、過剰な森林利用が回避できているのだろうか。とくに住民組織メンバーが、得られた利用権を過度に乱用することなく、自らの森林利用を資源の減少に向かわない程度に抑えることができているのは、なぜなのか。

CBFMにおいて、現場の森林管理のあり方を規定しているものは、「五カ年活動計画」と「コミュニティ資源管理フレームワーク」である。両方とも住民組織が作成した後、環境天然資源省の承認を得ることになっている。M村の五カ年活動計画には、圃場管理、造林、組織強化など住民組織の活動九項目について、四半期ごとに細かい達成目標が書かれている。例えば、育苗や造林する樹種について、その名称や用途さらには本数と面積までも記載されている(Cacupangan Tree Farmer's Association 2007a)。達成目標やその過程が年ごとにすべて数値化されていることから、科学的管理の思想に基づく計画書といえるだろう。

どんなに精緻に作られた科学的管理計画書も、住民がそれを必要と考え、実行に移すことで初めて、その成否を検討することができる。さらに参加型森林政策の場合、実際の森林管理の担い手が住民であることからも、住民たちが計画書の内容を理解することができ、かつ実現可能であることが求められよう。しかし、CBFMコーディネーターは計画書を初めて作成した当時、住民参加の必要性を感じていなかったために、自分が計画書を作成したと振り返る。住民にその内容を共有しなかったし、連携も考えてこなかったと言う。そもそも環境天然資源省に提出する書類は煩雑なものが多く、住民にとってわかりやすい内容とはいえない。したがって、現場森林官が住民に代わって計画書を作成したのである。

このようなことはM村に限らず、他の地域においても行われていることで、フィリピンでは珍しいことではないという。他のCBFM事業地では、計画書が存在していることすら知らない住民組織も少なくない。策定された計画を実行するためには、住民組織メンバー内で、計画書に記載されている森林管理・利用のルールや手順が共有される必要があるが、実際には協力して森林管理をする体制が構築できないのである。五カ年活動計画やコミュニティ資源管理フレームワークは、現場森林官にとって住民の活動を支えるためのものではなく、組織の上層部に提出するための関連書類として、これまで扱われてきたと考えられる。

M村で日本の援助機関によるCBFM支援事業が実施された際、対処すべき課題の一つとされたのが、住民不参加のもとでの計画策定であった。住民参加に基づく森林管理を実現するため、援助事業の一環として、住民組織メンバーと現場森林官が一緒に計画書を作り直すワークショップが実施された。ワークショップには、住民組織メンバー数人、現場森林官、援助機関の専門家やスタッフ、現地NGOが参加したという。現地NGOがファシリテーターとなり、住民自らが計画書の作成に関わることで、住民組織内で管理計画や資源利用のフレームワークが共有され、森林の共同管理の実現に近づけるねらいがあった。

作り直された計画書の内容を見てみよう。五カ年活動計画に記載された活動内容は、①苗圃の管理、②森林面積の拡大、③組織強化、④インフラ整備（水路と道路）、⑤換金作物栽培の拡大（アグロフォレストリーと果樹栽培）、⑥情報の普及、⑦農繁期と農閑期の作業工程、⑧非木材林産物の採取、⑨天然林保全であった。これらは住民の要望を反映したもので、造林だけでなく生活向上を目指したより多様な活動が含まれている。各項目には四半期ごとに詳細な達成目標が設定されている。例えば、①苗圃の管理では、木材用樹木、果樹、野菜など、育てる苗の名称も具体的に記載され、その数値目標が書かれている。木材用樹種としては、ジミリーナ九一六三本、マホガニー九一六三本、そして果樹からはマンゴー一〇〇〇本、カラマンシー一〇〇〇本とある。②森林面積の拡大のための計画としては、木材用樹種ジミリーナの面積を五ヘクタール、マホガニー五ヘクタール、そして果樹五ヘクタールと、五年間で植林面積を合計一五ヘクタール増やすことになっている(Cacupangan Tree Farmer's Association 2007a)。これらの数値目標から、五カ年活動計画を共同で作成し直した二〇〇七年時点では環境天然資源省も住民組織も、ＣＢＦＭ事業地を木材用樹種を軸に造林する予定であったことが推測される。コミュニティ資源管理フレームワークには、これらの項目を実施するための工程表が記載されている。そして最終的に資源管理から得られた利益は、住民組織メンバー間で平等に分配するという原則が明記されている(Cacupangan Tree Farmer's Association 2007b)。

なぜ計画書は二度作られたのか

援助プロジェクトが終了した翌年、改定された計画書の内容がどのくらい実行されているのか、M村で聞いてみた。計画書を改定するためのワークショップに参加した住民組織メンバーは、計画書の存在をかろうじて覚えていたものの、その内容については全員が忘れてしまっていた。住民組織、森林官、援助スタッフで計画書や資源管理フレームワークを共同で作成するにあたり、CBFMの支援経験の豊かな現地NGOをファシリテーターとして呼んでいた。しかしながら、どこまで住民組織メンバーたちが主体性を持って作成に関わっていたのかは疑問である。なぜ、計画書を改定する必要があったのだろうか。

改定された計画書には、住民組織の活動項目に、ヤギの飼育、森林内の雨水タンクおよび送水管の設置など、およそ地域住民だけでは実施できないような内容が含まれている。計画書の数値目標を達成するためには、住民だけでは労働の負担が大きすぎて、物資を購入する予算も必要になる。環境天然資源省の地域事務所やCBFMを支援するはずの町役場も、慢性的な財源・人材不足にあるため、住民と同様にその経費を負担するのは難しい。作り直した計画は、外部からの援助を前提とする内容になっているのである。

CBFMはコミュニティに基づく森林管理を掲げ、援助機関は政策の実効性を高めるための支援をしている。住民の要望を汲み取った形で作成されたものであっても、援助の一環で作成し直した活動計画や資源管理フレームワークは、外部の支援を前提としたものであり、住民の主体性が弱まってしまうという側面があることは否定しがたい。そもそも、援助プロジェクト期間中に再度作られた計画書は、援助機関や現場森林官が作成を呼びかけたものであって、住民組織の要求によって作成されたものではなかった。その経緯をふまえれば、いわば援助機関に対しての支援要請書の側面も持っていたように思われる。援助機関スタッフや現場森林官にとって、計画書は援助予算を受け取る根拠ともなりうる。外部からの援助を前提とした活動内容が多かったのも、この計画書の目的をふまえれば当然のことである。こうしてM村のCBFMの計画書や資源管理フレームワークは、作成・改定された時点で、その目的が達成されてしまったともいえる。援助が終わった翌年、住民組織メンバーは計画書の存在も忘れていて、計画書に沿って住民組織が森林管理を行うことはなかった。

住民組織の森林管理の実態

実際、住民組織メンバーたちは、どのように森林を管理・利用しているのだろうか。第4章や第5章からもわかるように、実際の森林管理は、共同管理というよりも住民組織メンバーの個人ごとに行われてきた。計画書の数値目標はCBFM事業地全体について書かれているが、実際の森林管理は管理契約証書の区画ごとに個人が行っていて、一部を除いてそれぞれの区画面積は約一ヘクタールと小規模である。新しいメンバーの区画を決める際も、森林官はすでに発行されている管理契約証書にならって一ヘクタールずつにしたため、個人ごとの小規模な森林管理が継続されたことになる。実際の森林管理や利用状況を把握するためには、区画ごと、住民組織メンバーごとの実態を確認する必要がある。

表6-2に、住民組織メンバーごとのCBFM事業地の森林管理の実態をまとめた。地図の測量をした際に、筆者が住民や現場森林官と一緒に確認したものと、立地条件などから立ち入ることができず、本人に聞き取りを行ったものを統合している。この表からも明らかなように、住民組織メンバーの森林管理・利用は、非常に多様である。その傾向としては、まず木材用樹種の

育成のみを行っている者が最も多く、次いで木材用樹種の育成と伐採（木材および薪炭利用）を行っている者（写真6-5）、そして果樹や野菜などの栽培を行っている者も多数いることが確認できた。樹種については、計画書でも重点を置いているようなジミリーナなどの木材用の早生樹を育てているメンバーが多い。本数や植林時期は不明確であるが、市場での販売や建築資材に適した一〇年以上生育したものも森林内には多く確認できた。

これらの多くは住民組織メンバーが自ら周辺の林地などで種を採取し、自宅周辺などで苗に育てた後、植林することが多い。環境天然資源省や援助機関の支援事業では、植林のために、住民に苗が配布されることがある。しかし日常的には、わざわざ苗を購入する住民はおらず、住民組織メンバーのほとんどが種から苗を育てる方法を知っているという。例えば、多くが好んで植樹するジミリーナの苗づくりについては、ヤギが一度呑み込んで、糞とともに出てきた種を好んで使っている。住民は、理由はわからないとしながらも、ヤギが呑み込んだ種の方が生育が良いということ

写真6-5　CBFM区画内での自家消費用伐採.

No.	性別	年齢	CBFM事業地の利用	主な収入源
29	男	59	なし	小作農
30	男	37	木材用樹種の採取	農業労働
31	男	32	木材用樹種・果樹の育成	農業労働
32	男	21	果樹の育成	農業労働
33	男	36	なし	小作農
34	男	36	なし	小作農
35	男	38	なし	小作農
36	女	62	木材用樹種の育成	自作農，農業労働
37	男	32	なし	農業労働
38	男	38	野菜・果樹の栽培，木材用樹種の育成	自作農，竹販売
39	男	34	野菜・果樹の栽培，木材用樹種の育成	自作農
40	男	72	米・野菜の栽培，木材用樹種・果樹の育成	CBFMの野菜販売，竹製品販売
41	男	37	なし	農業労働，農地ケアテーカー
42	男	48	なし	自作農

注：No.23までは管理契約証書が発行されている土地を管理する住民．
No.24以下は2009年に加入した新メンバーで，管理契約証書はない．
親族関係は親子・兄弟関係までを記し，従兄弟や儀礼親族などは省略した．
出所：現地調査（2009年）に基づき筆者作成．

で、広く実践されている方法である。そうなると、植林に関して住民に物資や知識が不足しているから支援が必要という前提は、ここではあまり当てはまらなくなる。

伐採適齢期の木があるにもかかわらず、住民組織メンバーのほとんどは、環境天然資源省から伐採許可が下りないという理由で伐採をあきらめ、そのままにしている。CBFM事業地内で森林管理や利用を行っていないと答えたメンバーは、三割強にあたる一四人いた。住民によると、環境天然資源省はこれまで、木材用樹種を植えるよう住民たちに勧め、将来、伐採でき

表6-2　住民組織メンバーのCBFM事業地利用状況

No.	性別	年齢	CBFM事業地の利用	主な収入源
1	男	39	近年なし	野菜販売
2	男	56	薪採取	小作農，農業労働
3	男	35	家具用伐採および他メンバーから木材購入	家具販売
4	男	37	野菜・根菜・果樹・薪炭の生産，木材用樹種の育成	農業労働，家畜委託飼育
5	男	−	(他州在住のため調査できず)	
6	男	62	木材用樹種の育成	小作農
7	男	43	木材用樹種伐採・育成	自作農
8	男	44	木材用樹種の育成	小作農
9	男	43	近年なし	小作農
10	男	65	薪採取，木材用樹種の育成	自作農，娘の仕送り
11	男	47	近年なし	小作農
12	女	59	野菜・根菜・果樹の生産，木材用樹種の育成	自作農
13	男	79	竹・建材用樹種の伐採，木材用樹種の育成	義娘の仕送り，自作農
14	男	61	木材用樹種・果樹の育成	農業労働
15	男	48	木材用樹種の育成	小作農
16	男	59	木材用樹種の育成	自作農
17	男	54	近年なし	農業労働，自作農
18	男	29	(他州在住のため調査できず)	
19	女	59	木材用伐採，木材用樹種の育成	薪炭販売
20	女	63	夫が亡くなった2007年以降は利用せず	農業労働
21	男	41	野菜・根菜・木炭・果樹の生産，木材用樹種の育成	自作農，農業労働
22	男	42	木材用樹種の育成	農業労働，家畜飼育
23	男	55	木材用樹種の育成	自作農，家畜委託飼育
24	男	80	薪炭採取，木材用樹種の育成	自作農
25	男	38	なし	妻の仕送り
26	女	44	建材用伐採，木材用樹種の育成	小作農，農業労働
27	男	50	なし	オートバイ小売店
28	男	76	米・野菜の栽培，木材用樹種・果樹の育成	自作農

るからという説明をしてきた。それにもかかわらず、いざ樹木が伐採に適した状態まで成長すると、煩雑な伐採申請手続きを求めてきたり、そもそも伐採許可を出してくれないと、住民は不満を募らせている。近年では、このまま伐採許可が出ないのならば、これ以上ジミリーナなどの木材用樹種を植えるのはやめようと考える者もいて、確実に現金にできる果樹を育てた方が得策ではないかという考えが住民組織内に増えつつある。なかには、伐採許可をすぐに出さない行政への不信や落胆によって、森林管理をやめた者もいる。

森林管理に関わるルール

筆者が調査をするなかで、M村の住民組織において、計画書や資源管理フレームワークに代わる明確な森林管理・利用のルールの存在は確認できなかった。しかし以下の三点は、多くの住民組織メンバーが共通して認識している森林利用に関わるルールであった。

(1) 自分の区画では自給用の焼畑や木材薪炭の採取を行うことができる。
(2) 他人の区画で薪や竹を採取する場合は権利者の了承をとる必要がある。
(3) 商業用伐採には住民組織リーダー、村長、現場森林官の許可をとる必要がある。

住民組織メンバーの多数が共通して認識しており、実行しているこれらのルールは、あくまでも住民組織メンバーが、自らの状況に基づいて必要な植林や木材伐採を行えることを前提としたうえでの共通認識である。本来、CBFM事業地内の木材伐採には、環境天然資源省の許可が必要である。そして住民が木材伐採の申請をする場合には、必要な手順が四段階ある。まず、住民が申請に必要な書類(要望書、村長の承諾書、土地利用権コピー)を用意する。申請書類に不備がなければ、次に、現場森林官が現地調査を行い、樹木が申請どおり存在しているか確認し、証明書類を作成する。その後、現場森林官が作成した書類に、地域事務所の森林管理チーフとCBFMコーディネーターが署名する。最後に、申請した住民が地域事務所に赴き、運搬許可のための費用(八〇ペソ)を支払えば、住民は許可証を受け取ることができる。

この一連の流れが完了するまでには時間がかかる。しかも環境天然資源省長官らの伐採禁止命令が突如発布されることがあり、そうなれば現場森林官が住民の申請をまったく受け入れないこともある。環境天然資源省長官による禁伐令が解除されても、現場森林官が何らかの理由をつけて申請を許可しないこともある。このようにCBFM事業地内の森林伐採を正式な手続きに則って行えば、多くの困難が伴うのである。住民組織メンバーのなかには、将来、息子や娘が結婚して家を新築・増築するときの資材として、CBFM事業地のジミリーナを利用したいと考え、管理してきた者も多い。彼らの利用は商業目的ではないため、環境天然資源省の許可を得ずに伐採している者もいる。また自給用と称して木材伐採や炭焼きを行ったり、焼畑で野菜を栽培して、余剰分を村落内外で販売する者もいる。現場森林官も自給目的の伐採であれば、住民組織メンバーたちを咎めることはしない。このように、計画書や資源管理フレームワーク上のルールとは異なった森林利用や管理が存在していることは、住民組織メンバーの実践と、外部支援を前提とした科学的管理計画との距離がいかに遠いかを示している。

熱心な森林利用の問題

森林管理のルールに反するような「熱心な」利用に対しては、森林管理者としての住民組織メンバーの役割を超えた過剰な森林利用であるという懸念もある。なかでも、共有林植林プログラムのときから利用権を持つ年長者B氏の行動は際立っている。そもそもB氏は、参加型森林政策が導入される前から、森林の管理・利用に熱心だった。彼のCBFMの区画には、他とは比べられないほど多く植林されたジミリーナが所狭しと並んでいる（写真6-6）。筆者が調査をした二〇〇九年や二〇一〇年にもCBFM事業地の竹や木々を伐採して売っているが（写真6-7）、環境天然資源省の許可は一切得ていない。B氏は他のメンバーの区画でも植林を始めたり、隣接する区画で伐採したりするなど、隣接する区画を管理する住民組織メンバーとの間での利用をめぐる問題をこれまでに起こしている。

他にも、住民組織の副リーダーA氏も、現場森林官が禁止しているCBFM事業地内での炭焼きを数年にわたって続けている（写真6-8）。二〇〇九年六月、住民組織に属さない友人二人を誘ってA氏が炭焼きをしていたところ、偶然通りかかった現場森林官に見つかってしまった。CBFM事業地内で炭焼きをした罰として、A氏らはカミリン地域事務所の草むしりをさせられたそうだ。草むしりは、何かに規定された罰則というわけではなく、地域事務所の所長の発案であったという。しかしA氏はその翌年も、CBFM事業地の樹木を使って炭焼きを行っている。

というのも、A氏は低地水田を所有していない。そして農作業雇用労働にも多くは参加していない。低地の農業以外から、生活に必要な現金収入を得ているのだ。先に紹介したB氏は、低地に比較的広い水田を所有しており、海外出稼ぎをしている子どもたちからの仕送りもあるため、生活のためという理由から違法な森林利用をする必要がないように思える。対してA氏の違法な森林利用は、日々の暮らしに直結している。両者ともに、現場森林官らからの注意や罰を受けてもCBFM事業地内で伐採や炭焼きを続け、暮らしの糧にしている。

写真6-6　B氏のCBFM区画内のジミリーナ林.

写真6-7　B氏の竹材生産.

写真6-8　A氏の炭焼き現場.

妻が住民組織の会計をしているF氏は、管理契約証書が発行されている区画で唯一、焼畑をして米や野菜を栽培している（写真6-9）。その面積は区画の半分以上で、種類は米、シタウ（十六ささげ）、かぼちゃ、とうがらし、パパイヤ、ジミリーナなど多様である。さまざまな種類を栽培できるのは、隣村から移住してきた一家族をCBFMの区画内に住まわせて、農作物の世話をさせているからである（写真6-10）。森林への関心が低い住民組織メンバーがいる一方で、このように住民が共通して認識しているルールを逸脱する形で森林を利用しているメンバーもいる。現場森林官は、彼らのような熱心な森林利用者の存在を認識していて、炭焼き以外については、その利用を咎めることはせずに、黙認している。

写真6-9　F氏のCBFM区画内の焼畑農業．

写真6-10　F氏のCBFM区画のケアテーカーの家．

熱心な森林利用への対処

森林利用に熱心な住民の存在によって、住民組織メンバー間や村落内で、国有林の森林管理に関する考え方の違いや、それに伴う対立も生じている。とくにCBFM区画の境界線の侵害や、木の所有者をめぐる対立がしばしば起きている。

例えば、先に紹介したB氏は、現場森林官や住民組織リーダーへの断りなく、CBFM区画内の樹木を伐採することがあった。二〇〇八年には、隣接するN氏の区画からB氏が無断でジミリーナなど六本を伐採するという出来事があった。N氏は環境天然資源省と町役場農業課にB氏の行為を訴え、現場森林官はN氏が新たに植林するための費用を支払うようB氏に指示した。ところがB氏はその後も費用を払わなかった。現場森林官は代替案として、B氏の樹木六本をN氏に渡すよう指示したが、それでもB氏は自分の区画から伐採したと主張し続け、N氏に賠償する意思はないという姿勢を変えなかった。

住民組織内で問題が起きたときへの通常の対処と同様に、まずは住民組織リーダーが仲裁を試みた後、リーダーは村長にB氏を説得するよう求めた。ところが、問題を起こしたB氏と親戚関係にある村長は、この件に対応しなかったため、現場森林官らが直接対処することになったのだ。結局、B氏は態度を変えることなく、N氏の泣き寝入りに終わってしまった。海外出稼ぎをしている子どもを持つため経済的にも裕福で、かつ村長とも近い関係にあるB氏と、夫を亡くして農業の日雇い労働を主な現金収入源にしているN氏とでは、力関係は歴然である。国家の規定だけ

写真6-11
焼畑をせずに農業を行う追加メンバーのCBFM区画.

写真6-12　写真6-11の区画内で収穫した野菜.

でなく、村落内の住民関係のなかで、CBFM内の森林の管理・利用のあり方は左右されている。

過剰な森林利用による利害対立は、個人ごとに区画を管理・利用しているがゆえに避けられないが、M村のCBFMにおいて、このような熱心な利用者はむしろ少数派である。表6-2のとおり、森林を利用していない住民組織メンバーは少なくない。「ここ数年、CBFM事業地に行っていない」と答えたメンバーは、約三割を占める。低地の農作業が忙しいとか、伐採したくても環境天然資源省の許可が下りないなどを理由に、CBFM事業地での森林管理や利用に消極的なのである。

表6-2のNo.24以降は、現場森林官から新たに区画を容認された追加メンバーであるが、その多くは管理契約証書が未発行であることを理由に、加入した年には森林管理を始めていない。現場森林官が追加メンバーの区画を実測した翌年に、土地利用を始める住民が少しずつ現れるようになった。このうち二人は、焼畑をしてトウモロコシや豆類などの野菜、米、ジミリーナやバナ

ナなどを育てている。他にも兄弟二人は、焼畑をせずに開墾して、トウモロコシ、トマト、豆類などの野菜を栽培している(写真6−11・6−12)。ジミリーナなど木材用樹種を植えても環境天然資源省が伐採を許可しない可能性があるため、土地利用を始めた追加メンバーは、野菜や果樹の栽培を中心に土地を利用していこうと計画を立てている。

CBFMは本来、計画書や資源管理フレームワークに基づく共同管理を前提としている。しかし実際は、権利を与えられた区画を個人の判断で管理・利用しているのだ。利用実態は個人ごとに異なり、森林利用に熱心なメンバーもいれば、数年間山に足を運んでいないし、当分行く予定はないと答えるメンバーもいる。注目したいのは、M村のCBFMにおいて、熱心な森林利用を行っている少数者の存在ではなく、反対に多くのメンバーが森林利用を控えている状況である。次節では、住民組織メンバーの森林利用を抑制している要因について、村落の住民関係から読み解きたい。

2 森をめぐる住民の対立

参加型政策によって分けられた住民たち

森林を利用していない住民組織メンバーがいるのは、なぜなのだろうか。森林の伐採許可が下りにくいという環境天然資源省の体制を問題にする住民もいるが、自家消費を目的にした森林利用が了承されている状況にあって、それだけを理由にするのは無理がある。また森林利用に熱心な住民組織メンバーのように、現場森林官の監視の目をくぐり抜けたり、現場森林官から注意や罰を受けても、権利が剝奪されないことを見越して、森林利用を続けたりする住民がいるくらいである。M村のCBFMで森林伐採が抑制されているのは、他にも理由があると思われる。ここでは村落の住民関係まで視野を広げて、住民組織メンバーのCBFM事業地における資源利用を抑制してきた要因を考えたい。

そもそもM村の住民たちは、高地森林が国有林になる前から、日常的に森林を利用してきた。高地森林はコモナルと呼ばれる共有林であり、誰でも立ち入ることができた。食事を作るための燃料や食材、籠やザルなどの生活道具を作るための材料、家の建材、果実を採取するためなど、住民はさまざまに森林を利用してきたのだ。したがって、高地森林が国有林に規定されて森林利用が禁止されたり、参加型森林政策で権利が得られなかったり、過去に権利が付与されたにもかかわらず管理不足などの理由から権利が取り消された住民は、参加型森林管理政策そのものに反感を持つようになった。権利を得られなかった住民のなかには、それまで自分や親兄弟が育ててきた果樹が他人（住民組織メンバー）に取られてしまい、収穫できなくなったと悔しがり、被害者意識のような気持ちを抱える者もいる。権利を得られなかった住民にとって、政策が持つ排除の作用は、不平等そのものなのである。参加型森林政策によって、住民が権利者と非権利者に分けられた衝撃は小さくない。

権利者への高まる非難

政策の対象外となった一部の住民たちは、CBFMや住民組織に対して反感や嫌悪感などの思いを抱えてきた。この感情は、普段は表に出てこないものである。しかし、秘められていた感情は、何らかのきっかけで表面化する。筆者の聞き取り調査でも、住民組織メンバーとそれに属さない住民とでは、CBFMに対する考え方に違いがみられた。参加型森林政策が始まったときに国有林の利用権を得られなかった住民は、権利者となった住民に対して非難や反感や嫉妬などの感情を持つようになったという。ある住民は次のように話してくれた。

「昔は(森林をめぐって)嫉妬なんてなかった。でも今は(CBFM事業地で)焼畑をして、(住民組織メンバーが)もっと米を収穫するとみんな嫉妬する。とてもたくさんの人が嫉妬をしている。だからみんな利用を禁止しろって言うんだ……」(土地なし農民、男性)。

この男性は、かつて現場森林官に権利を取り消された元住民組織メンバーであったため、権利を得られなかった住民側の感情について、当事者の一人として話してくれた。実際にCBFM事業地で焼畑をして米を収穫している住民組織メンバーは、少数である。そこから得られる収入も、大きくない。しかし少数派であっても、住民組織メンバーが熱心に森林利用することで、権利を行使している様子が他の住民からも確認でき、権利を得られなかった住民の不満が確実に高まるのである。なかには、「彼らはただで土地を得ている」(農民灌漑組合員、男性)と住民組織メンバーを厳しく批判する住民がいるように、同じM村住民でありながら、自分たちが利用権を得られなかったという不満は、CBFMそのものに対する批判となり、また住民組織メンバー個人に対する非難へとつながるのだ。参加型森林政策によって多くの住民の権利が剝奪されたという結果が、住民間に森林をめぐる新たな対立感情を生んでいるのである。

さらに、権利を得られなかった不満を持つ住民から、CBFMでの資源利用を一切禁止するべきだという声があがるようになった。森林利用の一切を禁止するよう求める住民の言い分は、M村のCBFM事業地は保護すべき水源林であるというものである。

「水源林から得られるのは水。水はとても重要。水は山頂からここ(低地水田)まで続いている。彼ら(住民組織メンバー)の活動は、灌漑用水に影響しているよ。……なぜ環境天然資源省が森林利用の許可を出しているのか、わからないね。私は、植林の方がいいと思う。しかも木材用の木ではなく、果樹を植える方がいいと思う。……水源林の問題は、統合社会林業(現CBFM)に占拠されていることだ。彼らがそこで木を切るから土壌流出が起きてしまうんだ」(農民灌漑組合員、男性)。

このように一部住民は、現在のCBFM事業地はもともとM村の水源林であり、農業や生活において必要不可欠な、保護すべきものであると主張する。CBFMと水源林の関係を問題にする住民は、とくに低地の灌漑用水を管理・利用する農民灌漑組合のメンバーに多い。これまでM村で土壌流出が起きていないことは、CBFMに反対している農民灌漑組合のメンバーも知っている。彼らは、将来起こりうる危険性に焦点を当てて、住民組織は問題であると主張しているのである。

村落を流れる川はすべてCBFM事業地を通るため、現場森林官も多くの住民も、そこがM村にとって唯一の水源林であることには同意している。しかし、すべての住民がCBFM事業地を水源林と呼んでいるわけではない。住民が水源林と呼ぶようになったのは、国際援助で山麓にダムが造られてからだと振り返る住民もいる。一部の住民たちは、森林が持つ多面的な機能のうち、水源林だけを強調することで、森林の利用か保護か、という二項対立的な構図を提示して、森林を保護すべきと主張しているのだ。これにより、自身の立場を強めることができる。

住民組織は非難をどう捉えているか

農民灌漑組合員たちの不満や批判は、住民組織メンバーの耳に直接届いている。住民組織メンバーの男性は次のように語る。

「(援助事業で)貯水タンクをつくるときも、たくさんの住民に抗議された。彼らは農民灌漑組合員で、湧き水が止まってしまうと言っていた。……でも、田んぼは雨水を使っているから問題ないはずだ。私は権利をもらう前から(国有林内で)木を植えていた。だけど、もっと(森林を)手入れしようとすると怒られる。他のメンバーも手入れすると怒られている」。

これまでも複数の住民組織メンバーが、他の住民から非難された経験を持っている。このような状況にあった二〇一〇年五月、新たに住民組織に加入した二人が認められた区画で焼畑をし、それが延焼するという出来事が起きた(写真6－13)。居住地からも焼畑の煙がよく見えたという。これにより、CBFMをめぐる住民の対立は尖鋭化した。焼畑の延焼に激怒した農民灌漑組合員は、村落の集会で、この焼畑を違法な行為として問題にあげた。焼畑をした住民が罰せられることはなかったが、集会で問題にあげられたことで、焼畑への非難は明確なものとなった。焼畑を行った住民組織メンバーはその後、農作物をCBFMの区画で収穫した際には、収穫物が見つからないよう背負い籠に隠したうえで、なるべく人が通らない道を選んで、遠回りして家に持ち帰るなど気を配っている。これを見た他の追加メンバーは、野菜の栽培をする際に、他住民からの批判を考慮して、焼畑ではなく手作業で開墾してトウモロコシ、トマト、豆類などの野菜を栽培している。多くの住民組織メンバーが、

写真6–13　延焼したとされる追加メンバーのCBFM区画(焼畑後に陸稲を育てている).

区画の測量を終えても森林を利用しないのは、農民灌漑組合を中心とする他住民からの非難を恐れてのことなのである。

住民組織への非難の高まり

集会で焼畑が問題になった後、農民灌漑組合員らは、住民組織の焼畑を厳しく取り締まるよう環境天然資源省カミリン地域事務所に求める署名集めを始めた。追加メンバーが加入したことについても、権利を得ていない住民から反発があった。とくに農民灌漑組合員は、本来は保護すべき国有林の利用を進めるものとして、住民組織の増員を認めないと反対する。これは追加メンバーの加入について、現場森林官が事前に住民全体に説明しなかったことに対する不満でもある。実際に追加メンバーによる焼畑で延焼が起きたことから、現場森林官による監視や規制を強めることで、住民組織メンバーの森林利用をある程度コントロールすべきであるという反対者の主張は、現場森林官が果たすべき役割を果たせていないことに対する批判ともいえる。住民からの批判について現場森林官は、以下のように語る。

「住民組織メンバーに伐採許可を出した後、いつも抗議してくるのが、（農民灌漑組合員でもある）町役場の農業課職員だ。それから一部の農民灌漑組合員も頭が固くて、いつも反対してくる。これまでも何度か住民組織メンバーを増やそうとしたが、彼らの反対もあって増やせなかった」（現場森林官、男性）。

このように、住民組織に属さない住民からの声も、住民組織メンバーの行動や、現場森林官の業務や判断に影響している。村落内にくすぶるCBFMや住民組織メンバーへの不満や批判は、普段は各人の心のなかで止まっているのだが、ごく少数の住民組織メンバーによる焼畑の延焼など目に余る活動があると、それが引き金となって不満が噴出し、CBFMをめぐる村落内対立が表面化するのだ。住民組織メンバー個人の判断で森林利用が行われている現状において、住民組織リーダーも村長も現場森林官も、メンバー個人の活動を完全にコントロールするのは困難である。村落内のCBFMへの不満は、住民組織メンバーを取り締まるべき立場にありながら、彼らに寛容な現場森林官に対する不満へとつながっている。

以上のようにM村では、住民組織メンバーと非メンバーの住民の間で、また現場森林官と住民の間で、CBFMをめぐる対立や衝突が存在している。住民たちの語りから浮かび上がる対立軸は、森林の利用と保護をめぐる住民の対立である。この対立は、①参加型森林管理政策によって、もともと共有林として認識されてきた国有林の利用権を、得られた者と得られなかった者とに住民が分けられたことに対する不満が生まれ、②新たに権利を得た追加メンバーの存在と彼らが焼畑による延焼を起こしたことで、森林の利用と保護をめぐる対立が先鋭化し、③森林保護を訴える中心にいる農民灌漑組合員が、現場森林官に利用を規制するよう訴えたという過程を経ている。多くの住民組織メンバーが森林利用を控える背景には、国有林の利用権をめぐる住民たちの利害対立があるのだ。

3　対立をめぐる住民の関係

森をめぐる多様な利益

M村では、森林の利用と保護をめぐる対立構図が存在していることがわかったが、この対立とは、具体的にどのようなものなのだろうか。住民たちが考えるCBFMからの利益をふまえて、森をめぐる利害関係を読み解こう。

住民組織メンバーは個人ごとに、各区画で多様な森林利用を行っていた。これは、権利者である住民にとって、CBFMから得ている利益に広がりがあることを示している。表6−3は、M村の住民が考えるCBFM事業地で得られる利益をまとめたものである。住民があげた利益は、木材、薪炭、果樹、草（コゴン）、竹、ラタンなどの木材林産物から、森を開拓して農地で栽培する野菜や米、低地の水源、そして山麓のダムで釣れる魚や貝など、実に多様である。住民は森林との関係に応じてそこから得ている利益に傾向がある。すでに管理契約証書が発行されている区画の権利を持つ住民組織メンバーの五割が、木材や薪炭を利益と答えたのに対して、追加メンバーの六割以上は、実質的な利益をまだ得ていないため「なし」と回答した。住民組織に入っていない住民のうち、農民灌漑組合員の五割が、CBFM事業地の麓にあるダムからの灌漑用水を利益として回答していた。住民組織にも農民灌漑組合にも属していない住民（表6−3で「その他住民」）

表6-3　CBFM事業地から得られる利益

（単位：%）

利　益	住民組織		非住民組織	
	旧来からのメンバー（N=21）	追加メンバー（N=19）	農民灌漑組合員（N=28）	その他住民（N=45）
木材	52.4	15.8	0.0	4.4
薪炭	52.4	10.5	3.6	17.8
野菜・根菜	19.0	10.5	0.0	2.2
米	9.5	5.3	0.0	6.7
果樹	14.3	10.5	3.6	4.4
草（コゴン）	9.5	5.3	0.0	0.0
竹	4.8	0.0	3.6	11.1
ラタン	4.8	0.0	0.0	0.0
水	0.0	0.0	53.6	11.1
魚貝	0.0	15.8	3.6	17.8
動物・鳥	0.0	0.0	0.0	2.2
なし	19.0	63.2	28.6	44.4
わからない	0.0	0.0	7.1	15.6

注：複数回答．
出所：現地調査（2009～2010年）に基づき筆者作成．

は、日常生活のなかでCBFMや高地森林との関わりが少ないこともあって、四割が利益はないと答えた。

このようにCBFMからの利益は、住民組織メンバーが森林資源、農民灌漑組合員が水または水源を得ている一方で、その他住民が利益を得ていないと答える傾向がある。住民の属性によって異なるCBFMの意味や重要性を、このような多数派の意見から捉えるならば、前節で明らかになった住民の森林利用と保護をめぐる対立構図の背景がより理解しやすくなる。すなわち、森林の木材利用を進めたい旧来からの住民組織メンバー、権利の保障を求めたうえで土地利用を進めたい住民組織の追加メンバー、それに対して、水源林として森林を保護したい農民灌漑組合員である。さらに、どちらにも属していない住民は、利用と保護をめぐる対立の周辺にいるという構図である。

多様な利益を一体的に捉える住民たち

しかしながら、住民の回答を注意深く見てみると、利害の構図はもっと複雑である。CBFMからの利益を水または水源とみなしている住民は、農民灌漑組合員に多いのだが、どちらにも属していない住民からの回答もある。さらに住民組織メンバーにも、山麓のダムで捕れる魚や貝という水資源に関わる利益をあげている者もいて、森が森林資源だけでなく水資源も供給するものとして認識されていることがわかる。どちらの組織にも属さない住民の二割弱も、ダムで捕れる魚や貝をCBFMからの利益と回答している。ダムでは日常的に、網の漁や釣り竿を使った漁が行われている。住民の目当ては、一五センチメートルほどのティラピアと呼ばれる白身魚であるが、時にはエビや貝類も網にかかる。量は多くないため、通常は自家消費されている。

農作業を終えた午後、友人と連れ立って釣りに行く女性たち。投網を使って、仲間と魚を捕る男性たち。親に言われて、学校が終わってから食卓のおかずを狙いに行く子どもたち。ダムには日々、老若男女が集まってくる。ある女性は、「釣りに行けば嫌なことも忘れてしまう」と話し、釣る楽しみを求めて一人でもダムに行く。さらにダム周辺は草地であるため、ヤギや牛を放して飼料を与えながら、水面を眺めている住民もいる。ダムは、人が集う憩いの場所でもある。このような住民にとって、CBFM事業地の地名を聞いて真っ先に頭に浮かぶのは、森ではなくダムなのである。森と水は、切り離せない一体的な存在なのだ。実際、筆者が住民に話を聞いているとき、ＣＢＦＭと言っても、多くの住民はそれが何を意味するのか理解できなかった。しかし、事業地がある地名を言えば、住民全員がその場所を認識した。その地名は、森林だけでなく山麓のダムを含む水源林一帯を指す。ＣＢＦＭは国家が使う名称にすぎない。

毎年、雨季が始まる前の五月初旬、一部の住民はダム周辺で雨乞いの儀式を行う。土地持ち農民や小作農をしている住民に限定されるが、各自好きな時間帯にダムを訪れて、タバコ、お酒、食べ物などの嗜好品をダムに供えた後、米作りに必要な豊かな雨を祈る。これは開村以来、援助機関によってダム建設が始まるずっと前から、住民がダム（当初は住民が造った小規模ダム）で行ってきた慣習である。ＣＢＦＭ事業地とダムを含む一帯は、食料を得たり、遊んだり、祈ったりする、暮らし全般を支える共有地ともいえる。住民が所属組織の有無に関係なく、水源として高地森林と低地水田を一体的に認識しているという事実は、住民間での利害関係を利用か保護かという二項対立で分けることの難しさを示唆している。ＣＢＦＭ事業地が水源林として重要であることは、農民灌漑組合員だけに限定されることではなく、住民であれば多くが認めることなのである。ただし、それは本来、森の利用を否定するものではなかったはずだ。

ＣＢＦＭから得られる利益について、木材・薪炭利用と回答した者は住民組織メンバーに多かったものの、その他住民からも回答があったように、決して住民組織だけに制限される利益ではないことにも注意を払う必要がある。実際、住民組織に入っていない住民もＣＢＦＭ事業地から薪炭を得ることができるのである。住民組織メンバーの家族、親戚、友人は時々、住民組織メンバーの植林などの作業を手伝っていて、その代償として薪炭を分けてもらうことがあるのだ。例えば、ＣＢＦＭの区画に住み込んで農作業を手伝う一家族は、住民組織メンバーではない。しかし、住む場所や自給用の薪炭などを区画から得ている。また、住民組織メンバーが自給用と称してＣＢＦＭ事業地で作った木炭は、現場森林官による処罰の対象になるが、村落内の商店主や住民が購入する様子を筆者も何度か確認できたように、実際は村落内外で売買されている。売り手である住民組織メンバーにとって薪炭は、水不足で米が作れない乾季の重要な現金収入源になっている。ＣＢＦＭからの利益を「なし」と回答した住民のなかにも、実際にはこれまで何らかの形で事業地からの森林資源を利用してきた者は少なくないと推測される。住民間での薪炭売買という間接的な森林利用は、ＣＢＦＭ事業地をめぐる利害関係の複雑さの一例といえよう。

以上のように住民は、主生業である低地稲作の水源林、薪炭を採取する森林地、果樹・焼畑農業、山麓ダムでの漁業など、ＣＢＦＭ事業地から複数の利益を得ていることがわかった。住民組織メンバーは森林資源、農民灌漑組合員は水資源、その他住民は利益なしという傾向はあるものの、ダムの共同利用や薪炭の売買などを通して、各自の利益は対立だけでなく共有や相互補完の関係にあることがわかる。なかでも森林内を通ってダムに至る水は、低地農業や日常生活に欠かせない住民共通の資源である。参加型森林管理政策は特定の場所を事業地として選定するが、住民にとってその場所は隔離されたものではなく、他の土地や資源とのつながりのなかで一体的に捉えられている。すなわち住民には、森林の利用と保護という対立だけでは結論できない複雑な利害関係があるのだ。

森を理解するために水田に目を向ける

M村住民が森林と水を一体的に捉える視点を持つのは、高地森林と低地農地が交わる村落空間にあること、そして多くの住民にとって、低地農業(水稲)こそが主な生業であるためだ。M村の森をめぐる利害関係をより理解するためには、そもそも基礎としてある住民関係、すなわち低地農業によって構築されてきた社会関係の理解から始める必要がある。

CBFM事業地とその周辺地域が水源林として重要である点は、多くの住民が認めることである。しかし、それを理由にCBFMや住民組織の活動を批判する住民は、非常に限られている。水源林であることを理由に、森林の利用か保護かという二項対立の構図を持ち出し、森林保護を訴えてCBFMに反対しているのは、農民灌漑組合員の一部なのである。なかでも町役場職員や村長や村役人を経験している地主層(土地持ち農民)の三家族が、反対の中心にいる。農民灌漑組合の役員でもある彼らは、村落内でも政治経済的に力を持っている。住民組織メンバーの活動に対して、批判や反感や嫉妬を持つ住民は少なくないが、たいていは表立って抗議することはない。強く反発する土地持ち農民と、表立って反発しない農民がいる背景には、何があるのだろうか。森をめぐる住民の利害関係を、CBFM事業だけの分析にとどめず、低地での社会関係まで広げて考察してみよう。

第3章で紹介したように、M村の社会階層は大きく分けて、土地持ち農民と、彼らから土地を借りる小作農および農業労働者ら土地を持たない農民と、公務員や商店主など農業以外の現金収入によって生活している住民がいる。住民組織メンバーと非メンバーの低地農地の所有状況を比較すると、住民組織メンバーは低地水田を地主から借りている割合が比較的高く、CBFM以外で森林地の利用権を持つ割合は少ない。つまり国有林の権利者には、森林地を持たない小作農が多い。他方で非メンバーのうち、灌漑田の所有者で構成される農民灌漑組合とその他住民とでは、低地の土地所有の状況が大きく異なる。農民灌漑組合員は自作農の割合が高く、さらに他の住民から土地を担保にした借金の申し入れを受けていたり、借地を耕作するなど、数カ所の田畑を耕作している傾向にある。さらに農民灌漑組合員は、私有林や国家の産業造林、放牧地などを請け負うケースもみられるため、平均すると住民組織メンバーより多い現金収入を得ている。対照的に、住民組織にも農民灌漑組合にも属していない住民は、他に比べて小作農率が一番高く、森林地の権利を有していない割合も高い。彼らのなかにも、商店など他の収入源を有する場合も稀にあるが、地主から土地を借りることができない者、自ら選択して小作農にならない者など、農作業の日雇い労働や出稼ぎで生活を成り立たせている者が多く、より経済的に貧しい住民が含まれている。

住民の経済格差

表6-4で住民の収入を比べると、住民組織メンバーよりも農民灌漑組合員やその他住民の方が平均してより多くの現金収入を得ていることがわかる。[2] 現金収入源を農産物、林産物、家畜生産、雇用、サービス業に分けて比べると、農民灌漑組合員は米からの収入が他に比べて大きく、

収入源		住民組織		非住民組織	
		旧来からのメンバー（N=21）	追加メンバー（N=19）	農民灌漑組合員（N=28）	その他住民（N=45）
商業・サービス業	脱穀機・トラクター・ポンプ	n.a.	−	n.a.	7,267
	雑貨店・売り子	30,000	14,400	32,400	74,150
	トライシクル等運転手	−	6,240	12,000	37,960
	洋裁	−	−	14,400	−
	理髪師	−	−	140	−
	機械修理工	−	−	−	15,000
	洗濯婦	−	−	−	7,200
	家畜仲買人	−	−	−	900
	村役人	14,400	14,400	14,400	14,400
	町役場職員	−	−	n.a.	−
合　計		195,202	197,659	302,338	452,654

注：米は総収量から米で支払う小作料・脱穀機使用料と自給用ストックを引いた分を貨幣換算した．
1カバンあたり46kgとし，1kgあたり15ペソで算出した．
出所：現地調査（2009〜2010年）に基づき筆者作成．

その他住民たちは商店など農業以外の現金収入源を持っていることがわかる。住民組織メンバーの主な収入源は米であるが、米の収入に関して、農民灌漑組合員は住民組織メンバーの三倍以上の金額になっている。米からの現金収入の多さが、農民灌漑組合員の経済的な豊かさの基盤になっている。

主な収入源である米と異なり、薪炭は農民灌漑組合員より住民組織メンバーの方が大きな収入になっている。とくに天水田を耕作する住民組織メンバーは、米が生産できない乾季に、木炭を販売することで現金収入を得ている。それだけ住民組織メンバーには天水田を耕作する住民も多いのである。

表6-4　住民の収入源

（単位：ペソ，1ペソ＝約2円）

収入源		住民組織		非住民組織	
		旧来からのメンバー（N=21）	追加メンバー（N=19）	農民灌漑組合員（N=28）	その他住民（N=45）
農産物	米	37,030	48,242	145,457	50,658
	豆類	4,140	1,990	400	－
	野菜	7,711	416	120	2,382
	根菜類	－	750	553	2,400
	果樹	－	2,625	15,000	2,800
	花・綿	300	500	－	－
林産物	薪炭	9,656	4,575	n.a.	11,828
	製材	－	－	n.a.	－
	竹	4,000	2,000	－	－
	家具・農具	36,000	3,250	－	－
家畜	鶏	250	420	5,205	1,120
	アヒル	3,750	－	－	－
	ハト	－	－	－	1,000
	豚	－	40,000	16,200	41,333
	ヤギ	－	－	－	－
	牛	13,000	9,000	13,375	28,429
	水牛	13,000	22,000	10,000	－
	魚	2,000	－	2,000	800
雇用	農業賃労働	13,965	11,851	10,238	10,382
	家畜ケアテーカー	n.a.	n.a.	n.a.	n.a.
	高地ケアテーカー	－	6,000	n.a.	n.a.
	大工	6,000	9,000	10,450	16,445
	国内出稼ぎからの仕送り	n.a.	n.a.	n.a.	42,000
	海外出稼ぎからの仕送り	n.a.	n.a.	n.a.	84,200

自給目的であればCBFM事業地での伐採許可は必要ないため、住民組織メンバーのなかには自給用に薪炭を作り、その後、近隣住民に売って現金収入にしている者もいる。

他にも少額であるが日常的な収入源として、野菜がある。居住地内などで収穫する野菜のうち、家族で消費したり、親戚や隣人にお裾分けした後、残った野菜を住民たちが村落内で売り歩く。一度の販売で得られる収入は一〇〇ペソほどと少額で、すぐに砂糖やコーヒーなど日用品の購入に充てられている。他方、子どもの教育費や借金返済など、ある程度まとまった額の現金が必要なときには、家畜が収入源になる。鶏などはもっぱら自給用に消費されるが、牛や豚や水牛は高額な現金が必要なときに売られる。その他にも国内外からの仕送りや雑貨店の経営など、住民にはさまざまな収入源がある。フィリピン高地社会の多くが、M村と同様に、高地と低地での複合的な生業によって生活を成り立たせている(Eder 2006)。

複合的な生業のあり方を比較することで、住民組織メンバーの経済的特徴がわかる。すなわち住民組織メンバーは、その他住民に比べて農業以外の収入源が限られており、さらに主な収入源である米の収入に関して、農民灌漑組合員に比べて非常に少ない金額にとどまっている。農民灌漑組合員やその他住民よりも収入の合計金額が少なく、経済力という点では弱い立場にあるといえる。

低地農地が規定する住民の力関係

住民組織メンバーを経済的に比較的弱い立場にとどめる大きな要因は、低地水田を所有しているか否かという点である。M村はタルラック州のなかでも自作農率が比較的高い地域といえるが、CBFMの利害関係者で土地所有を比較すると、住民組織では小作農の割合がより高く、農民灌漑組合では自作農の割合がより高い傾向にある。

農民灌漑組合は、低地水田の灌漑用水を管理する目的で設立された。したがって、その組合員は灌漑田の所有者である。低地水田を所有していても、それが天水田ならば一期作しかできない場合が多い。灌漑田であれば、乾季でも耕作可能な土地が多く、二期作や二毛作が可能になる。こうして年間の米収穫量に大きな差が生まれるのである。

土地所有の有無よりも保有の有無の方が農民の暮らしの実態を把握するうえで重要である、という分析視角もあるだろう。それは否定しないが、M村においては土地を所有しているのか保有しているのかの違い、すなわち自作農なのか小作農であるかという違いは、最終的な米の収穫量に大きな違いを生むため、区別して捉える必要がある。所有地であれば収穫した米をすべて販売することもできるが、小作農として土地を保有していても、収穫した米の一部(二五パーセントまたは五〇パーセント)を借地料として収穫後に地主に納めなければならないため、実際の小作農の取り分は減少する。小作農は農薬、肥料、耕作機械、種の代金などを地主から借りることが多く、その場合は収穫後に米や現金でその代金を返済しなければならない。こうしてまた、小作農が得られる米は減少する。低地農地を所有するか否かで、経済力の差が生まれるのである。

低地キリスト教徒の農村社会は、土地を持つ農民と土地を持たない農民の関係によって成り立つ(滝川 1971)。M村の地主—小作関係は、地主に決定権があり、小作人は農作業の経費などを地主から借りている点で従属的である。しかし、第3章で述べたように、多くの地主が長期間土地を貸すことを嫌がって小作人を替えるため、土地の貸借関係は二年ほどで変わっていく。さらに土地なし農民のなかには、従属的な関係を嫌がって、あえて農地を借りずに、日雇い労働だけで生活しようとする者や、自分から契約延長を断る者もいる。このように、低地農地の所有や保有に基づくパトロン・クライエント関係は、強固で継続的というより緩やかで流動的でもある。

二〇〇九年当時、農民灌漑組合員の三四パーセントが村落内の住民に土地を貸していた。とりわけ海外出稼ぎ労働者を持つ裕福な四家族は突出した経済力を持っていて、灌漑田や天水田を少しずつ購入している。死亡や借金返済によって灌漑田の所有権を放棄する住民がいる一方で、村落内外の裕福な住民が新たに土地を購入している。何らかの理由で土地を手放した住民は小作農や日雇い労働者になっていく。

住民組織メンバーには、このように土地を手放した小作農が含まれている。住民組織メンバーが低地水田を借りる場合、所有者の多くは親族である。しかし、なかには農民灌漑組合員から灌漑田を借りているケースもある。一部の農民灌漑組合員と住民組織メンバーは、低地農業において地主―小作関係にあるのだ。農民灌漑組合員で突出して裕福な四家族のうち三家族がＣＢＦＭに最も批判的であり、反対活動を行う住民なのである。追加メンバーの焼畑による延焼をきっかけに、ＣＢＦＭの利用規制を求める署名運動を呼びかけたり、現場森林官らに住民組織メンバーの活動をコントロールするよう求めるなどの抗議を行っているのが、彼らである。土地所有や灌漑田の有無による経済力の差が住民間に存在しているなかで、住民組織メンバーは村落内で比較的経済的に弱い立場にあり、反対にCBFMに反発している中心人物が地主層である農民灌漑組合員なのである。低地農地の所有や保有を介して、住民組織メンバーと農民灌漑組合員の間には、主従関係という側面がある。緩やかだけれども力の差は明白で、配慮しなければならない力関係なのだ。

農作業労働が規定する相互依存関係

フィリピンの農村社会を規定するもう一つの要因である農業雇用労働において、住民組織メンバーと住民の関係は如何なるものであろうか。第3章第2節で詳述したとおり、農作業雇用労働は、地主―小作関係とは異なる個人間の経済的支援関係である。現在、農作業雇用労働は賃労働が一般的になっている。最も多い支払い形態は現金の後払いで、その他、日常的に現金や物品が貸借されているその返済として農業労働が充てられる場合もある。無償労働や等価労働交換は現在、親戚や非常に親しい仲間に限って行われている。

海外出稼ぎ労働者を持つ農民灌漑組合員の四家族のような一部の富裕層を除いて、M村の住民たちは日常的に現金や米など物の貸し借りをしている。これは農閑期や緊急時だけでない、日常的な経済支援である。土地所有の有無が住民間の経済力の格差を生んでいる一方で、農作業雇用労働の存在は、地主か小作人かにかかわらず、住民が互いに雇い合うことで、個人的支援関係を構築していることを示す。農作業労働への支払い形態が多様であることは、個人的支援が双方の状況に応じて柔軟に結ばれる関係であることを意味しており、村落内のセーフティネットといえる。

住民組織メンバーと農民灌漑組合員の森をめぐる対立も、住民たちの日常的な支え合いや相互依存関係のなかで引き起こされているのだ。住民組織と農民組合のメンバーたちは、地主—小作人という緩やかな主従関係と、農業雇用労働で互いに雇い合う経済的支援関係、また日常的な経済的支援関係という、複雑な相互依存関係を結んでいる。住民たちの日常生活は、互いに持ちつ持たれつ支え合う関係にある。住民はCBFMや森をめぐる利害関係者である前に、日常的な低地生活者としての利害関係者であり支援関係者なのだ。住民間でCBFMをめぐる対立が起きているとしても、日常生活において互いに支え合う必要があるなかで、相手の不満や反対の声を大きくして両者の緊張関係を高めることは得策ではない。

実際、CBFMや住民組織に反対し、何かしらの行動を起こしている住民は、社会的経済的に力のある数人に限られる。彼らは日常的に近隣住民と支え合わなくても、経済的には生活が成り立つ。日常的に相互に支え合う関係を構築している住民ほど、CBFMの利害対立を先鋭化するのを避け、立場を明確にしないように感じた。実際は、住民組織の活動に対して寛容な住民も多くいる。しかし、そのような住民に限って、CBFMに関する筆者の質問には「ノーコメント」と回答した。彼らが賛否を明らかにせず、中立を保とうとすることが多いのは、CBFMに反対している住民から土地や家畜を借りていることによる、配慮や遠慮があるためと考えられる。過去の参加型森林政策によって、国有林の利用から排除されたり、利用権を取り消されてしまって不満を持つ者もいるが、その不満を表明することはあまりない。CBFMに対する住民の立場は、非常に多様で複雑である。だからこそ、日常的な低地での関係を維持するためにも、森林の利害対立を大きくしないよう振る舞っているのだと考えられる。

4 対立回避としての森林保全

本章では、M村のCBFM事業地でどのように森林が管理・利用されてきたのか、すなわち住民組織メンバーがどのように権利を行使しているのか、そのメカニズムを考察した。CBFMの森林利用について定めた計画やフレームワークは、援助機関の支援のもと、住民組織メンバーの要望を反映する形で改めて策定された。しかし実際には、計画に基づく共同管理は実施されておらず、各自が自身の区画を管理しているため、メンバー内で非常に多様な森林利用がみられた。さらに、CBFMや住民組織に対して、権利を得られなかった住民からの不満や反発が存在しており、森林の利用と保護をめぐる対立構図もみられた。しかしながらこの対立は、低地農業を中心とする日常的な助け合いを維持する多くの住民にとって、先鋭化すべき問題ではなかった。対立の先鋭化を回避するうえで、結果として過剰な森林利用が抑制されてきたと考えられる。最後に、対立回避のために過剰な森林利用が抑制されてきたメカニズムをまとめたい。

参加型森林管理政策が導入されるまで、住民たちは現在のCBFM事業地を含む高地森林を共有林と位置づけて、さまざまな資源利用をしてきた。政策によって森林地の利用権が一部住民に制限されるようになると、利用権を得た住民と利用権を得られなかった住民の間でＣＢＦＭをめぐる利害関係が生まれる。住民主体の資源管理政策を導入することにより、国家が住民を受益者と非受益者に分断し、地域社会に新たな対立を生むことがある（Nayak and Berkes 2008）。ＣＢＦＭでは、住民組織メンバーであるか否かが、住民間の対立を引き起こす要因となる可能性があるのでは（Guiang et al. 2001）。Ｍ村の場合、建材・薪炭採取や焼畑農業のための森林利用と、水源林を守るための森林保護という対立として、この受益者と非受益者の利害関係を描くことができる。住民組織メンバーは森林利用のために、国家が規定した諸手続きを無視することもある。対して、低地水田の所有者で構成される農民灌漑組合員には、ＣＢＦＭでの焼畑農業など行き過ぎた森林利用を問題視し、現場森林官がもっと利用を規制すべきであると声をあげる者もいる。

ところがこの対立は、村落を二分するようなわかりやすい構図ではない。多くのＭ村住民の生活基盤は低地農業である。低地の灌漑田を所有する農民灌漑組合員は、小作農の割合が多い住民組織メンバーよりも多くの現金収入を得ることができるので、より大きな経済力を持っている。なかには、地主―小作人関係にある農民灌漑組合員と住民組織メンバーもいる。政治経済的な力が勝る農民灌漑組合員が、ＣＢＦＭへの批判を高めていることで、多くの住民組織メンバーが森林利用を抑えるようになったと考えられる。さらに低地農業に欠かせない農業雇用労働からは、住民組織メンバーか否かにかかわらず、住民が互いに雇い合い、経済的に支え合うことで暮らしを成り立たせていることがわかる。多くの住民にとって、日常的なつながりを維持することが、森林利用よりも重要であるがゆえに、住民組織メンバーは他住民の理解を得られないような行動を

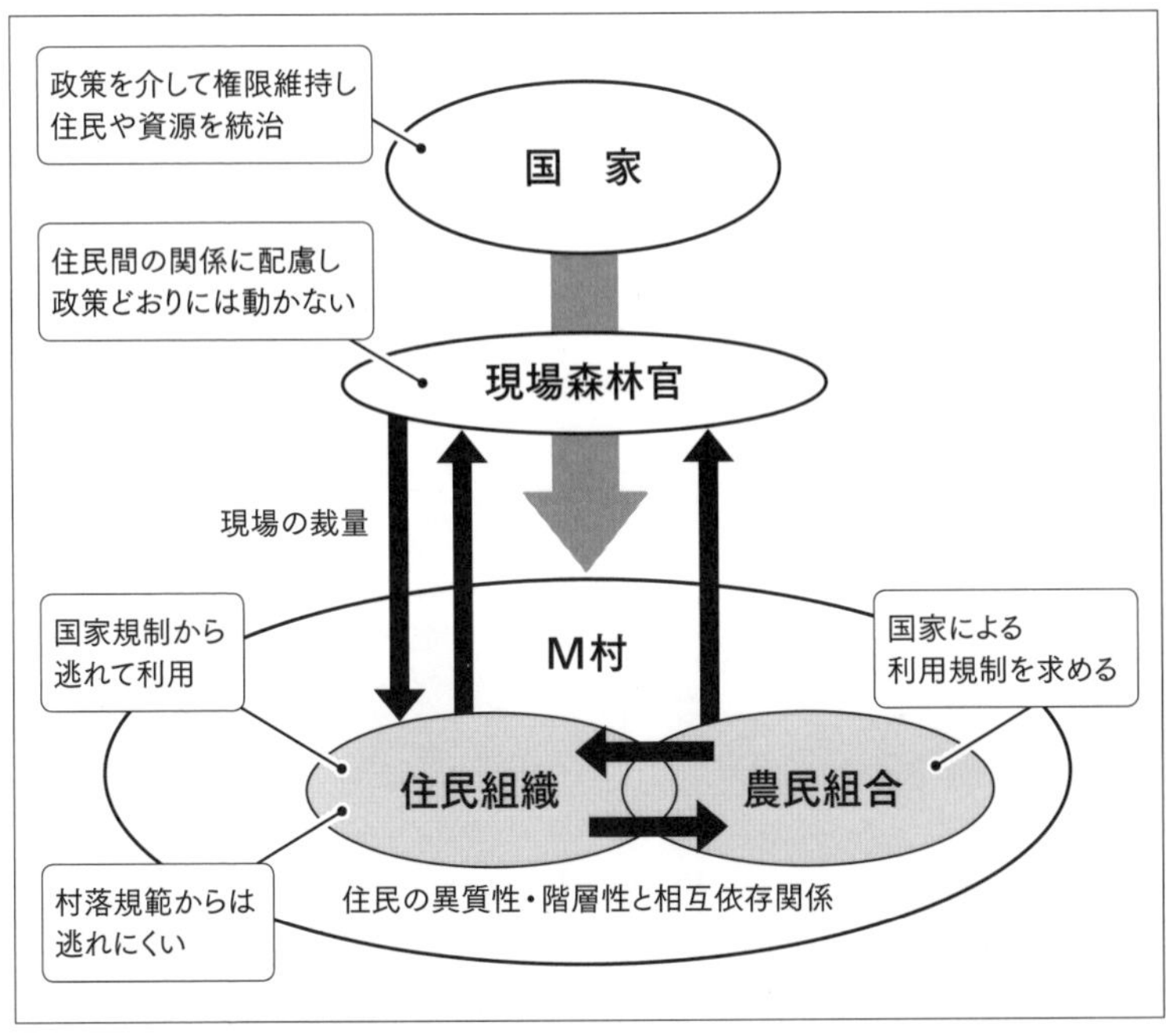

図6-1　CBFMの利用規制をめぐる関係

出所：筆者作成.

慎むようになったと考えられる。M村が共同体的な性質を持つゆえに、住民による自制がより働いたとも換言できる。

図6-1は、住民のなかで、森林の利用に対する規制が働いたメカニズムを示した。住民間の政治経済的な力の格差と同時に存在する相互依存関係、住民間で共有されている森と水を一体的に捉える資源観、そして行政組織の最末端において自己裁量を働かせる現場森林官の存在など、さまざまな要因が絡み合って住民組織メンバーの森林利用の抑制という作用が生まれていた。

M村のCBFMで、六割とい

う比較的多くの森林が残るに至ったのは、これらの諸要因が影響し合った結果なのである。

参加型森林政策によって住民は、受益者（住民組織）と非受益者に分けられるなか、利害関係が先鋭化して一時的に緊張関係が強まることもあったが、一定程度の対立で収まっているのは、日常生活を送るためである。低地農業に基づく社会関係を維持しようと各自が動いたことにより、多くの住民組織メンバーが森林利用を制約するようになったのである。この社会関係は、地主―小作関係によるパトロン・クライエント関係（より垂直な個人関係）と、個人間の相互支援関係（より水平な個人関係）が、無数に複雑に張り巡らされて成り立っている。住民の多くはこの網の目のような人間関係のなかに身を置いていて、そこから森を眺めている。CBFMの森をめぐる対立に対して、住民たちは自ら利害を調整しなければならない（Magno 2001）。M村における利害調整は、低地農業での関係を壊さない程度の行動という規範も含めたものであったと考えられる。

先行研究はフィリピンのCBFMにおける権力作用に着目し、政策が住民の権限を弱めたり対立を生み出すと批判してきた。しかしこれらの議論は、村落社会のなかでの住民組織の位置づけを把握しないまま、住民組織を一つの集合的なアクターとして扱ってきたという点で限界がある。フィリピンの村落社会のなかでのCBFMや住民組織を相対化するような研究は、いまだ不十分であろう。CBFMは森林利用を住民組織メンバーだけに限定するものだが、権利を得られなかった住民も、森林や住民組織メンバーとの関係から切り離して生活することは難しいし、住民組織メンバーも他の住民たちとの関係から切り離して活動することは難しい。政策を規定する国家は、このような村落内の社会関係までコントロールすることはできない。多くの住民組織メンバーが、自らの生活基盤を保てる範囲内で森林利用をしていたM村の事例は、既存の村落内の社会関係が密であるゆえに、CBFMが個人ベースでありつつも、独断的に過剰な資源利用をしづらい状況が生まれたものである。

フィリピンの参加型森林政策において、住民が独自に森林の管理・利用の規制を生み出した事例では、経済的インセンティブがその要因にあげられている[3]。M村の事例から加えたいことは、村落内の日常生活を営むうえで必要な支え合いを維持するという社会的インセンティブも、住民による規制を生み出す要因になりうるということである。CBFM事業地となる森林が、住民にとってどれだけの利益を生み出すものなのか、そしてその利益を追求することが、住民組織メンバー個人にとどまらず住民間の関係構築にどのような影響を与えるのかという配慮も、住民の行動を規定する要因となっていた。

戦争の記憶と出あう

「バッキャローってどういう意味?」

これは調査でフィリピンに滞在していたとき、しばしば住民から聞かれた質問である。遠くで私を見つけた住民が、「バッキャロー」と大声をかけてくることもあった。住民は、たまたま出あった日本人に、意味もわからぬまま、知っている日本語を使ったようだが、言われるたびに私はドキッとした。馬鹿野郎という意味だとわかったからだ。

なぜフィリピンの人たちは、この日本語を知っていたのだろうか。聞いてみると、親や祖父母が、子や孫に第二次世界大戦の体験を話すなかで、日本兵がフィリピン人に対してよく使った言葉として出てきたとのこと。家族の間で戦争体験を語り継ぐうち、若い世代にも伝わっていった。言葉の意味を問うたフィリピン人に、良い意味ではないと伝えると、やはりそうかと納得していたことから、親や祖父母の戦争体験をとおしてバッキャローの意味も想像していたようだった。

私が初めてフィリピンに行ったのは、大学二年生の夏休み。友人らと植林ボランティアに参加した。三週間滞在し、前半はフィリピンの若者と山中で自炊生活をしながら植林し、後半は山麓の集落でホームステイをした。集落を散策していると、住民が「戦争中、この山にたくさん日本兵がいたんだよ」と教えてくれた。予期せぬ言葉に衝撃を受け、それまで穏やかな農村だと思っていた景色が、急に緊張感のある重苦しいものに感じられた。

その後、フィリピンの森林保全について研究するため大学院に進学し、ルソン島北部の山岳地帯で毎年現地調査をした。大きなバックパックを背負い、地図を手に山の話をしていると、「トレジャーハンターか?」と住民に言われたことが何度もあった。終戦間際、日本兵が敗走しながら、東南アジア諸国で集めた財宝を埋めたという伝説があって、今もそれを探す人たちがいるそうだ。調査から帰国すると、財宝の場所が書かれていると思うから訳してほしいと、フィリピンから自宅に文書や地図がファックスで送られてきたこともあった。フィリピンでは、まだ戦争が終わっていないように感じた。

調査では住民にガイドを頼む。あるとき、山に入ろうとすると、「その前にここで何があったか知っているのか」と住民に問われた。太平洋戦争では山中の穴に日本兵が潜伏し、住民と激しい戦いをしたという。調査以前に、地域の歴史を知る姿勢が求められた。植生を調べていると、「この植物の根は毒があるが、食料がなくなった日本兵が食べて腹を下した」と教えてもらったり、道すがら「この畑に穴を掘って日本兵を待ち伏せして殺したと父が話してくれた」と話す住民もいた。日本兵の残虐な行為についての話も多く聞いた。

一度だけ、日本兵と友情を育んだフィリピン人に会った。互いに家族の話をして、生きていたらまた会おうと約束したそうだ。「その後、会っていない。死んでしまったのだろう」。そう言いながらも、その日本兵からの手紙を六〇年以上経っても大切に保管していた。

私の祖父母は、戦争の話をあまりしたがらなかった。それもあってか、戦争は遠い出来事と感じていた。ところがフィリピンでは、訪問する先々で、住民が戦争の記憶を話してくれた。戦場となったフィリピンでは多くの人が悲惨な経験をし、その記憶は、今もフィリピン人の間で継承されている。家族や友人の間で戦争を語り継ぐフィリピン人に出あうたびに、戦争の理解に乏しい日本人としての自分を自覚させられた。さらに住民たちにとって日本人が、戦争を想起させる存在になりうることに気づいたことで、私自身も戦争とのつながりを意識するようになった。

大学院を経て秋田県にある大学に就職し、農村でフィールドワークをしていると、今度は秋田の人たちが、戦争の記憶を話してくれた。そして、秋田から出兵した多くの若者が、フィリピンで亡くなったことを知った。私がフィリピンで聞いた日本兵は、秋田の若者だったかもしれない。そう思うと、戦争はもう遠い話ではない。フィリピンと秋田では、まったく異なる視点から戦争体験が語られるが、家族や知人を亡くす悲しみや戦争の悲惨さは共通している。

調査に限らず、日本人がフィリピンで活動をする際、現地の戦争の記憶との出あいは避けられないだろう。私にとって現地の戦争の記憶に触れることは、日本人としての自己を再認識することにつながり、戦争の過去を受け入れたうえで、どのように相手と関係を築いていくか、考える機会になった。今の暮らしが、戦争の歴史の延長線上にあることは、フィリピンでも日本でも変わらない。悲惨な歴史をふまえて、私たちは今をどう生きるべきか。フィリピンでの現地調査は、戦争と平和という普遍的なテーマについても関心を高めるきっかけになったという点で、研究にとどまらず、人として生きるうえで大切なことについて多くの気づきを与えてくれた。

【読書リスト】

◉レナト・コンスタンティーノ編（2015）
『日の丸が島々を席巻した日々――フィリピン人の記憶と省察』 水藤眞樹太訳、柘植書房新社

フィリピン人たちが回想・証言する太平洋戦争の記憶を集めたもの。当時、子どもだった世代から成人まで、幅広い年代の男女の体験がまとめられている。日本兵による残虐な行為が多く記憶されているが、なかには友好的な日本人についての証言もある。本書を通して、フィリピン人から見た日本兵や戦争を、多面的に捉えることができる。

◉藤原則之（2007）
『在留日本人の比島戦――フィリピン人との心の交流と戦乱』 光人社

戦前、フィリピンには多くの日本人が移住し、現地住民と共に暮らしていた。本書は、ミンダナオ島に移住した日本人の戦争体験である。日本人移民たちは、戦争によって通訳要員として日本軍に勤務したり、日本軍に入隊して、フィリピン人と戦うことになった。日本人移民の戦争体験は、アメリカ支配下のフィリピン側からみた、日本軍や戦争の記憶でもある。

◉早瀬晋三（2007）
『戦争の記憶を歩く――東南アジアのいま』 岩波書店

東南アジア諸国の人びとからみた太平洋戦争と記憶の継承について書かれた本。現地の記念碑、博物館、教科書などで、日本との戦争がどのように語られているのかを紹介している。戦場になった地域や戦った相手にも、かけがえのない人びととの日々の暮らしがあった。それが日本軍の侵攻によって、どのように奪われてしまったのかという視点で戦争を捉える機会を本書は与えてくれる。

終章

森を守るとはどういうことか

「私は利用権をもらう前から木を植えていたんだ。だけど、もっと手入れしようとすると怒られる」。

……住民組織メンバーの話（本書第6章）

本研究の出発点は、筆者がフィリピンの住民参加型森林政策の現場で、政策規定と異なるルールや判断に基づいて行動している住民や森林官を目の当たりにした衝撃からであった。もちろん、人びとは政策を完全に無視したり、拒否しているわけではない。住民の権利保障や利用許可などの行政の手続きに従う場合もある。しかし政策規定が現状を悪化させる場合には、現場のルールが生み出されることになる。

本書の研究課題は、フィリピンの参加型森林政策の実施現場において、制度が生み出されるメカニズムを明らかにすることであった。政策自体の成否を第一の問題にするのではなく、政策研究を政策が持つ評価基準からいったん解放し、国家や住民がどのように政策に関わっているのかという眼差しで森林政策研究を行ったものである。具体的には、フィリピンの参加型森林管理政策において、国有林管理の権利主体、権利空間、権利行使に関わる制度がどのように生み出されるのかを、政策実施に関わる人びとが行為の根拠とした「知の交流」に着目して分析した。ここでは、一見、対極または無関係にあるようなアクターも、現場の制度生成に影響を持つ者として鍵を握る。

自然資源管理政策における主体と知の関係について、一般的な見方は以下のとおりである。国家にとって政策は、効用という目的を達するために人や資源を規制するためのものであり、それを可能にするために科学的数値や専門的知識に基づく画一的な形式知が用いられる。他方、住民の日常的な行為の多くは、暗黙知に該当するような規範や慣習などで、対象の文脈に沿った多様性を持つ。終章では本書の事例研究を振り返り、「知の交流」を捉えることで、これらの既存の見方とは異なるあり方を描けたのかどうかを確認したい。

1 M村の事例が教えてくれたこと

森は誰のもの？

第4章では、参加型森林政策の始まりからCBFMに至るまで、誰が森林利用の権利を得てきたのかという、権利主体に関する制度生成について分析した。事例分析では、管理契約証書が発行された二二区画（のち二三区画に再分割）と、二〇〇九年に追加メンバー用に測量された一九区画で、どのように権利者または管理者が変遷してきたのかを追った。

フィリピンの参加型森林政策では本来、環境天然資源省の発行した権利書によって住民の権利は保障されるのだが、M村では、証書の名義人と実際に国有林を管理・利用する住民が必ずしも一致していない。さらに、M村のCBFMでは、それまでの政策で個人に対して権利が付与されたという認識が住民に強く残っているため、共同森林管理というよりは個人ベースの森林管理になっており、CBFMの政策意図との矛盾を生んでいる。政策と制度の連続性が、今日まで住民が共同管理をしない最大の理由と考えられる。

管理契約証書が初めて発行されて以降、二〇一〇年時点までの権利者の変遷をみると、環境天然資源省の承認を得た形式知に基づく権利付与から、形式知と暗黙知の両方、そして暗黙知のみによって権利が付与されているケースなど多様であった。ただし権利移譲の理由の多くは、権利者の死亡や高齢化であった。この場合、多くの権利は、家族や親族関係にある住民に移譲されていった。家族内で権利を移譲した場合、住民組織リーダーから現場森林官に報告される。現場森林官は、その事実を自分の記憶のなかにしまい込む形で、すなわち上位組織への報告はせずに、家族・親族間の権利移譲を容認していた。

環境天然資源省長官の交代など不安定な政治状況のもとで、現場森林官は証書を発行できないこともあり、実情に適した権利付与を形式知に基づいて行うことは困難である。また、現場森林官の上司も、CBFM事業地ごとの業務内容について細かく監督することはあまりないため、現場森林官の裁量が現場で影響を持つようになる。M村のCBFMは現場森林官にとって、森林率が高く、大規模な違法伐採など深刻な違反行為のない優良事例である。この優良事例においては、多くの権利付与が暗黙知に基づいて行われてきたこと自体が、森林官自身に支障のない範囲で住民の意向を汲み取る方が業務の円滑化につながる、という現場森林官の暗黙知であったといえる。

結果としてM村では、CBFMが想定するような共同管理とは異なる個人管理につながった。個人ベースの森林管理の実態をふまえれば、数値基準に基づいて国家が画一的に住民の資源利用を統治する(住民の暗黙知を無力化する)という状況はみられない。むしろ国家の統治力が低い場合、暗黙知によって形式知が無力化されることを本事例は示唆している。ただし、地域社会の規範に照らせば、この暗黙知による住民選定は、固定的で排他的な権利付与につながる側面も持っている。参加型森林政策の形式知が持つ排除の作用が、地域社会の暗黙知の排除の作用と合わさることで、さらに地域性の高い排除性につながることになり、非権利者住民からの不満を招いている。

どの森を守るのか?

第5章では、権利者がどの区画を管理・利用できるのかという権利空間の決定プロセスを明らかにした。ここでは地図づくりに焦点を当てて、権利主体それぞれの区画がどのように決まるのかを分析した。

地図は権利を保障するだけでなく、空間そのものや人の行動をも規定する。地図の作成には専門的知識や技術が必要になるため、これまで行政職員や民間技術者が独占的に作成、発行、利用してきた。しかし参加型森林政策では、住民の権利を保障するために地図が作られるようになる。本事例のように、住民と行政の協働による実測も取り入れられると、地図の作成者や使用者は、統治者から住民へと拡大し、空間を決定する際の知識や技術も多様化する。

M村において、地図づくりは、国家が住民や資源を一方的にコントロールするものではなかった。参加型森林政策が始まった当初、現場森林官は、分度器や定規を使って既存の地図の上に直線を引いて、区画をつくっていった。そのうえで当時の現場森林官は、すべての区画が同じ面積になるように線を引いたり、くじ引きで場所を決めるなど、不平等さをなくすよう心がけたという。新たな権利主体や権利空間が生まれることが、住民間の衝突を生むだろうという予測に基づいた判断は、彼がM村の住民であるがゆえの配慮であったと考えられる。さらに、自らに対する住民からの批判を回避する意図もあったと考えられる。住民に区画を分配するプロセスでは、現場森林官が持つ住民としての感覚や地域の規範が入り込む余地があったといえる。

統合社会林業プログラムでは、区画の二〇パーセント以上を森林管理しているかという画一的な取り消し基準を設けていた。証書の取り消しと再発行は現場で絶対的なものであったが、誰に権利が移行するのかは、現場森林官や住民組織メンバーの判断に委ねられていた。ここでは正式な再発行の手順を経ずに、家族や親族などに権利が移譲し、それを現場森林官たちも容認して地図を書き換えてきた。

その後、住民の区画を示す地図は、実測なく作成された机上の地図づくりから、実測による地図づくりへと変わりつつある。机上の地図と実際の管理者が異なるケースが増えていくなかで行われた実測で、現場森林官は、机上の地図と住民たちの説明を照らし合わせながらGPSデータを記録していった。その後、リージョンⅢ事務所GIS課が地図を作成する際、森林官は以前の机上の地図を参考に欠損データを埋めたり、住民の認識に合わせて区画の形状を変えることもあった。さらに区画が大きく重複している箇所については、修正せずに現場の判断に委ねていた。

実測前、現場森林官は住民に、実際の土地利用は地図より実情に即して行うよう説明していたことからも、現場森林官は住民同士の現場での問題解決を政策実施の前提にしていたことがわかる。権利空間の設定においても、住民への配慮を見せるなど状況に応じて行動する現場森林官の裁量は、ストリート・レベルの行政職員の暗黙知といえよう。地図は住民の権利を保障するために重要であるが、現場森林官も住民も地図に科学的正確さだけを求めているわけではなかった。

むしろ彼らは、地図があったとしてもそれに制約されないで、現場関係者の区画についての解釈が反映されるか否か、さらには現場での判断が可能か否かを問題にしていた。権利空間は科学的手法と現場の解釈が混ざり合うなかで生まれていた。

どうやって森を守るのか?

第6章では、権利者がどのように区画を管理・利用するのかという権利行使について分析した。国有林の共同管理を実現するための活動計画書や資源管理のフレームワークはつくられているが、M村の住民組織メンバーはその内容をほとんど把握しておらず、実際には使われていない。森林の管理・利用の実態は、権利者ごとに異なっていた。多くの権利者が木材用樹種の育成や伐採をしているが、環境天然資源省から伐採に必要な許可を得るのが困難なため、自給用として許可を得ずに伐採しているケースもみられた。また、環境天然資源省は木炭づくりを禁止しているが、自給用と称して村落内外で販売している住民組織メンバーもいる。焼畑をして米や野菜を栽培する者もいて、周辺の森林に延焼した際には、権利を持たない住民から懸念や批判があった。

住民組織メンバーによる違法な森林利用も、小規模であるがゆえに、現場森林官たちは寛容に対処することが多い。対して、一部の住民とくに農民灌漑組合の中心的立場にある住民からは、CBFMに対する強硬な批判の声があがった。M村のCBFM事業地は、かつては共有林とみなされており、さらに低地の水源にもなっている公共性の高いものである。それゆえ、権利を得られなかった住民から、水源林を守るために一切の利用に反対するという声があがったのだ。強硬に反対する住民は少数であるが、村落内で経済的政治的に力を持つ者が多い。その結果、住民組織の追加メンバーになったものの、実際の森林利用に踏み出せない権利者を生んでいた。住民組織メンバーのなかで管理も利用もしていない住民は、森林依存度が低いだけでなく、権利を持たない他の住民からの反発に配慮して、自ら利用を控えている者も少なくない。このようにM村では、村落内で力のある住民からの批判や反発が、住民組織メンバーの過剰な森林利用を抑制する要因になっていると考えられる。

CBFMの反対者となった有力な住民たちは、村落内で多くの田畑を所有している。住民組織メンバーや非権利者の住民のなかには、彼らに土地を借りて耕作する者も多く、その場合、両者は地主と小作という点でパトロン・クライエント関係になる。さらに田植えや収穫時の農作業労働では、住民は互いに雇用し合い、支え合っている。農繁期には、地主が人集めに苦心して、家々を歩いて頼む姿が見られるほどである。村落内には地主や小作などの社会階層があると同時に、階層間での支え合いや協力関係も存在していた。住民組織メンバーたちが過剰な森林利用を控えている背景には、主な生業である米作りを支える低地での日常的な社会関係を崩さないように振る舞う姿勢があるのだ。森の保護と利用をめぐる対立という構図を示すことで見えにくくなってしまいそうな複雑さが現実社会にはある。

M村には、現場森林官に利用規制の強化を求める住民、それに動じながらも焼畑を続ける権利者、両者の衝突を見て利用を控える権利者、育林しながら正式な利用許可を待つ権利者、CBFMと距離を置いて中立を保とうとする住民など、森林の利用と保護をめぐって多様な立場がある。

森林の利用と保護をめぐる住民間の緊張関係は、日常生活を送るうえでは表に出てこないが、住民組織メンバーの行き過ぎた森林利用が見られるたびに表面化する。日常生活において、階層間の衝突はなるべく避けたい問題である。権利の主体や空間が決定したからといって、権利者は計画書や自身の必要性だけに基づいて行動できるわけではなく、日常的な社会関係を維持するなかで自らの森林利用の程度も考える。M村では、結果的にそれがＣＢＦＭ事業地の過剰な森林利用を抑制していたと考えられる。計画書やフレームワークづくりは、森林管理のプロセスを言語化して、住民や森林官らの考えを互いに共有できる形式知に変換する作業である。しかし本事例の場合、参加型森林政策のもとで、実際の森林利用を規定する大部分は暗黙知であった。

「知の交流」で広がる森林政策研究

M村の事例から、ＣＢＦＭのもとで住民に付与される利用権は、必ずしも政策規定にあるような科学知に基づくものではなく、住民組織メンバーと現場森林官が状況に応じて判断する、経験知の領域で制度化されていくことが明らかになった。現場ではＣＢＦＭが掲げる「権利付与による共同管理の実現」はあまり重視されていなかった。住民がＣＢＦＭに参加する目的は、共同で森林管理を行うことではなく、個人に付与される国有林の土地利用権を得ること、さらに行政や援助機関による支援を得ることだった。現場森林官にとってＣＢＦＭ業務は、まず上層部から命令された数のＣＢＦＭ協定を発行し、そのうえで予算がついたＣＢＦＭ事業地の支援を遂行することである。慢性的な予算・人材不足により、すべてのＣＢＦＭ事業地に効果的な支援はできない。したがって現場森林官にとっても、実際に共同管理が実現しているか否かは問題ではない。

行政は形式知を用いて、住民の行動や森林資源のあり方を操作しやすくしていると指摘されてきたが、M村の事例のように、現場森林官次第で逆の作用が働く場合もありえる。現場と政策とのズレが大きいほど、現場の状況に沿って判断していく必要も大きくなるためである。さらにはM村の地図づくりでは、住民と現場森林官の共同測量やGISなど、国際援助（そして筆者のようなフィールドワーカー）という外部の介入による新たなコンセプトや手法の導入が、これまで国家に独占されていた地図の作成や使用を住民に若干開放する契機になった。その帰結は、科学的正確さを求めた地図の作成というより、現場の関係者が受け入れ可能なイメージとしての地図づくりというものであった。そこには、住民の慣習や歴史など個別の文脈が入り込む。このような形式知によって暗黙知が拾い上げられていく可能性、もしくは形式知が暗黙知を無力化しきれない領域を参加型政策は生み出しているのだ。

さらに、高地森林と低地農地が交わる地形にあるM村では、低地を軸とした日常生活とのつながりのなかで、住民組織メンバーによる森林管理・利用が行われていることも示唆に富む。住民たちは低地農業によって階層化されているが、土地の貸借や農作業労働では互いに助け合い支え合う関係にある。この社会関係を維持するためにも、一部の農民灌漑組合員からの批判や反発を必要以上に過熱させないよう住民組織メンバーたちは配慮して行動している。このような低地農業を基盤とした社会関係は、外から参加型森林政策が来るずっと前から、村落のなかで時間をかけて慣習化してきたものといえる。現場で実際にみられる権利とは、政策のみによって形成されるものではなく、地域社会の制度の歴史的な連続性と折り合いをつけながら形づくられていく。国家による規制的制度と、地域社会における構成的制度が混ざり合いながら、現場の森林管理制度は生成されていた。

参加型政策の現場では、個人が状況に応じて判断を行っており、暗黙知と形式知が交流することで現場の森林管理の制度化が進んでいく。本事例のように、現場森林官や住民の関係維持が判断の背景にある場合、知の交流は、現場における両者の対立や不信感を軽減する意味を持っていた。これまで政策研究をめぐる知と主体の関係は、国家が用いる形式知、住民が用いる暗黙知のように分けて議論されることが多かったが、本事例からは、知と主体の関係は固定的ではなく、むしろ異なる知と主体が対立または協力するなかで、深刻な衝突を回避するための現場におけるルールが生み出されているという構図がみえてくる。

2 インプリケーションと今後の課題

既存研究では、経済学的制度と社会学的制度の相互作用や重層性に着目した分析が行われてきたが、利害関係や制度を特定することによる対象の固定化は避けられなかった。議論を特定の対象や領域に固定化してしまうことで、制度生成という動態は捉えにくくなる。本書では科学知と暗黙知の交流という概念枠組みを採用することで、個人が常に多様な制度や知に囲まれ、状況に応じて適切と思われるものを選んだり、すでに決まっていることとして受け入れたりしながら行動している姿を明らかにすることができた。さらに暗黙知による形式知の無力化についても、一事例として提示することができた。最後に、インプリケーション(含意、結果として意味すること)と今後の課題をまとめたい。

参加型資源管理政策研究へのインプリケーション

これまでの参加型資源管理政策では、住民参加を促進するための制度や支援のあり方が中心的に議論されてきたが、現場独自のルールが生まれる社会背景や仕組みをふまえることで、当該地域における住民参加の意味やあり方についてより議論を深めることができる。M村の住民が、森林から得られる複数資源と水田や居住地周辺から得られる資源との組み合わせで生活するなかで、高地森林と低地水田を一体的に認識しているように、森林政策をより総体的なものとして捉えることが重要だ。CBFMは国有林の利用を住民組織メンバーだけに限定したが、それ以外の住民も森林から切り離されて生活することはできないし、また住民組織メンバーの行動も他の住民との関係性から切り離すことはできない。住民組織メンバーは複雑に張り巡らされた人間関係のなかに身を置いている。

現場において科学知は、国家統治の一形態であるだけでなく、結果的に経験知の必要性や有効性を示すものとしても機能していた。現場における知の交流をみれば、科学知による国家統治が必ずしも優勢であるわけではなく、常に経験知との関係のなかで作用していることがわかる。知の相互作用は特定の人間関係において成り立つため、現場では実に多くの異なるやりとりが偶発的に発生していると考えられる。それを統合したものが政策実施現場の内生的制度といえる。この無数のやりとりのなかで適切な、もしくは必要な知は、状況に依存して変化していく。そのため、一個人のなかでもある集団のなかでも、科学知と体験知の双方が強まったり弱まったりしている。

形式知は、国家または行政の主導する政策と親和性があり、地域社会の行動を左右する暗黙知を無力化する作用を持つと考えられてきた。そこでは、いかに暗黙知を回復していくかが課題にされてきた。対して本事例では、暗黙知によって形式知が無力化される仕組みが明らかになった。国家と形式知、住民と暗黙知という前提には限界がある。形式知と暗黙知を二律背反として捉えれば、アクターの多様性を見落としてしまう。実践知として、二つの知の混在を前提にしなければ、両者が共存しているメカニズムや、結果として生まれる作用について十分検討することができない。知の交流に着目することで、一つの主体において（個人、集団ともに）、いかに判断基準が揺れ動いているかが浮き彫りとなる。参加型資源管理政策研究は、知の階級性だけでなく、交流や相互作用が起きる可能性およびメカニズムについても議論を進めるべきであろう。知をめぐる議論の拡張は、国家と住民の関係、合意形成のあり方、科学技術の役割など、資源管理政策研究をより多面的で広がりあるものへと発展させてくれるだろう。

科学知と経験知の知の交流に注目することで、地域に固有の制度化メカニズムを可視化できる。現場のルールを左右する科学知と暗黙知の交流のあり方は、①住民生活のなかにおける森林資源の位置づけ、②ＣＢＦＭ権利者と非権利者の関係、③現場森林官の資質、④政策と現場のズレの程度、⑤地方政治のあり方、そして⑥援助機関などの外部支援の有無などによって変わってくる。Ｍ村の事例では、形式知と暗黙知が交流するなかで、結果として森林の過剰利用ではなく利用規制につながったが、これは国家や現場森林官による規制ではなく、現場の関係者間による利害調整に任せた結果であった。政策が意図しなかった現場のルールが、当該の問題の解決だけでなく森林保全にとって効果的に影響する可能性も明らかになった。

●実践的インプリケーション

関係者による利害調整が森林保全に有効な影響を生み出すことができた本事例には、他のＣＢＦＭに比べて非常に小さい面積であったことや、ほとんどの権利者が一つの村落に住んでいるなど、事例が持つ特殊性や限定性も影響していると考えられる。すなわち、大人数による大規模な森林管理よりも、村落単位で互いに顔が見える小規模なＣＢＦＭ運営である方が、森林保全を成功させるうえで効果的であると考えられる。フィリピンでは一〇〇〇ヘクタールを超える巨大なＣＢＦＭ事業地や、複数村落の住民が住民組織を編成して管理・利用するケースも散見される。しかし権利主体や権利空間が、本人たちの把握できる規模を超えてしまえば、自己調整機能が働くような知の交流は起こりにくくなるだろう。住民や現場森林官らの経験知をうまく政策に取り入れ、住民が共同でＣＢＦＭを運営するためには、なるべく小規模な面積と組織である方が実効性は高まるのではないだろうか。

効果的な知の交流を促すためにも、CBFMの制度は住民による森林資源利用を取り締まるだけでなく、住民たちの自治をある程度まで認めるような主体性を高めることが求められる。そして地域にあった制度実施のあり方を調整する役割として、現場森林官を住民の利害関係の調整役として育成するとともに、より現場で適切かつ正式な許諾ができるような権限を与えてもよいのではないか。現場森林官の業務を評価する際、住民組織の認可数や伐採許可の数だけでなく、住民主体によるCBFM運営を導くプロセスについても評価の対象に含めるべきであろう。

政策規定の不遵守は、必ずしもアクターの能力不足ゆえに起きているのではなく、むしろアクターたちが現場の状況に応じて修正しているという、現場の経験知として再評価できる可能性はないのだろうか。参加型森林政策と現実のズレがあるからこそ、現場に適した制度が個別に生み出されているという可能性に目を向けて、現場の経験知を制度にフィードバックするための仕組みを考える必要があろう。住民同士の問題解決を前提とした権利付与、すなわち住民の暗黙知を許容することで、現場森林官が政策実施における暗黙知を獲得していることについても再評価すべきではないだろうか。

今後の課題

今後の研究課題として、事例研究に起因するいくつかの制約をあげたい。M村の事例では、形式知によって暗黙知が拾い上げられるなど、形式知が暗黙知を無力化しきれない領域のなかで、現場独自の制度生成がみられた。しかし、以下にあげる本事例の地域固有性と異なる文脈を持つ事例では、その作用や結果も異なるだろう。知の交流と権力との関係については、引き続き慎重な検討が必要である。

まず本事例の特殊性として、参加型森林政策が導入された時点で、現場森林官がたまたまM村住民であったこと、後任者は援助プロジェクトの影響もあって自らを住民のサポート役と認識するようになったことなど、住民への配慮を有した人物であったことがあげられる。ただし両者とも、自身の業務がしやすくなるように住民の対処をしていた側面もある。現場森林官の裁量は、個人の資質、組織内での権力関係、住民との関係のあり方などに大きく左右される。状況が変われば、住民の暗黙知を軽視して形式知を重視するような現場森林官もいると考えられる。

この現場森林官を取り巻く状況のうち、本書では十分議論しきれなかったのが、町長や議員など地方権力者の存在である。タルラック州マヤントック町の主産業は、農業(主に米生産)や畜産業で、商業的林業は、環境天然資源省が指定する産業林など限られた面積である。さらに、M村はマヤントック町のなかで面積も人口も小さく、地方権力者にとって、森林利権の対象としてはみなされにくい。本事例で、M村のCBFMへの地方有力者の介入がみられなかった理由の一つであろう。

一方、森林資源が利権につながるような地域では、地方権力者、有力者の参加型森林政策への介入がみられる。彼らは、住民の暗黙知についてもある程度の理解があると考えられるが、それをどう活用するかは慎重に見極める必要があろう。というのも、地方権力者や有力者にとって便益の高い暗黙知が活用され、不都合な暗黙知は棄却される可能性も否定できないからである。暗黙知の活用が、地方の有力者によるより巧妙な統治形態を導く可能性など、知の交流と地方権力の関係については、今後の研究課題としたい。

また、M村の社会関係にも触れておきたい。本事例では、森林利用よりも規制を訴える有力住民からの圧力の方が大きかったが、逆に有力者が利用を促進・誘発する場合もありえる。例えば非権利者が、権利者から木材や野菜などの森林資源を積極的に購入していたり、権利者と非権利者が協力して伐採作業をしているようなケースでは、同様の結果には至らなかっただろう。異なる社会関係や社会階層を持つ村落での分析を蓄積していくことが求められる。以上のように、それぞれの事例の特殊性をふまえれば、現場の制度生成が必ずしも今回のような森林保全に向かうとは限らないという点に注意すべきことは明らかであり、異なる条件にある地域での事例分析が必要になる。

さらに、本事例の知の交流によっても解決できないCBFMの制度的課題がある。それは、暗黙知を利用して地域に適した制度生成を実現できたとしても、CBFMの目的である社会的公正の実現を達成できるかは疑わしいことである。M村では、森林利用の権利が一定の住民の間だけで移動していくことが多いために、村落内でCBFMからの利益を得られる者と得られない者が、徐々に明確化・固定化されていく様子が確認できた。このような権利主体の一部住民への固定化によって、CBFM本来の目的から離れてしまう可能性があることに注意すべきだろう。また、実測に基づく地図づくりは行ったものの、環境天然資源省が正式な地図を発行するまでには至っていない。そのため、管理契約証書が更新または新発行されるとき、今回と異なる判断が下され、正式な権利の保障がなされない可能性もある。このようにＣＢＦＭの権利付与については残された制度的課題もある。

最後に、本書の実践的インプリケーションについての制約を添えたい。プロジェクト実施時に現場の制度生成への理解を進めたとしても、それをふまえて政策策定や実施のあり方を改めることとは、現実的には困難かもしれない。本研究の概念枠組みは、現場で生み出される制度への理解を進めるうえでは有効であろうが、実際の政策策定やプロジェクトデザインには、さまざまな条件や制約がある。本事例のような現場で、制度生成の有効性を理解して、それをうまく利用し、組織や政策の設計に生かせるか否かを検討するには、行政内部や援助機関内部の仕組みについて、より理解を深める必要がある。

フィリピンの行政組織についても同様に、行政職員と住民をサービスの送り手と受け手として位置づけることは、両者の関係を単純化しすぎる可能性もある。とくにフィリピンのような途上国では、行政組織や環境分野での慢性的な人材・財源不足にあるため、どんなに政策を精緻化しても、規定どおりに業務を行うには限界がある。現場森林官が持つ裁量の再評価とは別に、裁量が正と負の影響を生むその分岐点を決定する要因を探ることが必要だ。実際の政策へのより有効なインプリケーションを提起できるよう、フィリピンの政策策定における制約をふまえた議論の深化が必要である。

地域社会のなかで、より弱い立場にある人びとが排除されずに、国有林の利用権が保障され、実際に利益を得て、生活向上につなげることが、ＣＢＦＭの意義であると筆者は考えている。

註

序章

(1) 日本でも一九七〇年代に入る前から、地域社会の崩壊が危惧されてきた。この時期は、騒音や悪臭、住宅地の乱開発や日照権など、いわゆる「近隣公害」が表面化し始めていた。以前は地域社会のなかで解決できていた問題が、コミュニティの崩壊によって表面化したと考えた日本政府も、コミュニティ形成を政策として掲げたのである(鳥越 1993: 128)。

(2) 岩崎らは、この状況を「半官製のコミュニティ活動」と指摘している(岩崎他編 1989)。

(3) 「共同管理(co-management)」という言葉も、これを用いることによって現実の複雑性を覆い隠してしまう効果がある。問題の政治性を捉えるためには、政策自体を検討するよりも実施プロセス自体に注目する必要がある(Berkes 2002: 295)。このように一つの認識に収斂できないようなとき、問題の切り取り方次第で、ある利害関係者に有利な解釈を導くことができる(佐藤 2002: 46)。

第1章

(1) 総督による軍事・行政・司法権の支配は一八六一年まで約三〇〇年続いた。

(2) 択伐天然更新法では、商業的価値の低い樹種はすべて伐採して、フタバガキ科など商業的価値の高い樹種は胸高直径四〇センチメートル以上のものをすべて伐採した。

(3) 広域的な開発の基礎となる道路建設は、私有地を手放そうとしない不在地主たちの反対に遭って、実施できないこともある。舗装道路が通らなかった地域は開発から取り残される。結果的に、消極的に農業を続けるほかなくなるのである(村上他 2003)。

(4) 一般的に分権化は、出先機関を設置する分散(decentralization)、一部権限を移譲する委任(delegation)、移譲(devolution)、民営化(privatization)の四段階に分けられる(Rondinelli 1981)。

(5) ここで発行された権利証書は二種類ある。もう一つは、集落単位で発行されるコミュニティ森林管理協定(Community Forest Stewardship Agreement：ＣＦＳＡ)で、一件あたり数百ヘクタール程度が認められた。契約期間は更新可能な二五年契約である(永野他 2000)。

(6) 例えばＵＳＡＩＤの「環境ガバナンスプロジェクト(Ecological Governance Project)」は、町役場の職員を中心に、森林地利用計画の作成などの支援を行っている。

(7) *DENR Secretary's Memorandum*, Nov. 30, 2005 および *DENR Secretary's Memorandum*, Jan. 5, 2006 を参照。

(8) フィリピンの地方自治法の実施段階でも、国会議員は自らが地方の決定に介入できるように、財政管理や人事権のあり方を修正していったといわれている。

(9) この二五年間の契約は、一度だけ更新が可能である。

(10) 関(2005)は、商業伐採が大規模に展開されて、さまざまな入植者によって構成されている社会を「伐採フロンティア社会」と名付けた。

第2章

(1) 開放的で互いに作用しあいながら生成される制度を捉えようとする研究では、各制度間や外部との関係について着目している。とくにガバナンス研究では、不特定多数の利害関係に対象を拡大したり、制度の重層性や相互補完性に着目した制度生成分析が蓄積されてきた(青木 2001)。

(2) 中央集権から州や地方自治体へ権限を移すこと、そしてばらばらの部局が対応していた河川、土地、森林を一体性の理念に基づいて管理することから、ＴＶＡ計画は総合開発の歴史的実験であったともいわれている(Lilienthal 1944＝1979)。

(3) ハーディンは牧草地を例にあげ、共有地では過放牧によって生じる損失は利用者全体に分散されるため、個人の利益が損失を上回ることはなく、必然的に資源の枯渇に至ると説いた。

(4) マッケイも、カリブ海などの漁業を事例に、共同体自らが形成した多様な組織が、総漁獲量や収入の分配など制度的取り決めを生み出し、結果的に資源保全に一定の効果をもたらしてきたことを明らかにしている(e.g. McCay 1978, 1987)。

(5) 自然資源管理において、所有者を明確化して管理を個人に委ねても、所有者や市場が自然が生み出す生態系サービスを十分に評価しない場合などには、持続的な資源保全が実現しない場合もある(倉阪 2010: 73)。

(6) 日本のコモンズ研究の理論的源流は、一九七〇年代後半に活発化した物質・エネルギー循環から地域の持続性を論じるエントロピー学派(玉野井 1979; 室田 1979; 多辺田 1990)や、経済学者の宇沢弘文による社会的共通資本論(宇沢・茂木編 1994; 宇沢 2000)にさかのぼることができる。

(7) オストロームによる管理制度の設計原理の理論化でも、日本の森林コモンズである入会地・入会林研究が参照されている(McKean 1992)。

(8) 入会権について民法では、「各地方の慣習に従う」と法的に定められ、その実態は多様である(民法第二六三条および第二九四条)。

(9) 他にも、森林の劣化史観を問い直した事例分析に、フェアヘッドとリーチによるギニアの森林史の読み直しがある(Fairhead and Leach 1996)。植民地時代の資料や航空写真、長老からの聞き取りによって、村落の人口増加が森林減少を導いたという常識的な景観の読み方が、実態は正反対であったことを明らかにした。

(10) 科学技術社会論では、この知の判断基準を妥当線境界と呼ぶ(藤垣編 2005)。

(11) 可変的で多面的な価値づけを前提にすると、一つの同意に収斂させるには限界があり、一時的な合意(富田 2010)や不合意(黒田 2007)から合意形成のあり方を模索する必要も想定されている。

(12) この視座は、林学教育を通して形成されるため、森林官や林業技術者が共通して持つという。他にこの視座を持つ者として、国家から伐採や造林の権利を得た林業会社のスタッフも、法的な土地利用権を持たない住民を森林経営の障害とみなす。また森林科学者も長い歴史のなかで、科学技術(科学知)への絶対的な信頼と在地の伝統的技術(生活知)への不信感を持ってきた(井上 2004b: 114–115)。

(13) フォレスターズ・シンドロームは、FAO(国連食糧農業機関)に長年勤務していた渡辺桂が提唱した森林官の特徴である。

(14) フランソワ一世は、カルトゥジオ会の修道士たちに対して、カルトゥジオ会の森林はとても見事に維持されているのに、どうして王室の森林は非常に荒れた状態にあるのかと尋ねた。その問いに対して修道士たちは、カルトゥジオ会の森林には森林官がいないことがその理由であると答えたという記録が残っている(Radkau 2000 = 2012)。

(15) 最初の二つは、政策を実施する際に規制の基準と担当者や当事者の間にズレが起こるSlippage論に該当するといい、地方行政の能力向上や仕組みの改善によって解消していく、政策実施に伴う過渡的なものである。Slippage論は、アメリカの環境規制をめぐる議論のなかで、伝統的な規制行政への批判として提唱された(Farber 1999)。

(16) マイヤーらによれば、そもそも西欧で誕生した官僚制が世界各国でみられるのは、各国が抱える課題に対して官僚制が有効ということではなく、官僚制を採用していることが近代国家としてあるべき姿だという神話があるからだ(Meyer and Rowan 1977)。近代化の象徴でもある官僚制はそれ自体が社会的な装置となって、組織や個人の行動にも影響していく。

第3章

(1) 本章で述べる生業や土地利用に関する情報収集は、二〇〇九年一一月〜二〇一〇年一月および二〇一〇年七〜九月の現地調査で行った。CBFMの住民組織メンバーについては、二〇一〇年調査時に村外在住だった二人を除く四〇人を対象とした。また森林利用の権利を有さない住民については、農民灌漑組合メンバー二八人、そして住民組織と農民組合のどちらにも所属しない住民四五人を対象に、質問票を用いた半構造的インタビューを行った。農民組合とその他住民について、親族関係や土地所有形態に偏りが出ないように対象者を抽出している。農作業労働の雇用関係については、田植え作業の農繁期四週間(二〇一〇年七月一三日〜八月八日)に村落内で行われた田植え労働のうち、朝七時から一一時半までに直接観察できたものを記録した。ここから田植えの作業労働を通した相互扶助や協力関係、そして住民の社会階層を把握した。環境天然資源省、地方行政、援助プロジェクトについては、二〇〇八年七〜一一月に筆者が国際協力機構(JICA)の「CBFMプログラム強化計画プロジェクト」にインターンした際に行った情報収集をもとにしている。

(2) この一世帯はCBFM事業地に住む。この家族は、CBFMの住民組織メンバーの委託により、区画内の焼畑や造林の管理や私有林の管理をしている。土地の管理を手伝う代わりに、区画内の農作物や樹木、手間賃などを得て生活している。また、数人の住民も、CBFMや私有林での農作業や炭焼きで忙しい期間のみ、そこに建てた小屋で生活している。しかし、多くの住民は必要なときだけ高地森林を訪れ、低地に居住している。

(3) Robert Y. Siy Jr. のサンヘラに関する研究は、ロストロームが共有資源管理制度の設計原理を考えるうえで参照した事例であり、コモンズ論の発展に寄与した。Siy 以降、サンヘラの現地調査をもとに共同資源管理論の制度分析を深化させた研究として、Araral (2009)、Yabes (1992)、Yabes and Goldstein (2015)がある。これらの研究は、持続的な共同資源管理の制度要件を明らかにしたうえで、国家や援助機関が地域外から資本や制度を投入することで、かえってフリーライダーが増え、住民参加が抑制されることを危惧している(例えば、Araral 2005)。また国家灌漑庁(NIA)の職員など、専門家の多くは水利の技術的専門家であることが多く、地域社会についての知識や配慮を十分備えているとは限らない(金沢 1993)。

(4) 二一歳以上もしくは世帯主であるフィリピン人およびアメリカ人に対し、本人による耕作を条件に最大一六ヘクタール(一九一九年改正法により二四ヘクタールまで引き上げ)の公有地無償譲渡を認めた(梅原 1992)。

(5) M村の共有林の慣習は、出身地のイロコス地方にその起源を見出すことができる。サンヘラと呼ばれる共同水利組合では、灌漑用水だけでなく共有で農地や森林を管理・利用し、灌漑整備の費用を捻出した。このような共有地は komun と呼ばれる(Siy 1982)。なお、M村では日常的にイロカノ語とタガログ語を併用している。本書に記載する地方名は、M村住民およびM村を所管する環境天然資源省カミリン地域事務所の現場森林官が使用する呼び名である。

(6) 農民灌漑組合の名簿から筆者が算出した面積。ただし、一九九八年に作成された資料が、確認できたものとして最新だった。メンバーについては現状のデータに更新できたが、耕作地の面積については資料の数値を参照している。

(7) M村で一九九五年八月一〇日から九月九日まで滞在して調査を行った関良基によると、当時、二期作をしている農家はいなかった。調査時、灌漑水の不足を解消するため、日本の援助機関の無償資金協力による小規模灌漑用ダムの建設中で、住民からは「これで二期作が可能になるかもしれない」と期待の声があがっていたそうだ(関 1996: 76)。それから一四～一五年後の筆者の調査では、一部の灌漑田で二期作が可能になっていたため、住民の期待は現実になったといえよう。

(8) フィリピンでは農地の大土地所有がアジア諸国のなかでも卓越していることから、農地改革が政治課題になり続けている。ここで農地改革とは、農地の再分配だけでなく小作農の自作農への転換、さらには小作条件の改善を含むものである(菊池 1999)。ただしM村はもともと、大土地所有制が存在せず、小規模な自作農が主流であることから、あまり農地改革の影響は大きくないと推察する。

(9) 定額の固定した小作料の場合、不作の年は小作農に大きな負担となる。分益ないし刈分という形態の小作制度は、フィリピンのように稲作の収穫水準が低く、収量変動も激しい場合に、一定の合理性があるといわれている(滝川 1976)。

第4章

(1) 本章の現地調査は、二〇〇九年二月～二〇一〇年一月および二〇一〇年七～九月に行った。参加型森林政策のもとで環境天然資源省が発行する正式な権利書類については、権利書の発行や保管を担う環境天然資源省リージョンⅢ事務所の資料保管室の原本を確認した。また実際の土地利用者については、ＣＢＦＭ事業地内での実測時に直接観察したうえで関係者への聞き取り調査を行った。聞き取り調査は、住民組織メンバーのうち遠方に移住した二人を除く四〇人と環境天然資源省職員を対象に行った。

(2) 筆者が環境天然資源省リージョンⅢ事務所で確認できた最も古い土地利用権は、一九八四年発行のものであった。しかし個人の権利書に記載された面積を合計すると二五・〇一ヘクタールになり、合計二二ヘクタールと明記しているＣＢＦＭ関連の他の書類との齟齬が生じている。

第5章

(1) 利用区画に関する現地調査は二〇〇九年から二〇一〇年に行った。机上の地図づくりについては、森林官や住民への聞き取り調査および管理契約証書やＣＢＦＭ協定などすでに発行されている書類を参照した。また実測の地図づくりについては、二〇〇九年一一～一二月の計五日間、住民のべ九〇人、現場森林官のべ一六人が参加した境界線測定と、森林官が測量値をもとに地図を作成する過程を観察し、関係者へ聞き取り調査を行った。また、住民組織が実際に利用する区画の境界線は筆者がGPSで測量し、同時に区画内の森林資源の種類と数も記録した。実測の対象は、利用権が発行されている二二ヘクタールと追加メンバー用に測量された一九ヘクタールである。

(2) 図5-1に示した不適合地は、人が入ることも難しい場所であるため、利用区画から外されている。

第6章

(1) データの収集は、二〇〇九年一一月～二〇一〇年一月および二〇一〇年七～九月に実施した現地調査によるものである。M村住民のうち、住民組織メンバーで村外在住の二人を除く四〇人、農民灌漑組合メンバー二八人、どちらにも所属しない住民四五人を対象に、CBFM事業地の利用状況をはじめ、住民関係の背景を理解するために、土地所有や経済状況(収入源)についても質問票を用いた半構造的インタビューを行った。またCBFM内の森林資源は、二〇〇九年一一月と一二月に実施した利用区画の境界線測量時に直接記録した。

(2) フィリピン社会において現金収入源として重要な役割を担う国内外の出稼ぎ労働からの収入については、回答を得られた住民と得られなかった住民があった。筆者の聞き取りによれば、住民組織メンバーには国内出稼ぎ労働者を持つ世帯が見られ、農民灌漑組合員には海外出稼ぎ労働者を持つ世帯が確認できたが、聞き取り調査では、具体的な仕送り金額について回答を避ける住民が多く、具体的に把握することはできなかった。さらに、その他住民については、比較的安定した現金収入源を持つ住民と持たない住民の差が非常に大きいため、前者が収入の合計金額を押し上げている点にも注意しなければならない。

(3) フィリピンのパンタバンガン造林プロジェクトでは、環境造林からの恩恵がまったくないダム上流域住民が造林を担ったため、住民が利用を規制するための規則をつくったり、共同して山火事に対処するような動きはみられなかった。その後、同地域がCBFM事業地に指定され、林地や造林木に対する権利が住民に認められるようになると、住民組織メンバーは定期的な草刈りや山火事の消火など直接的な行動だけでなく、利用権の売買禁止や罰則など独自の規則をつくり、造林地の維持管理を始めるようになったという。パンタバンガンのCBFMでは、マンゴーを中心とする換金樹種の造林が中心だった。この事例で住民たちが独自の管理・利用を始めた背景は、経済的インセンティブであったという。権利者たちは森林管理を自主財源に頼るしかなく、経済的に割に合わない樹種を植えるインセンティブはなかったと報告されている(渋谷・餅田 2004)。

あとがき

『森を守るのは誰か』と題した本書は、フィリピンの住民参加型森林政策において、現場レベルで新たな制度が生み出されるメカニズムとその可能性について分析したものである。参加型森林政策は、住民による共同森林管理を目指すものであるが、実際に現場を訪れてみるとその実態はつかみにくい。政策は住民主体を掲げているものの、住民とは誰のことなのか、どこをどのように管理・利用しているのかなど、森林管理の実態がよくわからないのである。書類上の権利者や計画書は存在しても、実際は異なる人物が個別に利用していることもある。政策が国家戦略に位置づけられ、多くの国際援助が投入されてきたことと、政策不在にも見える現場の温度差はあまりにも大きい。そこで現場での政策実施の実態を理解するために、権利の主体は誰か、管理・利用できる空間はどこか、どのように利用されているのかという点について、それらの決定プロセスを分析した。したがって本書は、「誰が森を守るべきなのか」を問うものではなく、それを誰がどのように問うてきたのかを議論するものである。
ルソン島のタルラック州M村でフィールドワークをする過程で、国有林の利用権をすべての住民が得られるわけではなく、政策の受益者と非受益者が存在するがために、森林や森林政策に対して住民のなかに多様な考え方があることがわかった。また国家のなかでも、中央と末端では職員の行動や判断が異なるために、現場森林官による裁量が政策とは異なる現場独自の制度生成を可能にしていることがわかった。既存研究が議論してきた国家と住民の対立、または政策と現場の乖離という二項対立では説明しきれない複雑さをどうすれば読み解くことができるのか。本書は、さまざまな主体が判断・行動する背景にある「知」に着目することで、森林政策に関わる国家と住民の関係について議論を広げようとしたものである。

**

本書は、二〇一四年に東京大学に提出した博士学位論文「フィリピンの参加型森林政策における現場の制度生成メカニズム――形式知と暗黙知の交流に着目して」を大幅に加筆修正したものである。本書の終章に多くの制約が含まれていることは、議論しきれなかった領域がたくさん残っていることを示している。ただし、これらは書き終えたことで広がった領域でもある。一つの問いに取り組むと、いくつもの新たな問いが生まれてくる。

二〇一二年一月、秋田県にある国際教養大学に就職したことで、博士論文は秋田で執筆することになった。論文執筆の追い込みとともに始めた秋田県の農山村でのフィールドワーク授業では、当初、フィリピンで得た知識や経験が生かせないと感じることがしばしばあった。博士論文を提出した翌年から、県内で戦争体験の聞き取りを始めたが、これは本書の「フィールドエッセイ3」にあるとおり、フィリピンでの体験が契機になっている。そして、秋田の農山村でのフィールドワークでは、村落内の日常的な人間関係、農作業における共同作業、森林資源の共同利用など、文化や社会経済の違いはあるものの、フィリピンとの共通点も多くあると感じるようになった。

二〇一八年一月からマーガレット・サッチャー財団特別研究奨励生として英国のバッキンガム大学におり、このあとがきは英国で書いている。赴任した当初は、フィリピンからも秋田からもまた遠ざかってしまったように感じていたが、第3章で述べたとおり、タルラック州で米とサトウキビの商品作物栽培が盛んになったのは英国の産業革命が影響してのことだ。他方、英国では海外から安い原材料が輸入されたことで国内の農業生産が落ち込み、農村から多くの若者が仕事を求めて都市に移ったという。どこか今日の日本の農山村を想起させる。英国には多くの共有地があるが、農業経営の多角化や権利者の高齢化などにより、その維持や管理にはさまざまな課題もあるという。ここでも自然と、フィリピンや秋田の共有林と比較しながら、その特徴を理解しようとする自分がいる。これらは博士論文を書いた頃には思いもよらなかった研究の広がりであるが、私個人のなかで知見が積み重なっていった結果といえる。そういう点で、博士論文は私にとって未知の世界とつながる一助にもなっている。

学術論文をもとにして本書を公刊するにあたり、なるべく読み物として社会のさまざまな層の方に手に取っていただけるよう、筆者なりの工夫を試みた。研究がすぐ何かの役に立つとは限らないが、その成果を社会に還元することは、研究者の義務であり存在意義だと思う。本書では、大学時代の体験談から始まり、フィールドワークでの体験談もエッセイとして加えた。論文では扱いきれない筆者個人の体験を記すことで、これから研究や国際協力に関わろうと考えている方々の参考にもなればと願っている。いかなる個人の知見も、先人たちの知識や経験の積み重ねのうえにある。多くの人たちから私が学んだ知見を、本書を通して他の人たちと共有し、その方々が新たな知見を生み出すためのひとつの素材になれば幸いです。

**

本書の各章およびフィールドエッセイは、博士論文に加えて以下の文章をもとにしている。

第3章

「フィリピンにおける森林政策の分権化と実施過程」(椙本 2010b)

「政策はなぜ実施されたのか――フィリピンの森林管理における連携」(椙本 2010c)

「生業と森林政策――フィリピン農山村の一事例」(椙本 2013a)

第4章

「参加型森林政策における包摂と排除――フィリピン中部ルソンにおける権利付与を事例として」(椙本 2017a)

第5章

「地図をめぐる知の交流――フィリピンの参加型森林政策を事例として」(椙本 2013b)

第6章

"Is Recentralization Really Dominant?: The Role of Frontline Foresters for Institutional Arrangement in the Philippines" (Sugimoto et al. 2014)

フィールドエッセイ1

「越境と躍動のフィールドワーク13　住めば都?」(椙本 2009)

フィールドエッセイ2

「フィールド便り　忘れられた当たり前を探す——目からウロコのフィールドワーク3　秘密の誕生日会」（椙本 2011）

フィールドエッセイ3

「語り難さから学ぶ——秋田農村における戦争体験」（椙本 2016）

「子が語る父親の戦争——秋田の農村における記憶の継承」（椙本 2017b）

「「戦後」を終わらせない」（椙本 2017c）

なお、調査にあたっては、日本学術振興会の特別研究員制度、優秀若手研究者海外派遣事業（受入機関：フィリピン大学ロスバニョス校）、科学研究費特定領域研究「持続可能な発展の重層的環境ガバナンス」（JSPS科研費 18078009）からの補助をいただいた。また、出版に際しては、平成二九年度東京大学学術成果刊行助成制度による助成をいただいた。

＊＊

博士論文および本書の執筆にあたり、多くの方々にお世話になりました。ここですべての方々のお名前をあげることは難しいのですが、この場をお借りしてお礼を申し上げます。

大学院指導教員の井上真先生（前東京大学、現早稲田大学）には、修士課程から博士課程まで熱心にご指導いただきました。卒業してもなお、相談に乗っていただいている恩師です。博士課程の一年間は、佐藤仁先生（東京大学）に指導委託を受け入れていただき、その後も継続してご指導いただきました。お二人からは、研究にとどまらず、授業運営や学生指導など大学教育について多くを学びました。東京大学大学院国際森林環境学研究室の露木聡先生、田中求先生（現九州大学）、そして井上研究室および佐藤研究室の学生の皆さまからも、多くの学問的刺激と励ましをいただきました。

所属大学は異なりますが、宮内泰介先生（北海道大学）と赤嶺淳先生（一橋大学）には、院生時代から研究会やゼミ合宿に参加させていただき、多くのご教授を賜りました。お二人をお手本にして、私もフィールドワーク授業をしております。宮内研究室や赤嶺研究室の学生の皆さまからも、たくさんのことを学びました。

博士論文の審査では、井上真先生、佐藤仁先生、小林和彦先生（東京大学）、菅豊先生（東京大学）、高倉浩樹先生（東北大学）に大変お世話になりました。博士論文の審査ならびに東京大学学術成果刊行助成制度の審査をしてくださった先生方から、貴重なご助言をいただいたことで、研究を高めることができ、本書の執筆を進めることができました。

また、フィリピンで調査研究をするにあたり、多くの方々にご支援とご協力をいただきました。まず、調査地M村をはじめとする住民の方々には、温かく受け入れてくださり、何度も調査にご協力いただきましたことに、心より感謝申し上げます。とくに住民組織リーダーR氏とご家族の皆さま、通訳をしてくれたジュビーさん、ホームステイを受け入れてくださった五家族の皆さま、そして住民組織メンバーの皆さまには、大変お世話になりました。

ジョアン・プルヒン(Juan M. Pulhin)先生(フィリピン大学)には、フィリピンでの調査地の選定や研究指導をしていただきました。葉山アツコ先生(久留米大学)には、学問的な指導だけでなくフィリピン文化の理解や生活面でもアドバイスを頂戴し、環境天然資源省職員やマニラのご友人も紹介していただいたことで、継続的に調査をすることができました。関良基先生(拓殖大学)は、同じ地域を調査研究された知見を惜しみなく与えてくださり、そのもとで私も研究を行うことができました。

フィリピン環境天然資源省の皆さま、とりわけリージョンⅢ事務所、タルラック州事務所、カミリン地域事務所の方々には、調査のご協力にとどまらずプライベートでも温かく受け入れてくださったことに感謝申し上げます。二〇〇八年七月から一一月には、国際協力機構の「CBFMプログラム強化計画プロジェクト」にインターンさせていただきました。職員の方々のご支援と、援助の現場を学ぶ貴重な経験をさせていただけたことに感謝申し上げます。

博士論文の執筆と審査請求は、国際教養大学に勤務しながら進めました。新しい環境で論文を執筆するにあたり、教職員の皆さまのご理解と励ましが大きな支えとなりました。本書の執筆は、国際教養大学およびバッキンガム大学で行いました。両大学のご協力とマーガレット・サッチャー財団のご支援のもとで執筆できましたことに感謝申し上げます。

本書のまえがきで、研究の道に進んだ経緯を紹介しましたが、研究者や大学教員を志したきっかけはそれだけではなく、大学院以前に出会った恩師の影響も受けてのことでした。中学時代、石井勉先生（現文教大学）に授業の創造性から生まれる学びの楽しさを教えていただき、教育の仕事に関心を持ちました。大学学部時代、長谷川眞理子先生（前早稲田大学、現総合研究大学院大学）と長谷川寿一先生（前東京大学）には、研究者の生き方を間近で拝見することで職業として憧れを抱くとともに、研究成果を広くわかりやすく社会に伝える大切さも学びました。小笠原義秀先生（早稲田大学）からは、米国での地球科学のフィールドワーク授業を通して、フィールドワークの醍醐味や楽しさを教えていただきました。その経験から、今も現場に惹きつけられるのだと思います。川村千鶴子先生（大東文化大学）には、学部生の頃から現在まで公私ともにお世話になり、いつも励ましをいただいています。このような素晴らしい先生方との出会いに、改めて感謝を申し上げます。

本書の執筆では、新泉社編集部の安喜健人さんに大変お世話になりました。執筆の遅れなどでご迷惑をかけてしまいましたが、丁寧にご対応くださったことに感謝いたします。またデザイナーの藤田美咲さんが、素敵な一冊に仕上げてくださったことに感謝しております。

最後になりましたが、私を最も近くで見守ってくれる両親の支えなくして、本書は存在しませんでした。両親に心からの感謝をここに記します。

相本歩美

二〇一八年五月

宮内泰介 編

なぜ環境保全はうまくいかないのか
——現場から考える「順応的ガバナンス」の可能性

四六判上製・352頁・定価2400円＋税

科学的知見にもとづき，よかれと思って進められる「正しい」環境保全策．ところが，現実にはうまくいかないことが多いのはなぜなのか．地域社会の多元的な価値観を大切にし，試行錯誤をくりかえしながら柔軟に変化させていく順応的な協働の環境ガバナンスの可能性を探る．

宮内泰介 編

どうすれば環境保全はうまくいくのか
——現場から考える「順応的ガバナンス」の進め方

四六判上製・360頁・定価2400円＋税

環境保全の現場にはさまざまなズレが存在している．科学と社会の不確実性のなかでは，人びとの順応性が効果的に発揮できる柔軟なプロセスづくりが求められる．前作『なぜ環境保全はうまくいかないのか』に続き，順応的な環境ガバナンスの進め方を各地の現場事例から考える．

關野伸之 著

だれのための海洋保護区か
——西アフリカの水産資源保護の現場から

四六判上製・368頁・定価3200円＋税

海洋や沿岸域の生物多様性保全政策として世界的な広がりをみせる海洋保護区の設置．コミュニティ主体型自然資源管理による貧困削減との両立が理想的に語られるが，セネガルの現場で発生している深刻な問題を明らかにし，地域の実情にあわせた資源管理のありようを提言する．

目黒紀夫 著

さまよえる「共存」とマサイ
——ケニアの野生動物保全の現場から

四六判上製・456頁・定価3500円＋税

アフリカを代表する「野生の王国」と称賛され，数多くの観光客が訪れるアンボセリ国立公園．地域社会が主体的に野生動物を護る「コミュニティ主体の保全」が謳われる現場で，それらとの「共存」を強いられているマサイの人びとの苦悩を見つめ，「保全」のあり方を再考する．

赤嶺 淳 著

ナマコを歩く
——現場から考える生物多様性と文化多様性

四六判上製・392頁・定価2600円＋税

地球環境問題が重要な国際政治課題となり，水産資源の減少と利用規制が議論されるなか，ナマコも絶滅危惧種として国際取引の規制が検討されるようになった．グローバルな生産・流通・消費の現場を歩き，地域主体の資源管理をいかに展望していけるかを考える．村井吉敬氏推薦

内田道雄 文・写真

燃える森に生きる
——インドネシア・スマトラ島
紙と油に消える熱帯林

A5変判上製・192頁・定価2400円＋税

世界で最も生物多様性の豊かな森林が広がるスマトラ島．ところが，製紙用植林地と油ヤシ農園の大規模開発が進み，同島リアウ州は森林消失が世界一激しい土地になり，豊かな生態系と人びとの生命の糧は失われてしまった．私たちの便利な生活の裏側で進行する現実を報告する．

著者紹介

相本歩美（すぎもと・あゆみ）

1982年，東京都生まれ．
東京大学大学院農学生命科学研究科博士課程単位取得退学．
博士（農学）．
現在，国際教養大学助教，バッキンガム大学客員研究員，
マーガレット・サッチャー財団特別研究奨励生．
専門は国際森林環境学，フィリピン地域研究．

森を守るのは誰か
——フィリピンの参加型森林政策と地域社会

2018年7月20日　初版第1刷発行©

著　者＝相本歩美
発行所＝株式会社 新 泉 社
東京都文京区本郷2－5－12
振替・00170－4－160936番　TEL 03(3815)1662　FAX 03(3815)1422
印刷・製本　萩原印刷

ISBN978-4-7877-1811-2　C1036

Who Manages the Forests?:

Local Communities and
Community-Based Forest Management
in the Philippines

by Ayumi Sugimoto

First published 2018 by Shinsensha Co., Ltd., Tokyo, Japan

Book design by Misaki Fujita

文献一覧

日本語文献

青木昌彦（2001）『比較制度分析に向けて』瀧澤弘和・谷口和弘訳，NTT出版.

足立重和（2001）「公共事業をめぐる対話のメカニズム――長良川河口堰問題を事例として」，舩橋晴俊編『講座　環境社会学2　加害・被害と解決過程』有斐閣，pp. 145–176.

飯島伸子（1998）「環境問題の歴史と環境社会学」，舩橋晴俊・飯島伸子編『講座社会学12　環境』東京大学出版会，pp. 1–42.

石曽根道子・王智弘・佐藤仁（2010）「発展途上国の開発と環境――資源統治をめぐる近年の研究動向」，『国際開発研究』19(2): 3–16.

池端雪浦（1991）「フィリピンにおける植民地支配とカトリシズム」，石井米雄編『講座東南アジア学4　東南アジアの歴史』弘文堂，pp. 217–242.

井上真（1997）「コモンズとしての熱帯林――カリマンタンでの実証調査をもとにして」，『環境社会学研究』3: 15–32.

――――（2000）「東南アジア諸国における参加型森林管理の制度と主体――森林社会学からのアプローチ」，『林業経済研究』46(1): 19–26.

――――（2001）「自然資源の共同管理制度としてのコモンズ」，井上真・宮内泰介編『コモンズの社会学――森・川・海の資源共同管理を考える』新曜社，pp. 1–28.

――――（2004a）『コモンズの思想を求めて――カリマンタンの森で考える』岩波書店.

――――（2004b）「地域住民と森林――熱帯林の社会と政策」，井上真・酒井秀夫・下村彰男・白石則彦・鈴木雅一『人と森の環境学』東京大学出版会，pp. 113–142.

――――（2007）「森林ガバナンスにおける入れ子構造の両義性――インドネシア東カリマンタン州の事例より」，『千葉大学公共研究』4(3): 14–18.

――――（2009）「自然資源「協治」の設計指針――ローカルからグローバルへ」，室田武編『グローバル時代のローカル・コモンズ』ミネルヴァ書房，pp. 3–25.

井上真編（2003）『アジアにおける森林の消失と再生』中央法規出版.

井上真・宮内泰介編（2001）『コモンズの社会学――森・川・海の資源共同管理を考える』

新曜社.
岩崎信彦・上田惟一・広原盛明・鯵坂学・高木正朗・吉原直樹編（1989）『町内会の研究』御茶の水書房.
宇沢弘文（2000）『社会的共通資本』岩波新書.
宇沢弘文・茂木愛一郎編（1994）『社会的共通資本――コモンズと都市』東京大学出版会.
生方史数（2010）「コミュニティ林政策と要求のせめぎあい――タイの事例から」，市川昌広・生方史数・内藤大輔編『熱帯アジアの人々と森林管理制度――現場からのガバナンス論』人文書院，pp. 109–127.
梅原弘光（1968）「フィリピン米作農村の社会経済構造――中部ルソンにおけるハシエンダ・バリオの事例調査」，滝川勉・斉藤仁編『アジアの土地制度と農村社会構造』アジア経済研究所，pp. 243–318.
――――（1992）『フィリピンの農村――その構造と変動』古今書院.
――――（1993）「フィリピン農村社会変化に関する一考察」，梅原弘光・水野広祐編『東南アジア農村階層の変動』アジア経済研究所，pp. 61–87.
片山裕（2001）「フィリピンにおける地方分権について」，国際協力事業団国際協力総合研修所編『「地方行政と地方分権」報告書』国際協力事業団，pp. 109–132.
金井壽宏・楠見孝編（2012）『実践知――エキスパートの知性』有斐閣.
金沢夏樹（1993）『変貌するアジアの農業と農民』東京大学出版会.
川島武宜（1983）『川島武宜著作集8　慣習法上の権利1　入会権』岩波書店.
川中豪（1996）「フィリピンの官僚制」，岩崎育夫・萩原宜之編『ASEAN諸国の官僚制』アジア経済研究所，pp. 79–120.
菊地京子（1989）「フィリピンの家族・親族」，北原淳編『東南アジアの社会学――家族・農村・都市』世界思想社，pp. 76–97.
菊池眞夫（1999）「フィリピンの一稲作農村における農地保有制度の変化――農地改革・緑の革命・農地市場」，『アジア経済』40(4): 23–49.
鬼頭秀一・福永真弓編（2009）『環境倫理学』東京大学出版会.
久保英之（2009）「熱帯林地域における森林保全と住民生計の関係性――分権型森林管理を所与の条件として」，『国際開発研究』18(1): 23–35.
グライフ，アヴァナー（2006）「歴史比較制度分析のフロンティア」河野勝訳，河野勝編『制度からガヴァナンスへ――社会科学における知の交差』東京大学出版会，pp. 23–61.
倉阪秀史（2010）「生態系サービスの持続可能性とコミュニティによる管理」，広井良典・小林正弥編『コミュニティ――公共性・コモンズ・コミュニタリアニズム』勁草書房，pp. 63–85.

黒田暁（2007）「河川改修をめぐる不合意からの合意形成――札幌市西野川環境整備事業にかかわるコミュニケーションから」，『環境社会学研究』13: 158–172.

河野勝（2002）『社会科学の理論とモデル12　制度』東京大学出版会.

――――（2006）「ガヴァナンス概念再考」，河野勝編『制度からガヴァナンスへ――社会科学における知の交差』東京大学出版会，pp. 1–19.

佐藤仁（1998）「豊かな森と貧しい人々――タイ中西部における熱帯林保護と地域住民」，川田順造編『岩波講座　開発と文化5　地球の環境と開発』岩波書店，pp. 195–217.

――――（1999）「森のシンプリフィケーション――タイ国の場合」，石弘之・樺山紘一・安田喜憲・義江彰夫編『ライブラリ相関社会科学6　環境と歴史』新世社，pp. 69–87.

――――（2002）『稀少資源のポリティクス――タイ農村にみる開発と環境のはざま』東京大学出版会.

――――（2003）「開発研究における事例分析の意義と特徴」，『国際開発研究』12(1): 1–15.

――――（2005）「「開発」はいかに学習するか――「意図せざる結果」を手がかりに」，新崎盛暉・比嘉政夫・家中茂編『地域の自立シマの力　上』コモンズ，pp. 250–271.

――――（2009）「環境問題と知のガバナンス――経験の無力化と暗黙知の回復」，『環境社会学研究』15: 39–53.

佐藤寛（1997）「援助実施における現地行政の役割」，佐藤寛編『援助の実施と現地行政』アジア経済研究所，pp. 3–18.

渋谷幸弘・餅田浩之（2004）「フィリピンの荒廃林地における森林再生事業に関する研究――パンタバンガン森林開発プロジェクトとCBFM政策を事例として」，『筑波大学農林技術センター演習林報告』20: 1–58.

島上宗子（2010）「インドネシアにおけるコミュニティ林（Hkm）政策の展開――ランプン州ブトゥン山麓周辺地域を事例として」，市川昌広・生方史数・内藤大輔編『熱帯アジアの人々と森林管理制度――現場からのガバナンス論』人文書院，pp. 128–147.

菅豊（2006）『川は誰のものか――人と環境の民俗学』吉川弘文館.

――――（2008）「コモンズの喜劇――人類学がコモンズ論に果たした役割」，井上真編『コモンズ論の挑戦――新たな資源管理を求めて』新曜社，pp. 2–19.

杉島敬志（1999）「土地・身体・文化の所有」，杉島敬志編『土地所有の政治史――人類学的視点』風響社，pp. 11–52.

相本歩美（2007）「介護者送り出し国フィリピンの事情――誰と介護を担うのか」，川村千鶴子・宣元錫編『異文化間介護と多文化共生――誰が介護を担うのか』明石書店，pp. 264–309.

椙本歩美（2008）「森林資源管理における地方自治体と環境天然資源省間パートナーシップの有効性と限界」，JICA技術協力プロジェクト「地域住民による森林管理プログラム（CBFMP）強化計画」インターン調査報告書，pp. 1–80.
――――（2009）「越境と躍動のフィールドワーク13　住めば都？」，『サステナ』13: 78–79，東京大学サステイナビリティ学連携研究機構.
――――（2010a）「タルラック州CBFMサイト調査報告」，JICA在外事業訪問報告書，pp. 1–10.
――――（2010b）「フィリピンにおける森林政策の分権化と実施過程」，『林業経済』63(3): 1–16.
――――（2010c）「政策はなぜ実施されたのか――フィリピンの森林管理における連携」，三俣学・菅豊・井上真編『ローカル・コモンズの可能性――自治と環境の新たな関係』ミネルヴァ書房，pp. 144–169.
――――（2011）「フィールド便り　忘れられた当たり前を探す――目からウロコのフィールドワーク3　秘密の誕生日会」，『サステナNEW』17: 62–63，サステナビリティ学連携研究機構.
――――（2013a）「生業と森林政策――フィリピン農山村の一事例」，『環境創造』17: 63–74，大東文化大学環境創造学会.
――――（2013b）「地図をめぐる知の交流――フィリピンの参加型森林政策を事例として」，『環境社会学研究』19: 96–111.
――――（2016）「語り難さから学ぶ――秋田農村における戦争体験」，『国際教養大学アジア地域研究連携機構研究紀要』2: 69–81.
――――（2017a）「参加型森林政策における包摂と排除――フィリピン中部ルソンにおける権利付与を事例として」，『林業経済』70(4): 7–22.
――――（2017b）「子が語る父親の戦争――秋田の農村における記憶の継承」，『国際教養大学アジア地域研究連携機構研究紀要』5: 1–14.
――――（2017c）「「戦後」を終わらせない」，『秋田魁新聞』2017年8月28日「月曜論壇」.
関良基（1996）「フィリピンにおける村落共同体と森林管理――中部ルソン地域における二つの村落の事例を通して」京都大学農学研究科卒業論文改訂版.
――――（2001）「伐採フロンティア社会におけるコモンズの構築――フィリピンのCBFM事業をめぐる住民意識調査から」，『環境社会学研究』7: 145–159.
――――（2002）「東南アジア熱帯における造林戦略――農家造林と政府造林のどちらが有効か？」，田淵洋・松波淳也編『東南アジアの環境変化』法政大学出版局，pp. 139–159.

————（2005）『複雑適応系における熱帯林の再生——違法伐採から持続可能な林業へ』御茶の水書房.
田尾雅夫（1990）『行政サービスの組織と管理——地方自治体における理論と実際』木鐸社.
————（1999）『組織の心理学　新版』有斐閣.
高橋彰（1977）「フィリピン農村の構造変化と賃労働者層」，『アジア経済』18(6-7): 4–28.
滝川勉（1971）「フィリピン農業問題の展開」，滝川勉編『東南アジアの農業・農民問題』亜紀書房，pp. 64–88.
————（1976）『戦後フィリピン農地改革論』アジア経済研究所.
竹内健悟・寺林暁良（2010）「多様な価値・目的が生み出す環境管理の正当性——岩木川下流部ヨシ原における火入れ実施の課題と3事例の比較」，『環境社会学研究』16: 169–178.
多辺田政弘（1990）『コモンズの経済学』学陽書房.
玉野井芳郎（1979）『地域主義の思想』農山漁村文化協会.
富田涼都（2010）「自然環境に対する協働における「一時的な同意」の可能性——アザメの瀬自然再生事業を例に」，『環境社会学研究』16: 79–93.
鳥越皓之（1984）「方法としての環境史」，鳥越皓之・嘉田由紀子編『水と人の環境史』御茶の水書房，pp. 321–341.
————（1993）「生活環境と地域社会」，飯島伸子編『環境社会学』有斐閣，pp. 123–142.
鳥越皓之編（1989）『環境問題の社会理論——生活環境主義の立場から』御茶の水書房.
永野善子（1989）「フィリピンの農村社会」，北原淳編『東南アジアの社会学——家族・農村・都市』世界思想社，pp. 98–119.
永野善子・葉山アツコ・関良基（2000）『フィリピンの環境とコミュニティ——砂糖生産と伐採の現場から』明石書店.
西尾勝（2001）『行政学　新版』有斐閣.
西尾勝・村松岐夫（1994）『講座行政学5　業務の執行』有斐閣.
西垣通（2013）『集合知とは何か——ネット時代の「知」のゆくえ』中公新書.
葉山アツコ（2003）「フィリピンにおける森林管理の100年——地域住民の位置づけをめぐって」，『経済史研究』7: 87–105.
————（2010）「フィリピンにおけるコミュニティ森林管理——自治による公共空間の創造につながるのか」，市川昌広・生方史数・内藤大輔編『熱帯アジアの人々と森林管理制度——現場からのガバナンス論』人文書院，pp. 87–108.

百村帝彦（2007）「地方農林行政の目こぼしが地域住民の森林管理に与える影響——ラオスの保護地域の森林管理を事例に」東京大学学位請求論文.

藤垣裕子編（2005）『科学技術社会論の技法』東京大学出版会.

藤田渡（2006）「矛盾は解消されるのか？——タイにおける森林保護政策の展開」,『アジア研究』52(1): 83–101.

————（2008）『森を使い，森を守る——タイの森林保護政策と人々の暮らし』京都大学学術出版会.

堀淳一（1996）『アジアの地図いまむかし——文化史散歩』スリーエーネットワーク.

松村正治（2007）「里山ボランティアにかかわる生態学的ポリティクスへの抗い方——身近な環境調査による市民デザインの可能性」,『環境社会学研究』13: 143–157.

丸山康司（2006）『サルと人間の環境問題——ニホンザルをめぐる自然保護と獣害のはざまから』昭和堂.

三俣学（2008）「コモンズ論再訪——コモンズの源流とその流域への旅」，井上真編『コモンズ論の挑戦——新たな資源管理を求めて』新曜社，pp. 45–60.

三俣学・森元早苗・室田武編（2008）『コモンズ研究のフロンティア——山野海川の共的世界』東京大学出版会.

宮内泰介編（2013）『なぜ環境保全はうまくいかないのか——現場から考える「順応的ガバナンス」の可能性』新泉社.

村上暁信・原祐二・小笠原澤（2003）「フィリピン・メトロマニラ外縁部における土地利用変化に関する研究」,『ランドスケープ研究』66(4): 290–293.

室田武（1979）『エネルギーとエントロピーの経済学——石油文明からの飛躍』東洋経済新報社.

室田武・三俣学（2004）『入会林野とコモンズ——持続可能な共有の森』日本評論社.

山下詠子（2011）『入会林野の変容と現代的意義』東京大学出版会.

リベラ，テマリオ・C.（2008）「フィリピンの社会林業とガバナンスの課題」加藤龍蘭訳，西尾隆編『分権・共生社会の森林ガバナンス——地産地消のすすめ』風行社，pp. 157–172.

渡辺幹彦（2002）「コモンズとフィリピンの森林管理制度」,『横浜国際社会科学研究』6(5): 613–632.

▦欧語文献

Acheson, James M. (1987), “The Lobster Fiefs Revisited: Economic and Ecological Effects of Territoriality in the Maine Lobster Industry,” in Bonnie J. McCay and James M. Acheson

eds., *The Question of the Commons: The Culture and Ecology of Communal Resources*, Tucson: University of Arizona Press, pp. 37–65.

Adhikari, Bhim and Jon C. Lovett (2006), "Institutions and Collective Action: Does Heterogeneity Matter in Community-based Resource Management?" *The Journal of Development Studies* 42(3): 426–445.

Agarwal, Bina (2001), "Participatory Exclusions, Community Forestry, and Gender: An Analysis for South Asia and a Conceptual Framework," *World Development* 29(10): 1623–1648.

Agrawal, Arun (2005), *Environmentality: Technologies of Government and the Making of Subjects*, Durham, NC: Duke University Press.

Agrawal, Arun and Clark C. Gibson (1999), "Enchantment and Disenchantment: The Role of Community in Natural Resource Conservation," *World Development* 27(4): 629–649.

Agrawal, Arun and Jesse Ribot (1999), "Accountability in Decentralization: A Framework with South Asian and West African Cases," *The Journal of Developing Areas* 33(4): 473–502.

Agrawal, Arun and Krishna Gupta (2005), "Decentralization and Participation: The Governance of Common Pool Resources in Nepal's Terai," *World Development* 33(7): 1101–1114.

Agrawal, Arun and Sanjeev Goyal (2001), "Group Size and Collective Action: Third-Party Monitoring in Common-Pool Resources," *Comparative Political Studies* 34(1): 63–93.

Araral, Eduardo (2005), "Bureaucratic Incentives, Path Dependence, and Foreign Aid: An Empirical Institutional Analysis of Irrigation in the Philippines," *Policy Sciences* 38(2): 131–157.

——— (2009), "What Explains Collective Action in the Commons? Theory and Evidence from the Philippines," *World Development* 37(3): 687–697.

Baland, Jean-Marie and Jean-Philippe Platteau (1999), "The Ambiguous Impact of Inequality on Local Resource Management," *World Development* 27(5): 773–788.

Balooni, Kulbhushan, Jens Friis Lund, Chetan Kumar and Makoto Inoue (2010), "Curse or blessing? Local elites in Joint Forest Management in India's Shiwaliks," *International Journal of the Commons* 4(2): 707–728.

Balooni, Kulbhushan, Juan M. Pulhin and Makoto Inoue (2008), "The Effectiveness of Decentralisation Reforms in the Philippines's Forestry Sector," *Geoforum* 39(6): 2122–2131.

Batterbury, S. P. J. and A. J. Bebbington (1999), "Environmental Histories, Access to Resources and Landscape Change: An Introduction," *Land Degradation & Development* 10: 279–289.

Béné, Christophe (2003), "When Fishery Rhymes with Poverty: A First Step Beyond the Old Paradigm on Poverty in Small-Scale Fisheries," *World Development* 31(6): 949–975.

Benjaminsen, Tor A. (1997), "Natural Resource Management, Paradigm Shifts, and the Decentralization Reform in Mali," *Human ecology* 25(1): 121–143.

Berkes, Fikret (2002), "Cross-Scale Institutional Linkages: Perspectives from the Bottom Up," in Elinor Ostrom, Thomas Dietz, Nives Dolšak, Paul C. Stern, Susan Stonich and Elke U. Weber eds., *The Drama of the Commons*, Washington, DC: National Academy Press, pp. 293–321.

Berkes, F., D. Feeny, B. J. McCay and J. M. Acheson (1989), "The Benefits of the Commons," *Nature* 340: 91–93.

Blaikie, Piers M. (1985), *The Political Economiy of Soil Erosion in Developing Countries*, Norwich, UK: Longman.

——— (2006), "Is Small Really Beautiful? Community-based Natural Resource Management in Malawi and Botswana," *World Development* 34(11): 1942–1957.

Blundo, Giorgio (2006), "Dealing with the Local State: The Informal Privatization of Street-Level Bureaucracies in Senegal," *Development and Change* 37(4): 799–819.

Bromley, Daniel W. ed. (1992), *Making the Commons Work: Theory, Practice and Policy*, San Francisco: ICS Press.

Brown, Gregory (2005), "Mapping Spatial Attribute in Survey Research for Natural Rersource Management: Methods and Applications," *Society and Natural Resources* 18(1): 17–39.

Bryant, Raymond L. and Sinéad Bailey (1997), *Third World Political Ecology*, London and New York: Routledge.

Capistrano, Doris (2008), "Decentralization and Forest Governance in Asia and the Pacific: Trends, Lessons and Continuing Challenges," in Carol J. Pierce Colfer, Ganga Ram Dahal and Doris Capistrano eds., *Lessons from Forest Decentralization: Money, Justice and the Quest for Good Governance in Asia-Pacific*, London: Earthscan, pp. 209–230.

Cariño, Ledivina V. (1989), *A Dominated Bureaucracy: An Analysis of the Formulation of, and Reactions to, State Policies on the Philippine Civil Service*, Occasional Paper No. 89-4, Manila: University of the Philippines.

Castillo, Gem B., Rebecca R. Paz and Ernesto S. Guiang (2007), *Assessment of Forest Management in Tenured Forest Lands: Issues and Recommendations*, A report of the Philippine Environmental Governance Project, Manila.

Cleaver, Frances (2000), "Moral Ecological Rationality, Institutions and the Management of Common Property Resources," *Development and Change* 31(2): 361–383.

Contreras, Antonio P. (2003a), *The Kingdom and the Republic: Forest Governance and Political*

Transformation in Thailand and the Philippines, Quezon City: Ateneo de Manila University Press.

——— (2003b), "Creating Space for Local Forest Management in the Philippines: A Synthesis," in Antonio P. Contreras ed., *Creating Space for Local Forest Management in the Philippines*, Manila: De La Salle University Press, pp. 211–218.

Cornista, Luzviminda B. and Eva F. Escueta (1990), "Communal Forest Leases as a Tenurial Option in the Philippine Uplands," in Mark Poffenberger ed., *Keepers of the Forest: Land Management Alternatives in Southeast Asia*, Quezon City: Ateneo de Manila University Press, pp. 134–144.

Cubbage, Frederick W., Jay O'Laughlin and Charles S. Bullock III (1993), *Forest Resource Policy*, New York: John Wiley & Sons.

Dahal, G. R. and D. Capistrano (2006), "Forest Governance and Institutional Structure: An Ignored Dimension of Community Based Forest Management in the Philippines," *International Forestry Review* 8(4): 377–394.

Department of Environment and Natural Resources (DENR) (2003), *Philippine Forestry Statistics 2003*, Quezon City: DENR Forest Management Bureau.

——— (2010), *Philippine Forestry Statistics*, Quezon City: DENR.

Dizon, J. T. and J. M. Servitillo (2003), "Creating Space in Sangbay, Nagtipunan, Quirino," in Antonio P. Contreras ed., *Creating Space for Local Forest Management in the Philippines*, Manila: De La Salle University Press, pp. 39–51.

Dolom, Priscila C. and Buenaventura L. Dolom (2006), "Closing the Gap between Concept and Practice of CBFM," in *Ten-year Review of Community-Based Forest Management in the Philippines: A Forum for Reflection and Dialogue*, Silang, Philippines: International Institute of Rural Reconstruction (IIRR).

Dove, Michael R. (1992), "Foresters' Beliefs about Farmers: A Priority for Social Science Research in Social Forestry," *Agroforestry Systems* 17: 13–41.

Dressler, Wolfram H. (2006), "Co-opting Conservation: Migrant Resource Control and Access to National Park Management in the Philippine Uplands," *Development and Change* 37(2): 401–426.

Dressler, Wolfram H., Christian A. Kull and Thomas C. Meredith (2006), "The Politics of Decentralizing National Parks Management in the Philippines," *Political Geography* 25(7): 789–816.

Eaton, Kent (2001), "Political Obstacles to Decentralization: Evidence from Argentina and the

Philippines," *Development and Change* 32(1): 101–127.

Eder, James F. (2006), "Land Use and Economic Change in the Post-frontier Upland Philippines," *Land Degradation & Development* 17(2): 149–158.

Enters, Thomas and Jon Anderson (1999), "Rethinking the Decentralization and Devolution of Biodiversity Conservation," *Unasylva* 199(5): 6–11.

Fairhead, James and Melissa Leach (1996), *Misreading the African Landscape: Society and Ecology in a Forest-Savanna Mosaic*, Cambridge: Cambridge Univerity Press.

Farber, Daniel A. (1999), "Taking Slippage Seriously: Noncompliance and Creative Compliance in Environmental Law," *Harvard Environmental Law Review* 23: 297–325.

Feeny, David, Fikret Berkes, Bonnie J. McCay and James M. Acheson (1990), "The Tragedy of the Commons: Twenty-Two Years Later," *Human Ecology* 18(1): 1–19.

Food and Agriculture Organization of the United Nations (FAO) (1978), *Forestry for Local Community Development*, FAO Forestry Paper 7, Rome: FAO.

Gauld, Richard (2000), "Maintaining Centralized Control in Community-based Forestry: Policy Construction in the Philippines," *Development and Change* 31(1): 229–254.

Gautam, Ambika P. (2007), "Group Size, Heterogeneity and Collective Action Outcomes: Evidence from Community Forestry in Nepal," *International Journal of Sustainable Development & World Ecology* 14(6): 574–583.

Geollegue, Raoul T. (2000), "A Tale of Two Provinces: An Assessment of the Implementation of Decentralized Forestry Functions by Two Provinces in the Philippines," in T. Enters, P. B. Durst and M. Victor eds., *Decentralization and Devolution of Forest Management in Asia and the Pacific*, Bangkok: FAO and RECOFTC, pp. 210–220.

Gibbs, Christopher, Edwin Payuan and Romulo del Castillo (1990), "The Growth of the Philippine Social Forestry Program," in Mark Poffenberger ed., *Keepers of the Forest: Land Management Alternatives in Southeast Asia*, Quezon City: Ateneo de Manila University Press, pp. 253–265.

Gore, Charles (1993), "Entitlement Relations and 'Unruly' Social Practices: A Comment on the Work of Amartya Sen," *The Journal of Development Studies* 29(3): 429–460.

Grainger, Alan and Ben S. Malayang III (2006), "A Model of Policy Changes to Secure Sustainable Forest Management and Control of Deforestation in the Philippines," *Forest Policy and Economics* 8(1): 67–80.

Gray, Leslie C. (2002), "Environmental Policy, Land Rights, and Conflict: Rethinking Community Natural Resource Management Program in Burkina Faso," *Environment and*

Planning D: Society and Space 20(2): 167–182.

Greider, Thomas and Lorraine Garkovich (1994), "Landscapes: The Social Construction of Nature and the Environment," *Rural Sociology* 59(1): 1–24.

Guiang, Ernesto S., Ferdinand Esguerra and Domingo Bacalla (2008), "Devolved and Decentralized Forest Management in the Philippines: Triggers and Constraints in Investments," in Carol J. Pierce Colfer, Ganga Ram Dahal and Doris Capistrano eds., *Lessons from Forest Decentralization: Money, Justice and the Quest for Good Governance in Asia-Pacific*, London: Earthscan, pp. 163–185.

Guiang, Ernesto S., Salve B. Borlagdan and Juan M. Pulhin (2001), *Community-Based Forest Management in the Philippines: A Preliminary Assessment*, Manila: University of the Philippines, Institute of Philippine Culture, Ateneo De Manila University.

Hall, Derek, Philip Hirsch and Tania Murray Li (2011), *Powers of Exclusion: Land Dilemmas in Southeast Asia*, Honolulu: University of Hawai'i Press.

Harago, Yuta (2003), "A Resource Management Model based on Community Forestry in the Philippines," *TROPICS* 13(1): 25–38.

Hardin, Garrett (1968), "The Tragedy of the Commons," *Science* 162(3859): 1243–1248.

Harley, J. B. (1988), *The New Nature of Maps: Essays in the History of Cartography*, edited by Paul Laxton, Baltimore and London: John Hopkins University Press.

Hart, Gillian, Andrew Turton and Benjamin White eds. (1989), *Agrarian Transformations: Local Processes and the State in Southeast Asia*, Berkeley: University of California Press.

Hyakumura, Kimihiko (2010), "'Slippage' in the Implementation of Forest Policy by Local Officials: A Case Study of a Protected Area Management in Lao PDR," *Small-scale Forestry* 9(3): 349–367.

Johnson, Craig (2001), "Community Formation and Fisheries Conservation in Southern Thailand," *Development and Change* 32(5): 951–974.

Johnson, Craig and Timothy Forsyth (2002), "In the Eyes of the State: Negotiating a "Rights-Based Approach" to Forest Conservation in Thailand," *World Development* 30(9): 1591–1605.

Kaufman, Herbert ([1960] 2006), *The Forest Ranger: A Study in Administrative Behavior,* Washington, DC: Resources for the Future.

Keesing, Felix Maxwell (1962), *The Ethnohistory of Northern Luzon*, Stanford: Stanford University Press.

Klooster, Daniel (2000), "Institutional Choice, Community, and Struggle: A Case Study of

Forest Co-Management in Mexco," *World Development* 28(1): 1–20.

Kubo, Hideyuki (2008), "Diffusion of Policy Discourse into Rural Spheres through Co-Management of State Forestlands: Two Cases from West Java, Indonesia," *Environmental Management* 42(1): 80–92.

——— (2009), "Incorporating Agency Perspective into Community Forestry Analysis," *Small-scale Forestry* 8(3): 305–321.

Kumar, Sanjay (2002), "Does "Participation" in Common Pool Resource Management Help the Poor? A Social Cost-Benefit Analysis of Joint Forest Management in Jharkhand, India," *World Development* 30(5): 763–782.

Kummer, M. David (1992), *Deforestation in the Postwar Philippines,* Chicago, Illinois: University of Chicago Press.

Landé, Carl H. (1965), *Leaders, Factions, and Parties: The Structure of Philippine Politics,* New Haven: Yale University.

Larson, Anne M. (2005), "Democratic decentralization in the forestry sector: lessons learned from Africa, Asia and Latin America," in Carol J. Pierce Colfer and Doris Capistrano eds., *The politics of Decentralization: Forests, Power and People,* London: Earthscan, pp. 32–62.

Larson, Anne M. and Jesse C. Ribot (2004), "Democratic Decentralisation through a Natural Resources Lens: An Introduction," *European Journal of Development Research* 16(1): 1–25.

Leach, Melissa, Robin Mearns and Ian Scoones (1999), "Environmental Entitlements: Dynamics and Institutions in Community-Based Natural Resource Management," *World Development* 27(2): 225–247.

Li, Tania Murray (1996), "Images of Community: Discourse and Strategy in Property Relations," *Development and Change* 27(3): 501–527.

——— (2002), "Engaging Simplifications: Community-Based Resource Management, Market Processes and State Agendas in Upland Southeast Asia," *World Development* 30(2): 265–283.

——— (2005), "Beyond "the State" and Failed Schemes," *American Anthropologist* 107(3): 383–394.

——— (2007), "Practices of Assemblage and Community Forest Management," *Economy and Society* 36(2): 263–293.

Lilienthal, David E. (1944), *TVA: Democracy on the March,* New York: Harper & Brothers. (＝1979, 和田小六・和田昭允訳『TVA——総合開発の歴史的実験　原書第2版』岩波書店.)

Lipsky, Michael (1980), *Street-level Bureaucracy: Dilemmas of the Individual in Public Services*, New York: Russell Sage Foundation.（＝1986，田尾雅夫・北大路信郷訳『行政サービスのディレンマ――ストリート・レベルの官僚制』木鐸社.）

Locke, John (1690), *Two Treatises of Government*, London.（＝1997, 伊藤宏之訳『全訳　統治論』柏書房.）

Lynch, Owen J. and Kirk Talbott (1995), *Balancing Acts: Community-Based Forest Management and National Law in Asia and the Pacific*, Washington, DC: World Resource Institute.

Magno, Francisco (2001), "Forest Devolution and Social Capital: State-Civil Society Relations in the Philippines," *Environmental History* 6(2): 264–286.

McCay, Bonnie J. (1978), "Systems Ecology, People Ecology, and the Anthropology of Fishing Communities," *Human Ecology* 6(4): 397–422.

―――― (1987), "The Culture of the Commons: Historical Observations on Old and New World Fisheries," in Bonnie J. McCay and James M. Acheson eds., *The Question of the Commons: The Culture and Ecology of Communal Resources,* Tucson: University of Arizona Press, pp. 195–216.

McKean, Margaret A. (1992), "Management of Traditional Common Land (*Iriaichi*) in Japan," in Daniel W. Bromley eds., *Making the Commons Work: Theory, Practice, and Policy,* San Francisco: ICS Press, pp. 63–98.

McLennan, Marshall S. (1982), "Changing Human Ecology on the Central Luzon Plain: Nueva Ecija, 1705–1939," in Alfred W. McCoy and Ed. C. de Jesus eds., *Philippine Social History: Global Trade and Local Transformation,* Quezon City: Ateneo de Manila University Press, pp. 57–90.

Merton, Robert K. (1936), "The Unanticipated Consequences of Purposive Social Action," *American Sociological Review* 1(6): 894–904.

Meyer, John W. and Brian Rowan (1977), "Institutionalized Organizations: Formal Structure as Myth and Ceremony," *American Journal of Sociology* 83(2): 340–363.

Mitchell, M. Y., J. E. Force, M. S. Carroll and W. J. McLaughlin (1993), "Forest Places of the Heart: Incorporating Special Spaces into Public Management," *Journal of Forestry* 91(4): 32–37.

Miyakawa, H., R. A. Acosta, G. Francisco, R. Evangelista and M. E. Gulinao (2005), *For the Better Future of CBFM (A field Review on 47 CBFM sites),* DENR-JICA Project Enhancement of Community-Based Forest Management Program, Quezon City: DENR.

Miyakawa, H., R. Evangelista, F. Cirilo, M. E. Gulinao, N. Patiga, A. Racelis, L. Sibuga, A.

Collado, D. L. Santos and M. Sarmiento (2006), *Towards the Brighter Future of CBFM (A Field Review on 23 CBFM sites)*, DENR-JICA Project Enhancement of Community-Based Forest Management Program, Quezon City: DENR.

Mosse, David (1997), "The Symbolic Making of a Common Property Resource: History, Ecology and Locality in a Tank-Irrigated Landscape in South India," *Development and Change* 28(3): 467–504.

——— (2005), *Cultivating Development: An Ethnography of Aid Policy and Practice*, London: Pluto Press.

Municipality of Mayantoc (2008), *Municipal Profile of Mayantoc*, Municipality of Mayantoc, Province of Tarlac, Republic of the Philippines.

Naidu, Sirisha C. (2009), "Heterogeneity and Collective Management: Evidence from Common Forests in Himachal Pradesh, India," *World Development* 37(3): 676–686.

Nayak, Prateep K. and Fikret Berkes (2008), "Politics of Co-optation: Community Forest Management Versus Joint Forest Management in Orissa, India," *Environmental Management* 41(5): 707–718.

North, Douglass C. (1990), *Institutions, Institutional Change and Economic Performance*, Cambridge: Cambridge University Press.（=1994, 竹下公視訳『制度・制度変化・経済成果』晃洋書房.）

Neumann, Roderick P. (2005), *Making Political Ecology*, London: Hodder Arnold.

Nygren, Anja (2005), "Community-based Forest Management within the Context of Institutional Decentralization in Honduras," *World Development* 33(4): 639–655.

Ostrom, Elinor (1990), *Governing the Commons: The Evolution of Institutions for Collective Action*, Cambridge: Cambridge University Press.

Peet, Richard and Michael Watts (1996), *Liberation Ecologies: Environment, Development, Social Movements*, New York: Routledge.

Peluso, Nancy Lee (1992), *Rich Forests, Poor People: Resource Control and Resistance in Java*, Berkeley: University of California Press.

Pérez-Cirera, Vanessa and Jon C. Lovett (2006), "Power Distribution, the External Environment and Common Property Forest Governance: A Local User Groups Model," *Ecological Economics* 59(3): 341–352.

Poffenberger, Mark ed. (1990), *Keepers of the Forest: Land Management Alternatives in Southeast Asia*, Quezon City: Ateneo de Manila University Press.

Polanyi, Michael (1966), *The Tacit Dimension*, London: Routledge.（=2003, 高橋勇夫訳『暗

黙知の次元』ちくま学芸文庫.）

Poteete, Amy R. and Elinor Ostrom (2004), "Heterogeneity, Group Size and Collective Action: The Role of Institutions in Forest Management," *Development and Change* 35(3): 435–461.

Pulhin, Juan M. and Ma. Larissa Lelu C. Pesimo-Gata (2003), "Creating Space in Bicol National Park," in Antonio P. Contreras ed., *Creating Space for Local Forest Management in the Philippines*, Manila: De La Salle University Press, pp. 53–65.

Pulhin, J. M., M. Inoue and T. Enters (2007), "Three Decades of Community-based Forest Management in the Philippines: Emerging Lessons for Sustainable and Equitable Forest Management," *International Forestry Review* 9(4): 865–883.

Pulhin, Juan M. and Wolfram H. Dressler (2009), "People, Power and Timber: The Politics of Community-based Forest Management," *Journal of Environmental Management* 91(1): 206–214.

Pulhin, J. M., A. M. Larson and P. Pacheco (2010), "Regulations as Barriers to Community Benefits in Tenure Reform," in Anne M. Larson, Deborah Barry, Ganga Ram Dahal and Carol Jean Pierce Colfer eds., *Forests for People: Community Rights and Forest Tenure Reform*, London: Earthscan, pp. 139–159.

Radkau, Joachim (2000), *Natur und Macht. eine Weltgeschichte der Umwelt*, München: Verlag C.H.Beck oHG.（＝2012, 海老根剛・森田直子訳『自然と権力——環境の世界史』みすず書房.）

Ribot, Jesse C., Arun Agrawal and Anne M. Larson (2006), "Recentalizing while Decentralizing: How National Governments Reappropriate Forest Resources," *World Development* 34(11): 1864–1886.

Ribot, Jesse C., Ashwini Chhatre and Tomila Lankina (2008), "Introduction: Institutional choice and recognition in the formation and consolidation of local democracy," *Conservation and Society* 6(1): 1–11.

Ribot, Jesse C. and Nancy Lee Peluso (2003), "A Theory of Access: Putting Property and Tenure in Place," *Rural Sociology* 68(2): 153–181.

Robbins, Paul (2004), *Political Ecology: A Critical Introduction*, Oxford: Blackwell Publishing.

Robinson, Arthur H. and Barbara Bartz Petchenik (1976), *The Nature of Maps: Essays toward Understanding Maps and Mapping*, Chicago, Illinois: University of Chicago Press.

Robson, James P. and Fikret Berkes (2011), "Exploring Some of the Myths of Land Use Change: Can Rural to Urban Migration Drive Declines in Biodiversity?" *Global Environmental Change* 21(3): 844–854.

Rondinelli, Dennis A. (1981), "Government Decentralization in Comparative Perspective: Theory and Practice in Developing Countries," *International Review of Administrative Sciences* 47(2): 133–145.

Rose, Nikolas and Peter Miller (1992), "Political Power beyond the State: Problematics of Government," *The British Journal of Sociology* 43(2): 173–205.

Santos, E. P. and M. A. Pollisco-Botengan (2003), "Creating Space in Presentacion, Camarines Sur," in Antonio P. Contreras ed., *Creating Space for Local Forest Management in the Philippines*, Manila: De La Salle University Press, pp. 67–86.

Scott, James C. (1998), *Seeing Like a State: How Certain Schemes to Improve the Human Condition Have Failed*, New Haven: Yale University.

Scott, William Richard (1995), *Institutions and Organizations: Foundations for Organizational Sciences*, London: Sage Publications.（＝1998, 河野昭三・板橋慶明訳『制度と組織』税務経理協会.）

Searle, John R. (1969), *Speech Acts: An Essay in the Philosophy of Languages*, Cambridge: Cambridge University Press.（＝1986, 坂本百大・土屋俊訳『言語行為——言語哲学への試論』勁草書房.）

————. (1995), *The Construction of Social Reality*, New York: Free Press.

Selfa, Theresa and Joanna Endter-Wada (2008), "The Politics of Community-Based Conservation in Natural Resource Management: A Focus for International Comparative Analysis," *Environment and Planning A* 40(4): 948–965.

Selznick, Philip (1949), *TVA and the Grass Roots: A Study in the Sociology of Formal Organization*, Berkeley: University of California Press.

Serote, Ernesto M. (1991), "Socio-Spatial Structure of the Colonial Third World City: The Case of Manila, Philippines," *Philippine Planning Journal* 23(1): 1–14.

Siy, Robert Y., Jr. (1982), *Community Resource Management: Lessons from the Zanjera*, Quezon City: University of the Philippines Press.

Sugimoto, Ayumi, Juan M. Pulhin and Makoto Inoue (2014), "Is Recentralization Really Dominant?: The Role of Frontline Foresters for Institutional Arrangement in the Philippines," *Small-scale Forestry* 13(2): 183–200.

Tacconi, Luca (2007), "Decentralization, Forests and Livelihoods: Theory and Narrative," *Global Environmental Change* 17(3-4): 338–348.

Tole, Lise (2010), "Reforms from the Ground Up: A Review of Community-Based Forest Management in Tropical Developing Countries," *Environmental Management* 45(6):

1312–1331.

Tucker, Richard P. (2000), *Insatiable Appetite: The United States and the Ecological Degradation of the Tropical World*, Berkeley: University of California Press.

Utting, Peter ed. (2000), *Forest Policy and Politics in the Philippines: The Dynamics of Participatory Conservation*, Quezon City: Ateneo de Manila University Press.

Varughese, George and Elinor Ostrom (2001), "The Contested Role of Heterogeneity in Collective Action: Some Evidence from Community Forestry in Nepal," *World Development* 29(5): 747–765.

Vitug, Marites Danguilan (1997), "The Politics of Community Forestry in the Philippines," *The Journal of Environment & Development* 6(3): 334–340.

Wade, Robert (1988), *Village Republics: Economic Conditions for Collective Action in South India*, Cambridge: Cambridge University Press.

Wardell, D. Andrew and Christian Lund (2006), "Governing Access to Forests in Northern Ghana: Micro-Politics and the Rents of Non-Enforcement," *World Development* 34(11): 1887–1906.

Wilford, John Noble (2001), *The Mapmakers: The Story of the Great Pioneers in Cartography - from Antiquity to the Space Age*, Revised edition, New York: Vintage.（＝2001，鈴木主税訳『地図を作った人びと　改訂増補版』河出書房新社.）

Williams, Daniel R. and Susan I. Stewart (1998), "Sense of Place: An Elusive Concept That is Finding a Home in Ecosystem Management," *Journal of Forestry* 96(5): 18–23.

Winichakul, Thongchai (1994), *Siam Mapped: A History of the Geo-Body of a Nation*, Honolulu: University of Hawai'i Press.（＝2003，石井米雄訳『地図がつくったタイ——国民国家誕生の歴史』明石書店.）

Winslow, Deborah (2002), "Co-opting Cooperation in Sri Lanka," *Human Organization* 61(1): 9–20.

Wittfogel, Karl August (1977), *Die orientalische Despotie. eine vergleichende Untersuchung totaler Macht*, Frankfurt: Ullstein.（＝1995，湯浅赳男訳『オリエンタル・デスポティズム——専制官僚国家の生成と崩壊』新評論.）

Wondolleck, Julia M. and Steven Lewis Yaffee (2000), *Making Collaboration Work: Lessons from Innovation in Natural Resource Management*, Washington, DC: Island Press.

Yabes, Ruth Ammerman (1992), "The Zanjeras and the Ilocos Norte Irrigation Project: Lessons of Environmental Sustainability from Philippine Traditional Resource Management Systems," in Dharam Ghai and Jessica M. Vivian eds., *Grassroots Environmental Action:*

People's Participation in Sustainable Development, London: Routledge, pp. 106–140.

Yabes, Ruth and Bruce Evan Goldstein (2015), "Collaborative Resilience to Episodic Shocks and Surprises: A Very Long-Term Case Study of Zanjera Irrigation in the Philippines 1979–2010," *Social Sciences* 4(3): 469–498.

Young, Oran R. (2002), "Institutional Interplay: The Environmental Consequences of Cross-Scale Interactions," in Elinor Ostrom, Thomas Dietz, Nives Dolšak, Paul C. Stern, Susan Stonich and Elke U. Weber eds., *The Drama of the Commons*, Washington, DC: National Academy Press, pp. 263–291.

▦タガログ語文献

Cacupangan Tree Farmer's Association Inc. (2007a), *Limang Taon Plano ng Gawain ng Samagan*. （住民組織の「5カ年活動計画」）

——— (2007b), *Balangkas na Gawain ng Komunidad sa Pamamahala ng Yaman*. （住民組織の「コミュニティ資源管理フレームワーク」）

▦行政令

DENR Administrative Order No. 96-29 (1996), "Rules and regulations for the implementation of Executive Order 263, Otherwise known as the Community-based Forest Management Strategy (CBFMS)."

Executive Order No. 263 (1995), "Adopting community-based forest management as the national strategy to ensure the sustainable development of the country's forestlands resources and providing mechanisms for its implementation."